つくりながら楽しく学べる

これだけで基本がしっかり身につく HTML/CSS & Webデザイン 1冊目の本

Capybara Design
竹内直人・竹内瑠美 著

本書内容に関するお問い合わせについて

このたびは翔泳社の書籍をお買い上げいただき、誠にありがとうございます。弊社では、読者の皆様からのお問い合わせに適切に対応させていただくため、以下のガイドラインへのご協力をお願い致しております。下記項目をお読みいただき、手順に従ってお問い合わせください。

●ご質問される前に

弊社Webサイトの「正誤表」をご参照ください。これまでに判明した正誤や追加情報を掲載しています。

正誤表　　https://www.shoeisha.co.jp/book/errata/

●ご質問方法

弊社Webサイトの「刊行物Q&A」をご利用ください。

刊行物Q&A　　https://www.shoeisha.co.jp/book/qa/

インターネットをご利用でない場合は、FAXまたは郵便にて、下記"翔泳社 愛読者サービスセンター"までお問い合わせください。
電話でのご質問は、お受けしておりません。

●回答について

回答は、ご質問いただいた手段によってご返事申し上げます。ご質問の内容によっては、回答に数日ないしはそれ以上の期間を要する場合があります。

●ご質問に際してのご注意

本書の対象を越えるもの、記述個所を特定されないもの、また読者固有の環境に起因するご質問等にはお答えできませんので、予めご了承ください。

●郵便物送付先およびFAX番号

送付先住所　〒160-0006　東京都新宿区舟町5
FAX番号　03-5362-3818
宛先　（株）翔泳社 愛読者サービスセンター

※本書に記載されたURL等は予告なく変更される場合があります。
※本書の出版にあたっては正確な記述につとめましたが、著者や出版社などのいずれも、本書の内容に対してなんらかの保証をするものではなく、内容やサンプルに基づくいかなる運用結果に関してもいっさいの責任を負いません。
※本書に掲載されているサンプルプログラムやスクリプト、および実行結果を記した画面イメージなどは、特定の設定に基づいた環境にて再現される一例です。

はじめに

本書を手にとっていただき、ありがとうございます。

あなたがこの本を手にしているということは「Webサイトを作れたら」と少なからず思っているかと思います。もしくは**「在宅でWeb系の仕事ができたら…」「Webデザイナーになれたら…」**と思っているかもしれません。それは決して夢ではありません。
私たちのまわりでも独学でWebデザイナーになった人も多く、私たちもそのひとりです。

本書は「Webサイト制作をゼロから学びたい方」や「Web制作の仕事を目指している人」向けに**「4つのサイトを楽しく作りながら、自然に知識が身につく本」**をコンセプトに執筆しました。

私はコーディングの講師もしていますが、生徒さんからよく「オススメの書籍はありますか？」と聞かれます。
私としては、最初は専門用語ばかりの難しい本ではなく、いかに**「挫折せずに楽しく続けられる」**かが大切だと思っています。また、HTML/CSSは実際に書くことが成長への近道です。

そのため、本書では座学を少なくし、ワーク（実際にコードを書く）を中心とすることで「自分自身の手でサイトを作る楽しさ」を実感しつつ、自然に知識が身につくような構成になっています。

また、キャラクターやマンガを用いてテンポよく進められるようにしたり、わかりやすい言葉を使うようにしています。他にも効率よく学ぶための工夫をギュッと詰め込みました。

- 初学者向けの知識が基本レベルから実践レベルまで1冊にまとまっています
- 著者は現役のマークアップエンジニア（歴17年）なので実践的な学びです
- 豊富な図解とイラストでわかりやすく説明しています
- 書籍では伝わりにくい点は動画でフォローアップしています
- 作っていてワクワクするようなWebデザインを心がけました
- 学習に役立つ特典をたくさんつけました

本書で身につけたことが『なりたい自分』に近づくための助力になり、読み終えた時に「Webサイトを作るのって簡単だけど奥が深い、でも楽しい！」と思ってもらえたら幸いです。

2021年 吉日　竹内 直人・竹内瑠美

CONTENTS

CONTENTS

08章：Web招待状サイトのCSSを書いてみよう　動画あり

09章：CSSアニメーションをつけてみよう　動画あり

10章：レスポンシブウェブデザインに対応させよう　動画あり

CONTENTS

14章：参考サイトの活用方法を学ぼう

15章：Webサイトを公開する準備をしよう

本書の読み方

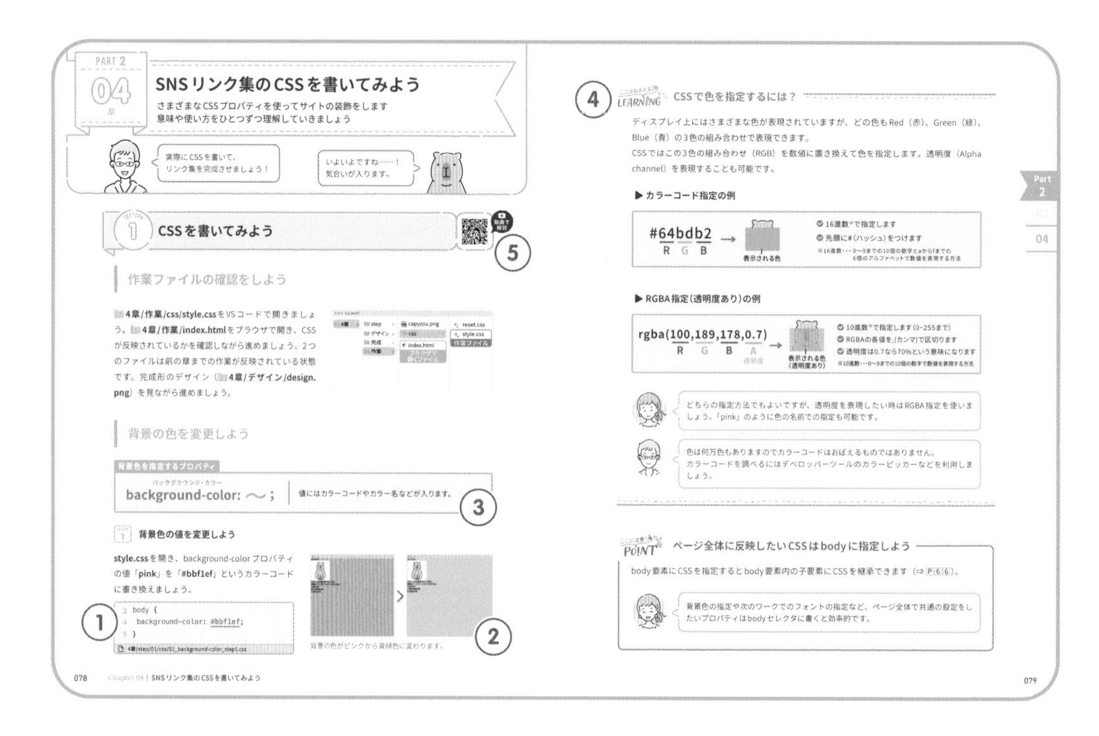
PART 2

04 章

SNSリンク集のCSSを書いてみよう

さまざまなCSSプロパティを使ってサイトの装飾をします
意味や使い方をひとつずつ理解していきましょう

実際にCSSを書いて、
リンク集を完成させましょう！

いよいよですね……！
気合いが入ります。

1 CSSを書いてみよう

5

作業ファイルの確認をしよう

4章/作業/css/style.cssをVSコードで開きましょう。4章/作業/index.htmlをブラウザで開き、CSSが反映されているかを確認しながら進めましょう。2つのファイルは前の章までの作業が反映されている状態です。完成形のデザイン（4章/デザイン/design.png）を見ながら進めましょう。

背景の色を変更しよう

背景色を指定するプロパティ

バックグラウンド・カラー
background-color: 〜 ;　値にはカラーコードやカラー名などが入ります。

3

1 背景色の値を変更しよう

style.cssを開き、background-colorプロパティの値「pink」を「#bbf1ef」というカラーコードに書き換えましょう。

1

```
3 body {
4   background-color: #bbf1ef;
5 }
```

4章/step/01/css/01_background-color_step1.css

背景の色がピンクから青緑色に変わります。

2

078　Chapter 04 | SNSリンク集のCSSを書いてみよう

4

LEARNING　CSSで色を指定するには？

ディスプレイ上にはさまざまな色が表現されていますが、どの色もRed（赤）、Green（緑）、Blue（青）の3色の組み合わせで表現できます。
CSSではこの3色の組み合わせ（RGB）を数値に置き換えて色を指定します。透明度（Alpha channel）を表現することも可能です。

▶ カラーコード指定の例

#64bdb2 → 表示される色
R G B
16進数※で指定します
先頭に#(ハッシュ)をつけます

▶ RGBA指定（透明度あり）の例

rgba(100,189,178,0.7) → 表示される色（透明度あり）
R G B A 透明度
10進数※で指定します（0〜255まで）
RGBAの各値を,(カンマ)で区切ります
透明度は0.7なら70%という意味になります

どちらの指定方法でもよいですが、透明度を表現したい時はRGBA指定を使いましょう。「pink」のように色の名前での指定も可能です。

色は何万色もありますのでカラーコードはおぼえるものではありません。
カラーコードを調べるにはデベロッパーツールのカラーピッカーなどを利用しましょう。

POINT　ページ全体に反映したいCSSはbodyに指定しよう

body要素にCSSを指定するとbody要素内の子要素にCSSを継承できます（⇒P.66）。

背景色の指定や次のワークでのフォントの指定など、ページ全体で共通の設定をしたいプロパティはbodyセレクタに書くと効率的です。

Part 2
04

079

① ソースコード

記述・変更するコードはピンク色で書かれています。キャプチャと同じにならない時は行番号やSTEPごとのサンプルコードを参考にしてください。

② キャプチャ（スクリーンショット）画像

ブラウザでファイルを開いた時のキャプチャ画像です。
変化がわかりやすいようにBefore ⇒ Afterの画像も載せています。

③ HTML タグ・CSS プロパティの解説

はじめて登場するHTMLタグやCSSプロパティの基礎的な解説です。

④ 学習のポイント（4 種類）

LEARNING・POINT・RANK UP・SELF WORKでは、より詳しい解説をおこないます。

⑤ 重点ポイントには動画のフォロー

書籍だけでは伝わりにくい箇所や重点ポイントには動画解説があります。
「タイトル（節見出し）のQRコード」を読み取るか、
「https://www.shoeisha.co.jp/book/pages/9784798170114/1-3」に
アクセスすると視聴できます。

＼ 動画はコチラ ／

Partごとの 学習ポイント

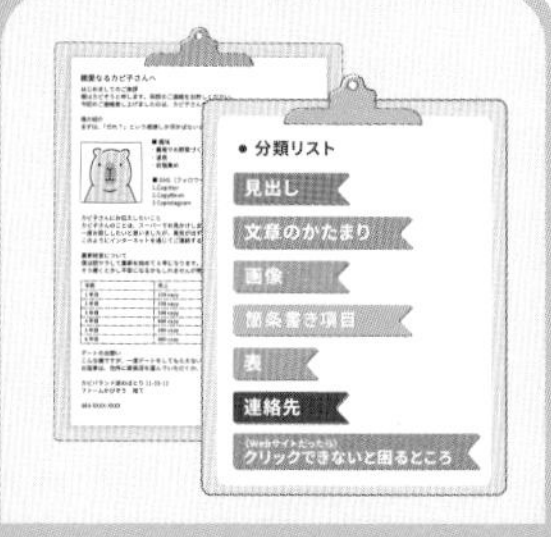

- 学習の準備
- 情報整理力アップ
- HTMLのきほん

Part01

- CSSのきほん
- ボックスモデル

Part02

- Flexboxレイアウト
- 構造をあらわすタグ

Part03

- CSSアニメーション
- Webフォント
- レスポンシブWebデザイン（PC→スマートフォン）

Part04

- CSSグリッドレイアウト
- 情報活用力アップ
- レスポンシブWebデザイン（スマートフォン→PC）

Part05

GOAL

本書でつくるサイト 01 SNSリンク集サイト

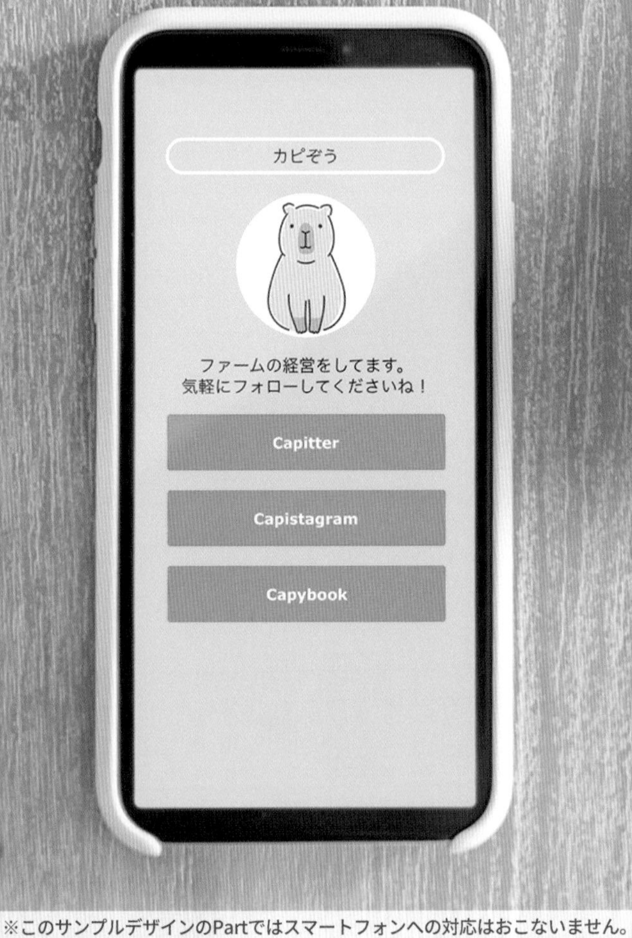

※このサンプルデザインのPartではスマートフォンへの対応はおこないません。

本書でつくるサイト

02 2カラムレイアウトのサイト

FARM
CAPYZOU
EST.3021
HOME
ABOUT
BLOG
SHOP
CONTACT
ファームの1日をご紹介します
3021年8月8日12時3分
6:00~ にんじんの収穫と朝ごはん
朝は6時ごろに起きています。いつまでも布団にくるまっていたいけれど、えいや！と頑張って起きます。
外に出て、まずはおひさまに「おはようございます」とご挨拶。
その後、育ったにんじんを収穫します。
形が悪いものは、ぼくが朝食として食べています。
収穫しながら朝ごはんを済ませられるので、とても効率的なのです！
形が悪くてぼくが食べたにんじんさんたち
8:30~12:30 スーパーや道の駅への出荷
採ったにんじんを産直店へ運びます。ここが一番の労働かもしれません。
そろそろリヤカーではなく、電気で動く車を買おうかなと思っているところです。
12:30~18:00 畑作業と夜ごはん
にんじんの様子を見ながら、お水をあげたり、虫を駆除したり、カバーをかけたりします。
今はにんじんがメインですが、将来的にはたくさんの野菜を育てたいので今その準備もしています。
18:30~ お風呂・就寝
お風呂にゆっくり入った後、眠ります。お布団の中は天国です。
Category
農家の日常(4)
農家のノウハウ(5)
カピぞうレシピ(2)
農家の経営(2)
Recent Articles
温室栽培での注意トップ10
虫の駆除方法を現役農家がレクチャーします
お家でもできる！プランター栽培のポイント
簡単にんじん料理をご紹介！
オンライン・ショップ
online shop →
© 3021 FARM CAPYZOU

本書でつくるサイト
03 1カラムレイアウトのサイト

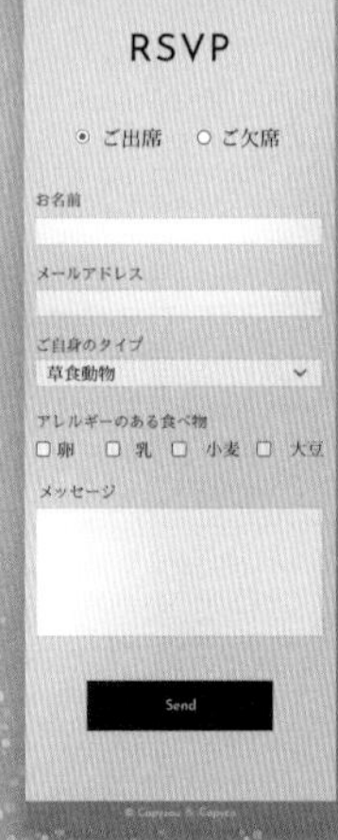

本書でつくるサイト

04 複数ページのサイト

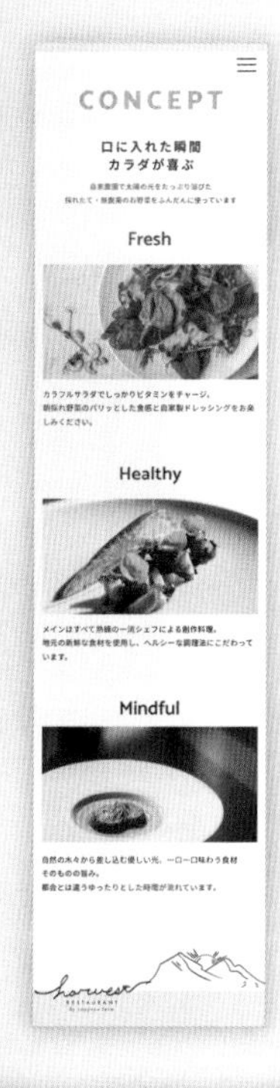

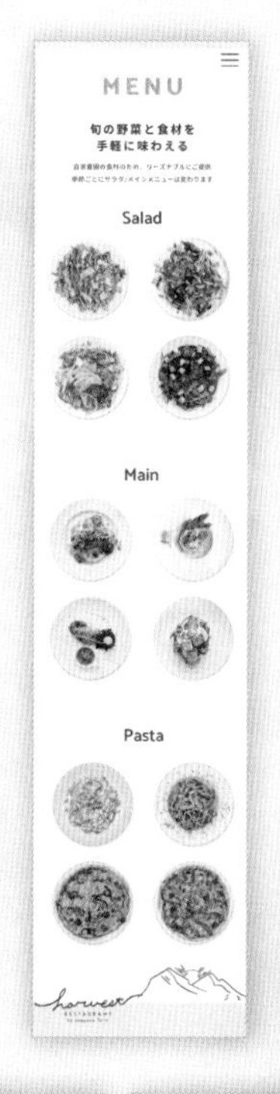

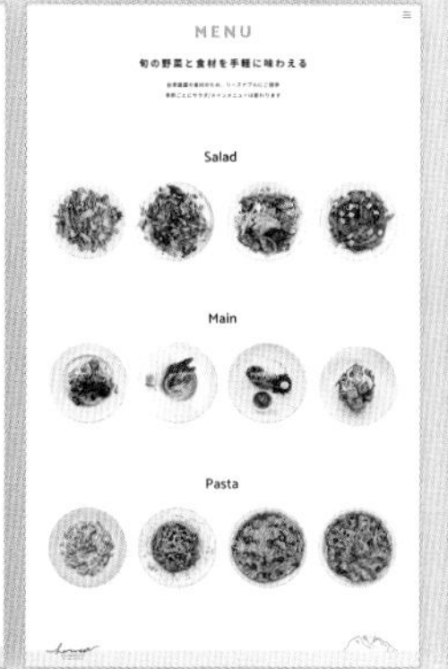

ワーク用のデータをダウンロードしよう

事前にダウンロードしておこう

本書を読み進める前に以下のURLからワーク用のデータをダウンロードしましょう。

https://www.shoeisha.co.jp/book/download/9784798170114

1st_book.zip というファイルがダウンロードされますのでダブルクリックで解凍して、わかりやすい場所に移動しておきましょう。

ダウンロードデータの使用について

ワーク用のデータに収録されている写真・イラスト・原稿については個人の学習の範囲内でのみ利用できるものとし、**他の目的での使用はしないでください。**著作権は著者、または素材配布サイトの規約に応じた作者に帰属します。再配布はできません。

コードは自由にご利用いただけますので、写真・イラスト・原稿を入れ替えていただければ自分が作ったサイトとして公開していただくことも可能です。ポートフォリオへの掲載も問題ございませんが、デザイン実績としての掲載はご遠慮ください。

対応ブラウザ

本書のサンプルコードは以下のブラウザでの動作を確認しています。

パソコン用ブラウザ	Google Chrome / Microsoft Edge / Safari / Mozilla Firefox
スマートフォン用ブラウザ	Chrome for Android / Safari on iOS（※Part4以降のみスマートフォン対応）

Mac（macOS Big Sur）/ Windows（Windows10）にて動作環境済みです。
なお、書籍内で特別に表記がない場合は「Mac」でのキャプチャ画像となります。

Internet Explorerでの動作確認はしていません

Internet Explorer（以下，IE）は開発元であるMicrosoft社より「2022年6月のサポート終了」が発表されており、Microsoft Edgeへの移行が促されています。表現の制限や将来的な発展を考慮し、本書ではIEをサポート外としています。

4大特典をダウンロードしよう

本書には特典が4つあります！ぜひダウンロードして学習に役立ててください。具体的な活用方法の例も記載していますので参考にしてください。

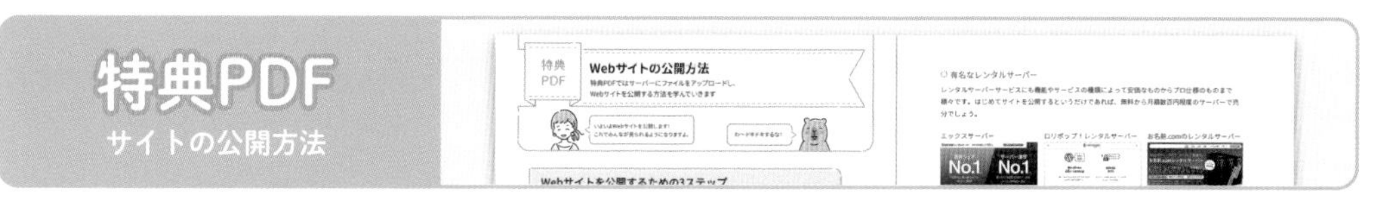

本書は「サイトを作るまで」の解説になりますが、Webサイトをインターネットに公開したい方のために、その手順をまとめたPDFです。
ドメインやサーバーのレンタル方法やファイルのアップロード方法について学べます。おなじみのキャラクターで本書と同じように読み進められます。

活用方法の例

- **本書を終えた後、Webサイトを公開したくなった時の手順書として利用できます。**
- **Webサイトを公開するまでの流れを知るための読み物としてもオススメです。**

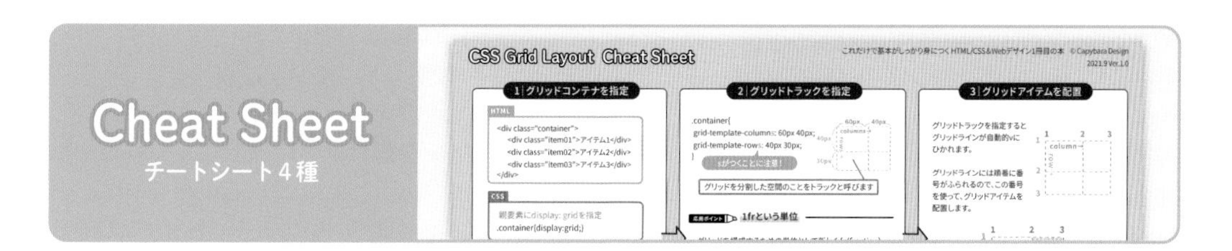

チートシートとはテーマに沿ったポイントを簡潔にまとめたものです。
特典では「Flexboxレイアウト」「CSSグリッドレイアウト」「CSSのショートハンド」「キーボードショートカット」の計4テーマで用意しました。

活用方法の例

- **印刷して手元に置いたり、画面に表示させながら学習を進めると、参照ページを行ったり来たりすることが少なくなります。**
- **ポイントをまとめてあるので、復習をしたい時にサッと見なおせます。**

おすすめサイト集

Web制作に欠かせないのが制作をサポートしてくれる、さまざまなサイトの存在です。探し始めると膨大なサイトがあるため、どれが良いのか迷ってしまうかもしれません。
おすすめサイト集では著者が実際に使用しているサイトを厳選し、掲載しています。「Webデザイン編」と「コーディング編」に分け、さらに10種以上のテーマ別に分類しました。

活用方法の例

- **書籍の解説で参照しているサイトもいくつかあり、学習の補足教材として活用できます。**
- **ご自分でサイトを作る際の参考サイトとして。まとまっているので探す手間が省けます。**

サンプルデザイン
デザインデータ

本書で使用したサンプルデザインのカンプデータです。Part2のリンク集サイトにはアレンジ版のおまけつき。データはAdobe XDアプリケーションを使用しています。
閲覧には「Creative Cloudの登録」と「アプリケーションのダウンロード」が必要となります。2021年9月現在、Adobeサイトより無料で登録・ダウンロードできます。
※2023年8月にXDアプリの状況を鑑みて特典にFigma用のデザインデータを追加しました。

活用方法の例

- **画像の書き出しや色、数値抽出の練習用に利用できます。**
- **Webデザイナーを目指している方はデザインカンプデータ制作の参考に。**
- **中級者の方はデザインカンプからのコーディングをして、本書で答え合わせをするという手順での学習方法もオススメです。**

4大特典のダウンロード方法

STEP 1 ダウンロードページへアクセスしよう

翔泳社の書籍詳細ページ（https://www.shoeisha.co.jp/book/detail/9784798170114）へアクセスします。

STEP 2 ID登録（無料）をしよう

書籍詳細ページ内「会員特典」をクリックし、案内に従ってID登録（無料）をします。
※すでに会員の方はログインをします。

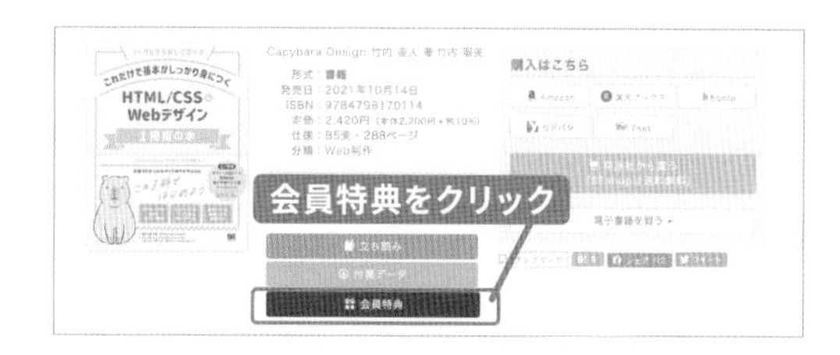

STEP 3 ダウンロードしよう

ログインをした後、再度特典ダウンロードページにアクセスするとパスワード入力画面が表示されます。画面の指示に従ってパスワードを入力し、ダウンロードボタンをクリックしてください。

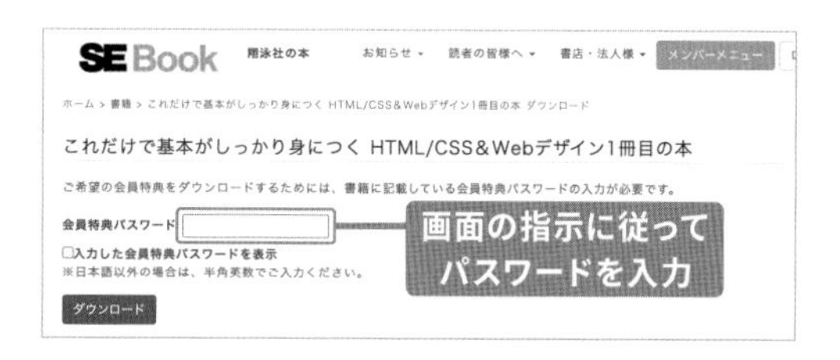

ダウンロードが終わったら
いよいよ本編のはじまりです
プロローグマンガからはじまるよ

プロローグ

今日もいっぱい
収穫できたぞ〜
SUPER MARKET
いらっしゃいませー
ドキーーッ!!
カピ子
帰宅後・・・
カピ子さんとお話したい・・・
ラブレターを書くぞ!
字が汚い・・・
印刷した方がいいかな?
あ、プリンターがないや・・・
うまく書けな〜い!!!
ワァァ!!
そうだ!!
ラブレターを
Webサイトにしてみたら
どうだろう

ここに
アクセス!!
https://www
なんか
カッコイイ・・・
と、思ったけど
Webサイトの作り方なんて知らないよ～!

うーん
どうしよう…
あ!!!
知り合いの
人間さんに
頼ろう!!!
ビシッ

Webサイトってどうやって
つくるんですか～!?
Web
デザイナー
マークアップ
エンジニア

Part 1

HTMLを書いてみよう

さっそくですが
Webサイトを作るための基礎知識
「HTML」について学んでいきます
えいちーてぃーえむえる??
ホット・トマト・ミート
ランチの略かな?
HTMLとは
HyperText Markup Languageの略です
HyperText
Markup Language
ハイパーテキスト マークアップ ランゲージ!!
全然ちがった・・・!!

よ、横文字つらいですー!!!
おちついて・・・
簡単に言うと
Webサイトを
作るための言語です
いつも見ているWebサイトも
こんな感じでHTMLで出来ていますよ
<body class="topPage">
<header>
<h1>
<img src="images/to
</h1>
</header>
<main>
<ul class="linkList">
<li>

ほお〜Webサイトって
こんな風に出来ているんですか
まじまじ・・・
さっそく「HTML」とは
何かを学んでいきましょう!
まずはパソコンの環境を
整えるところから
始めましょう
がんばろ〜と!

PART 1

01章

ウォーミングアップをしよう

HTMLを書く前に知っておきたい知識や準備などについて学んでいきます
まずは気軽な気持ちで始めてみましょう

パソコンの環境を整えたり
必要なものをそろえていきます。

わかりました！
準備はしっかりします。

SECTION 1 学習を始める前に

本書で扱う範囲を確認しよう

Web制作の流れを確認しながら本書で扱う範囲を見ていきましょう。
より詳細な流れは本書の後半でもご紹介します。

Webサイトが公開されるまでの流れ

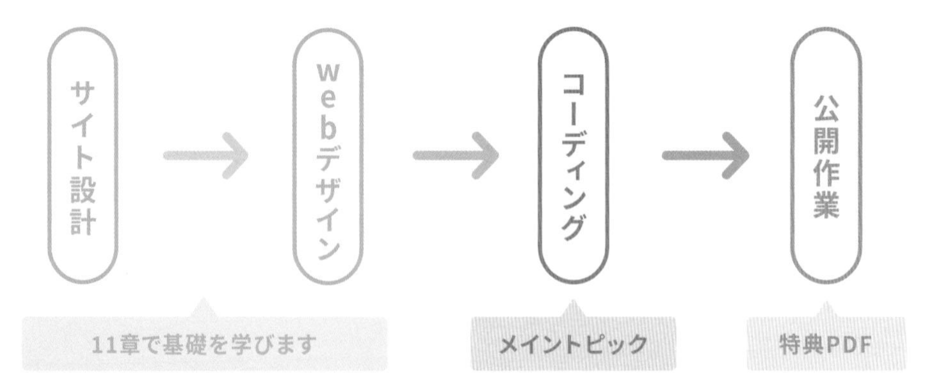

本書では主に「コーディング」について学んでいきます。コーディングとはWebデザインのデータをWebサイトとして閲覧できるようにコード化する作業です。
「サイト設計」と「Webデザイン」については11章で基礎的なことを学びます。「公開作業」については特典PDFに掲載していますので、必要な方はぜひ学んでみてください。

「公開作業」とは作成したWebサイトをインターネット上でみんなが閲覧できるようにするための一連の作業のことです。

SECTION 2
Webサイトの仕組みを理解しよう

Webサイトが表示される仕組み

Webサイトが誰でも見られるのは「サーバー」というインターネット上のスペースにアップロード（公開）されているからです。

閲覧者はブラウザにURLを指定するとWebサイトにアクセスできます。ブラウザとは、Webサイトを閲覧するために使うアプリケーションの総称です。

たとえるなら、Webサイトを置いておくサーバーは土地であり、URLは住所のようなものです。
ブラウザにURL（住所）を入力すると、サーバー（土地）にあるWebサイトを見ることができるというイメージです。

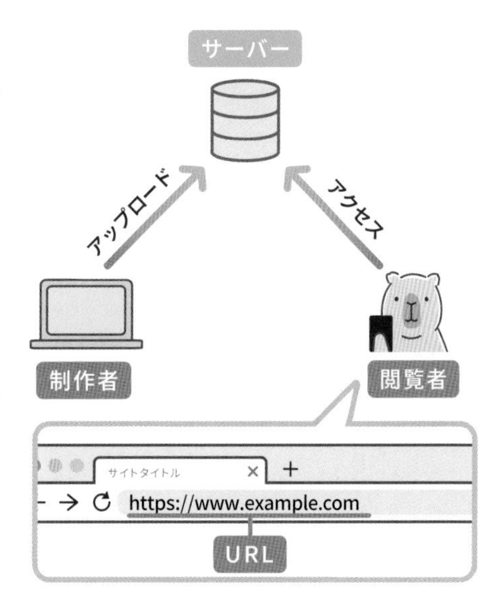

サーバーはレンタルするのが一般的です。レンタルの方法やアップロードの具体的な流れについては特典PDFをチェックしてください。

Webサイトは何からできている？

Webサイトの1ページは通常1つのHTMLファイルからできていますが、そこにはCSSファイル、画像・動画ファイル、JavaScriptファイルなど、たくさんの種類のファイルが使用されています。
本書ではWebサイトの基本となるHTMLとCSSについて学んでいきます。

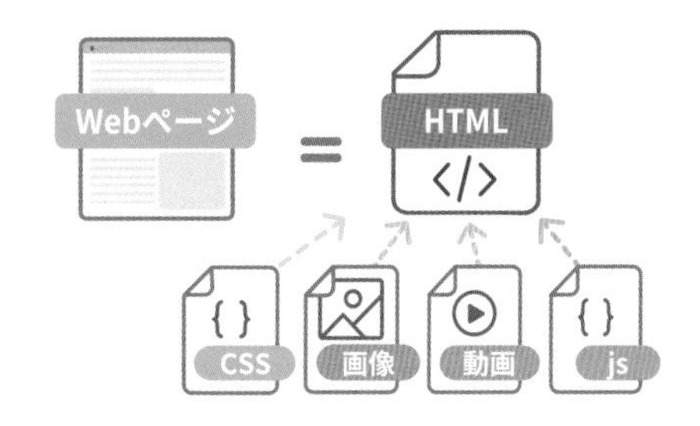

いつも見ているWebサイトには色々な技術が使われているんですね。

必要なアプリケーションをインストールしよう

Webブラウザをインストールしよう

Webブラウザとは？

Webサイトを閲覧するアプリケーションのことをWebブラウザ（以下ブラウザ）といいます。ブラウザにはいくつか種類があり、Macに標準でインストールされているものはSafari（サファリ）で、WindowsはMicrosoft Edge（エッジ。以下Edge）です。

ブラウザのシェア（利用率）

日本国内のブラウザシェアはPCではGoogle Chrome（グーグル・クローム）、スマートフォンではSafariが圧倒的な割合を占めています。他にもFirefox（ファイアーフォックス）やEdge（エッジ）、Internet Explorer（インターネット・エクスプローラー。以下IE）といったブラウザがあります。

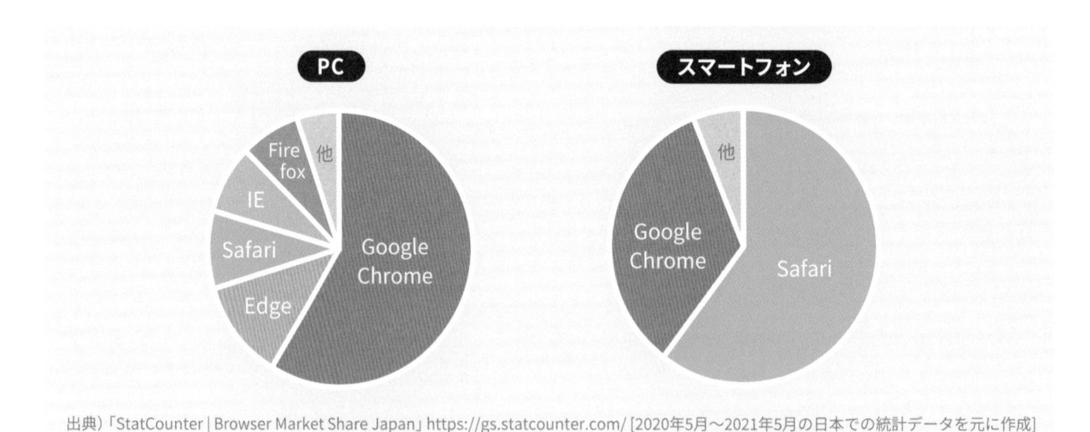

出典）「StatCounter | Browser Market Share Japan」https://gs.statcounter.com/ [2020年5月〜2021年5月の日本での統計データを元に作成]

ブラウザによってWebサイトの表示が異なる場合があるので、制作時には複数のブラウザで確認するのが慣習となっています。

近年ではブラウザごとの表示の差は少なくなっていますが、シェアの高いブラウザをメインに複数のブラウザでチェックするといいでしょう。

ブラウザは頻繁にアップデートされます。新しい機能への対応スピードはブラウザによって差があるということを知っておいてください。

Google Chromeのダウンロードとインストールの方法

本書ではシェアがもっとも高いGoogle Chromeで作業していきます。さっそく以下の手順でインストールしてみましょう。

動画でもインストール手順を紹介しています。動画はタイトルの右にあるQRコード（または、https://www.shoeisha.co.jp/book/pages/9784798170114/1-3）から見ることができます。動画があるページにはQRコードがついていますよ。

STEP 1 Google Chromeをダウンロードしよう

Google Chromeのサイト［https://www.google.com/intl/ja_jp/chrome/］にアクセスし、「ダウンロード」のボタンをクリックしてファイルをダウンロードします。

いつもインターネットを見ているブラウザでアクセスしてね！

注）執筆時のWebサイトキャプチャのため、見た目が異なる可能性があります。

STEP 2 Google Chromeをインストールしよう

ダウンロードしたファイルをダブルクリックして、Google Chromeアイコンをアプリケーションフォルダにドラッグ＆ドロップします。
Windowsの場合は、指示に従ってインストールをおこないます。

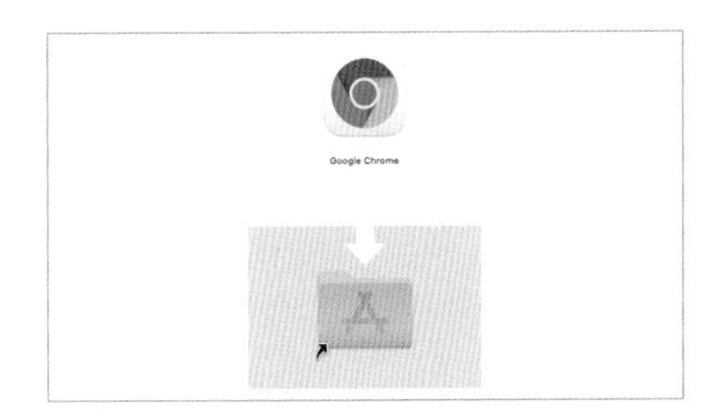

STEP 3 Google Chromeを開いてみよう

アプリケーションフォルダからGoogle Chromeのアイコンをダブルクリックし、起動すればインストール完了です！

エディタをインストールしよう

エディタとは？

テキストエディットやメモ帳などの文書を作成できるアプリケーションのことを総称してエディタと呼びます。Webサイトはエディタに**HTML（エイチチティーエムエル）**や**CSS（シーエスエス）**というものを書いて作成します。

エディタはさまざまな種類がありますが、本書では無料で利用できるMicrosoft社のVisual Studio Code（ビジュアルスタジオコード。以下VSコード）を使います。

VSコードのダウンロードとインストール方法

STEP 1 VSコードをダウンロードしよう

VSコードのサイト［https://code.visualstudio.com/download］にアクセスし、パソコンのOS（MacやWindows）に合ったダウンロードボタンをクリックします。

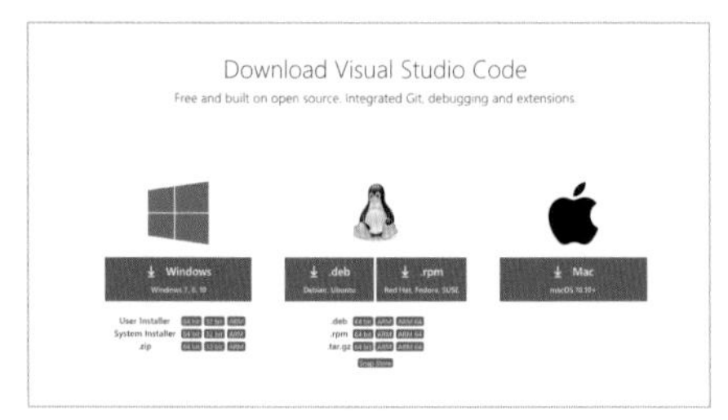

注）執筆時のWebサイトキャプチャのため、見た目が異なる可能性があります。

STEP 2 インストールして起動してみよう

ダウンロードされたファイルをダブルクリックしてインストールします。
「Visual Studio Code」というファイルが表示されたら、ダブルクリックで起動します。
このファイルはアプリケーションフォルダに移動しておくと、場所がわかりやすくなります。

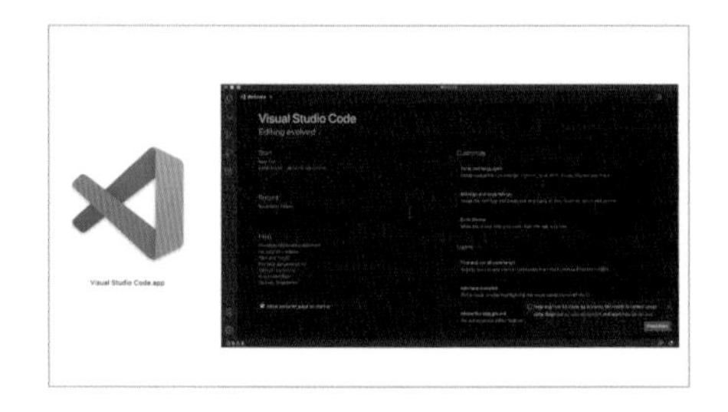

無事起動できました！ でもなんだか英語だらけです。

VSコードを日本語化しよう

VSコードは初期状態だと英語なので日本語にしたい方は以下の手順で変更しましょう。

STEP 1 メニューからコマンドパレットを開こう

VSコードを開いている状態で、メニューバーの［View］→［Command Palette（コマンドパレット）］を選択します。

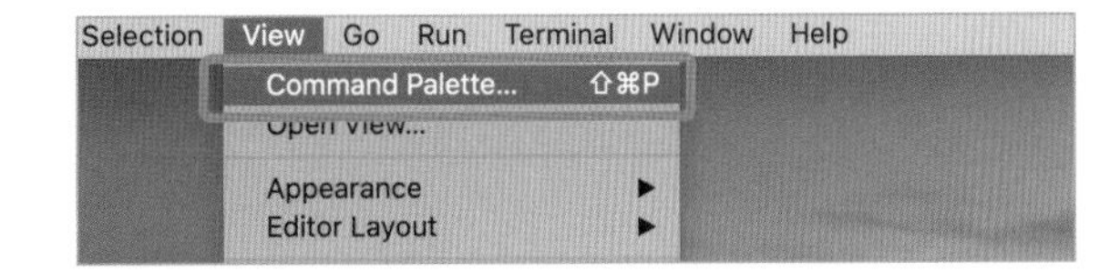

STEP 2 日本語の言語パックをインストールしよう

コマンドパレットが開いたら「Configure Display Language」を入力してクリック。「Install additional languages...」を選択します。

すると、左側に言語のリストが表示されますので、日本語の「Install」をクリックします。

STEP 3 VSコードを再起動しよう

右下に再起動を促す「Restart Now」というボタンが出るのでクリックします。

VSコードが再起動し、日本語に変わっていることが確認できます。

日本語になって、ほっとしました〜。

VSコードのテーマを変えよう

初期状態のテーマはダークモードですが、紙面では見にくいためテーマを変更しています。テーマによってコードの色が変わってしまうので合わせておきましょう。

STEP 1 配色テーマメニューを開こう

VSコードを開いている状態で、メニューバーの［Code］→［基本設定］→［配色テーマ］を選択します。

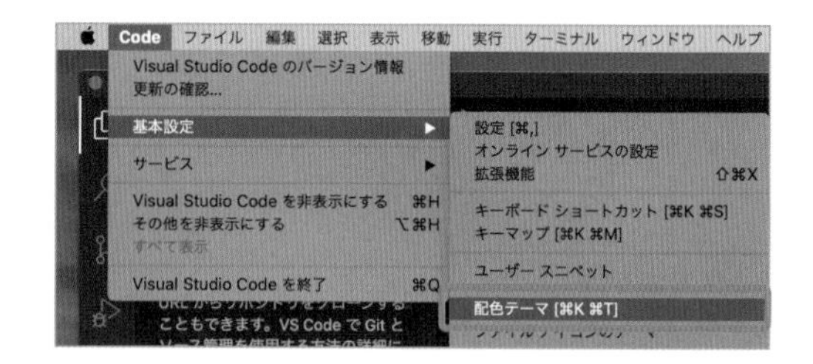

STEP 2 配色テーマの選択メニューを開こう

配色テーマの選択から、一番下の「その他の色のテーマをインストール…」を選択します。

STEP 3 配色テーマをインストールしよう

左の検索メニュー部分に「brackets」と入力すると、「Brackets Light Pro」というテーマが出てきますので、「インストール」を選択します。

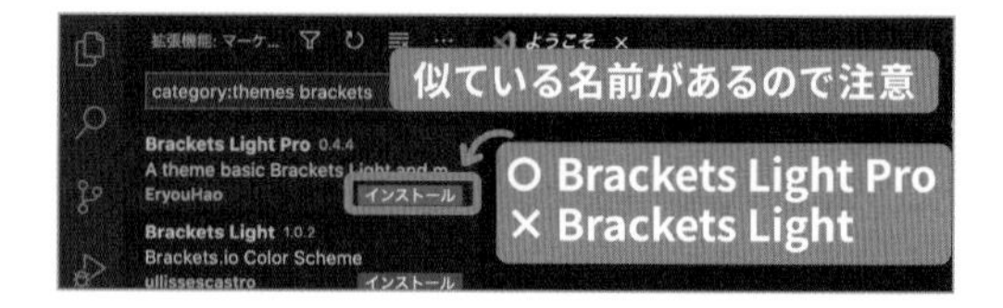

STEP 4 テーマを変更しよう

インストールが完了するとコマンドパレットにテーマ「Brackets Light Pro」がアクティブ状態で表示されるので、この状態で Enter を押すかクリックすればテーマの変更は完了です。

SECTION
4

効率よく学習を進める方法

動画で
解説

本書での学習の進め方

つまずいた時は「STEPごとのファイル」をチェック

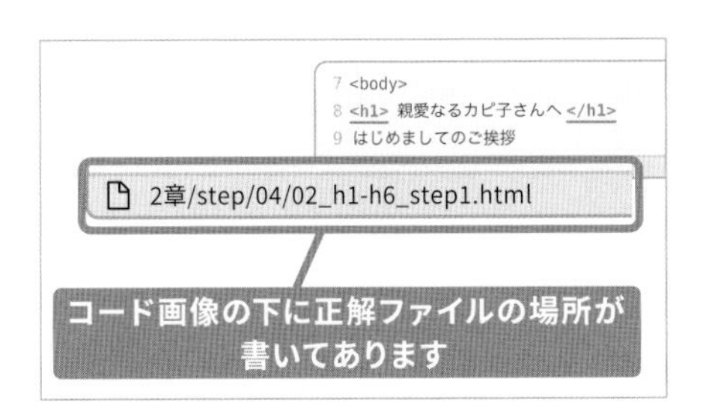
7 <body>
8 <h1> 親愛なるカピ子さんへ </h1>
9 はじめましてのご挨拶
2章/step/04/02_h1-h6_step1.html
コード画像の下に正解ファイルの場所が
書いてあります

本書では実際にコードを書きながらサイトを作っていきます。STEPごとに正解ファイルを用意していますので、本と同じにならない場合はファイルを見比べてみましょう。

間違っている箇所をすばやく見つける能力もとても大事です。

CSSの反映は1行ずつの方がGood

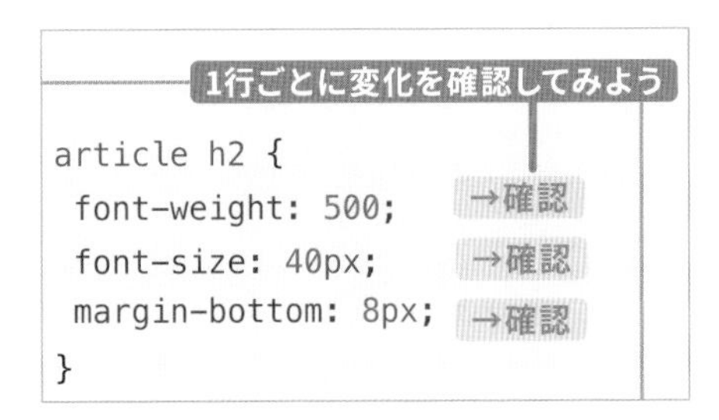
1行ごとに変化を確認してみよう
article h2 {
font-weight: 500;
font-size: 40px;
margin-bottom: 8px;
}
→確認
→確認
→確認

紙面の都合上、1STEPで複数行のコードを書くことがありますが1行ずつブラウザで変化を確認してみるとより理解が深まります。

なるべくBefore⇒Afterの画像も載せています。

読み飛ばしOK！ まずは1冊やりきるのが大切

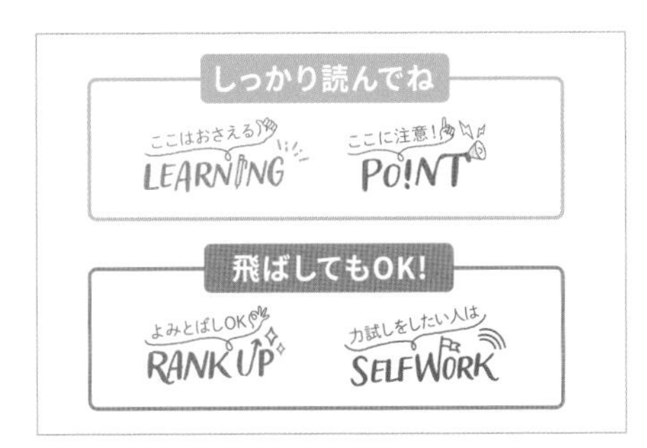
しっかり読んでね
ここはおさえる
LEARNING
ここに注意！
POINT
飛ばしてもOK!
よみとばしOK
RANK UP
力試しをしたい人は
SELF WORK

「ラーニング」と「ポイント」は重要ポイントのため、なるべく読み飛ばさず読んでほしいのですが「ランクアップ」と「セルフワーク」は読み飛ばしても学習に支障がないようにしています。

最後までやりきったあとに読み飛ばしOKの箇所をやってみるというのもオススメです。動画や特典も活用してね！

ワークに使うダウンロードファイルの確認をしよう

ダウンロードした 1st_bookフォルダを開くと章ごとにフォルダが分かれています。

各章のワークは「作業フォルダ」の中のファイルを編集して進めていきます。「完成フォルダ」はその章が終わった状態の完成ファイル一式が入っています。「STEPフォルダ」はワークのSTEPごとの状態が格納されています。

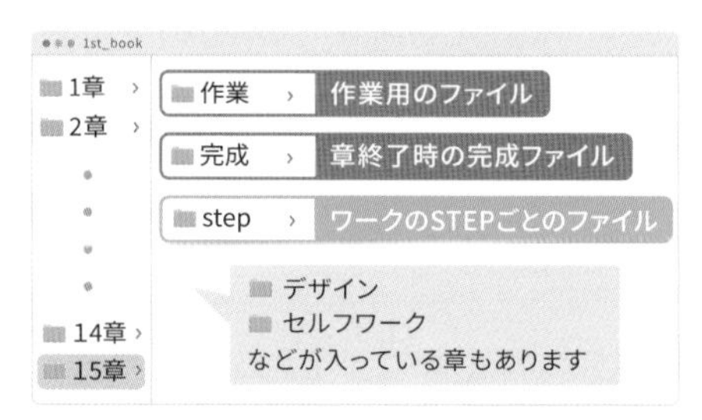

ダウンロード方法はP.16をご覧ください

ファイルの拡張子を表示させよう

拡張子とは、ファイルの種類をあらわすものです。テキストファイルであれば「txt」、HTMLを書いたファイルであれば「html」というようにファイルの種類ごとに拡張子が異なります。

ワークを進めていくと、さまざまな拡張子のファイルが出てきますので、わかりやすいように拡張子を表示させておきましょう。

STEP 1 拡張子の表示設定をしよう

【Macの場合】Finderを開き、左上の［Finder］→［環境設定］→［詳細］を選択し、「すべてのファイル名拡張子を表示」にチェックを入れます。

【Windowsの場合】Explorerを開き、［表示］タブをクリック。［ファイル名拡張子］のチェックボックスにチェックを入れます。

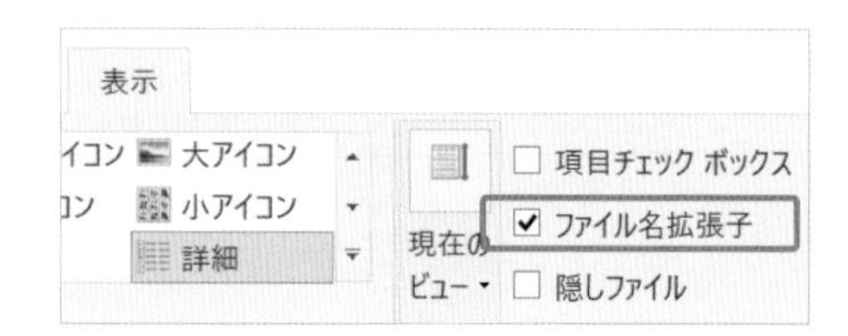

作業画面を工夫しよう

コーディングをする際には画面配置を工夫すると、より作業がしやすくなりますよ。

VSコードを画面の左に表示し、右側にはブラウザを開き、エディタとブラウザを並べて表示します。作業をしたらすぐにブラウザを更新し確認できるので効率的です。

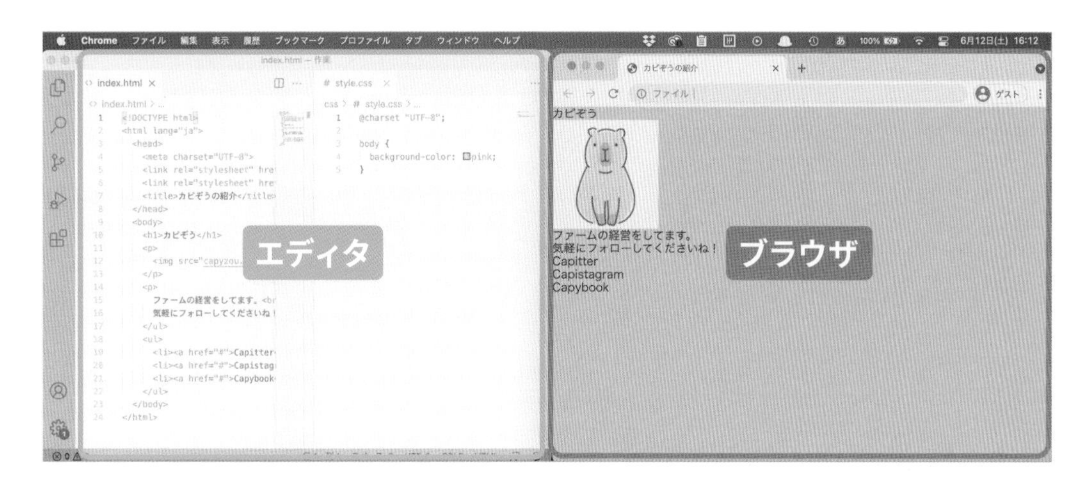

ノートPCの場合は、ひとつの画面にエディタとブラウザの両方を映すと画面が狭くなってしまうため、仮想デスクトップの機能を使ったり、command ＋ Tab（Windowsは Alt ＋ Tab）でエディタとブラウザの表示を切り替えるといった工夫をすると作業がしやすくなります。

動画ではVSコードを使いやすくするポイントと作業画面の工夫について紹介しています。ぜひP.31のQRコードからご覧ください。

お手本と同じにならない場合

ワークを進めていくと、タイピングミスなどでお手本と同じにならないことが起こるかもしれません。
自分でミスを見つけるのは難しいため「どこがお手本と違うか」を可視化できるツールを活用しましょう。
右図のWebサービスでは「STEPごとのファイルのコード」と「自分のコード」をコピー＆ペーストすると、2つのコードの違いを可視化してくれます。

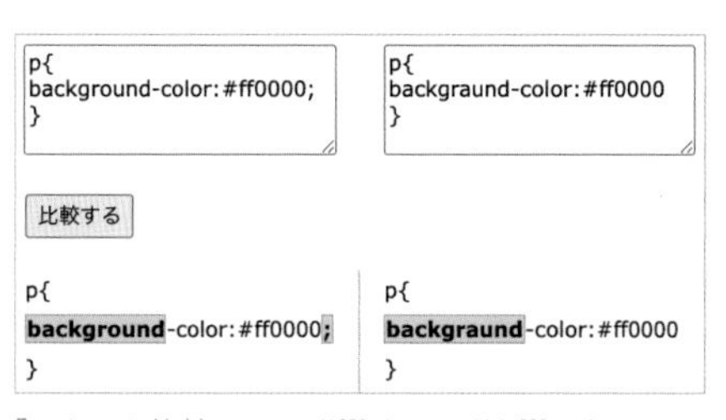

「テキスト比較ツール difff」https://difff.jp/

ウォーミングアップをしよう！

さっそくですが、先ほどインストールしたGoogle Chromeに文字を表示してみましょう。

わぁ〜ドキドキする〜！できるかなぁ！？

ブラウザに文字を表示してみよう

STEP 1 VSコードに文字を打ってみよう

VSコードを起動し、左上の［ファイル］→［新規ファイル］を選んで「はじめまして。カピぞうです。」と打ってみましょう。
「はじめまして。」のうしろで Enter を押して改行してください。

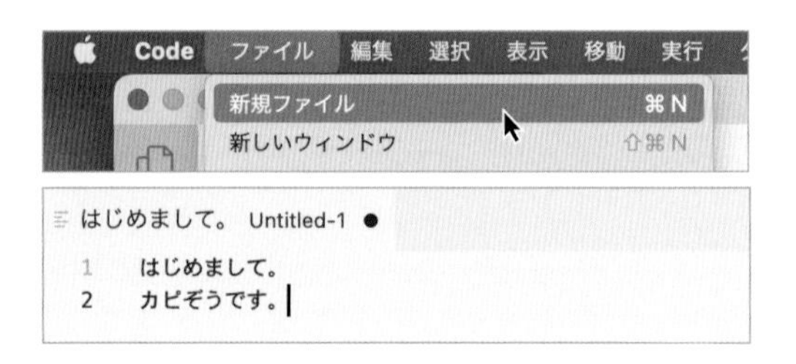

STEP 2 ファイルを保存しよう

［ファイル］→［保存］を選択し、ファイル名に「warming_up.html」と入力したらデスクトップなど自分がわかりやすい場所に保存します。

STEP 3 保存したファイルをブラウザで開いてみよう

保存したファイルをダブルクリックしてGoogle Chromeを開きます。右のように文字が表示されれば成功です！
VSコードでつけたはずの改行がブラウザではついていないことを確認しましょう。

ファイルをブラウザで開く時はダブルクリックすることをおぼえておいてくださいね。

ファイルのダブルクリックでGoogle Chromeが起動しない場合

ファイルを［右クリック］→［このアプリケーションで開く］→［Google Chome］を選択します。Windowsでは［右クリック］→［プログラムから開く］でGoogle Chromeを選択します。

これでウォーミングアップは終わりです。簡単すぎましたか？ この動作は繰り返しおこなうのでとても大切です。ここまででつまずいてしまった人は動画を見てくださいね。

動画では「ダブルクリックでいつもGoogle Chromeを起動させる設定」も解説しています。

ショートカットを使ってみよう

余裕のある方は作業効率化のためにショートカットを少しずつ使ってみましょう。
最低限、コピー＆ペーストをおぼえるだけでもぐっと作業が速くなります。

▶ コピー

コピーしたい文字を選択して、Command＋C（WindowsはCtrl＋C）を押します。

▶ ペースト（コピーした文字を貼り付け）

ペーストしたい場所を選択して、Command＋V（WindowsはCtrl＋V）を押します。

▶ 保存

Command＋S（WindowsはCtrl＋S）で編集中のファイルが上書き保存されます。
こまめに保存しておくと、問題が出た時でも保存したところまで戻れるので便利です。

▶ 1つ前の動作を取り消す

Command＋Z（WindowsはCtrl＋Z）で直前の操作を取り消せます。複数回押すと、取り消しをさかのぼることができます（回数の限界値はアプリケーションにより異なります）。

▶ 新規作成

Command＋N（WindowsはCtrl＋N）でファイルなどの新規作成ができます。

PART 1

02章 HTMLのきほんを学ぼう

マークアップとは何かを学びます
HTMLのタグの種類や使い方をワークを通して身につけましょう

マークアップをするのに重要な「情報整理」のちからも身につけられます。

整理は苦手デス……。

マークアップが大切な理由

「HTMLでマークアップをする」とは？

文字列に「意味を持つマーク」をつけることが、HTMLでマークアップをするということです。

でも、ウォーミングアップではマークアップというのをしなくてもブラウザに文字が表示されていましたよね。あれではダメなんですか？

そうですね、カピぞうさんの言うとおりです。それではマークアップはいったい何のためにおこなうのか、理由はいくつかありますが代表的なものを見ていきましょう。

なぜマークアップするの？

コンピューターが情報の意味を理解するため

私たちは文章を読む時その意味を理解しながら読みますが、コンピューターにはテキストの羅列としか認識できません。
HTMLはコンピューターがテキストの意味を読み取るための共通言語です。マークアップをすることで文章の意味を理解できるようになります。

ウォーミングアップでエディタに「改行」を入れたのにブラウザでは改行されなかったのは、「改行」という情報がマークアップされていなかったからです。

Webアクセシビリティのため

カピバラがりんごを
食べている画像

視覚障がい者の方などはWebサイトを「画面の情報を音声で読み上げるソフトやブラウザ」を使用して閲覧します。
適切なマークアップをすることで、この読み上げ機能を正確に機能させることができます。

利用者にとっての情報へのアクセスしやすさを**「Webアクセシビリティ」**といい、とくに障がいを持つ方や高齢者など多様な利用者を想定することが大切です。総務省のページには全盲の方のWebページ利用方法の動画があり、特典のおすすめサイト集にも掲載しています。

Googleなどの検索サイトに正確な情報を提示するため

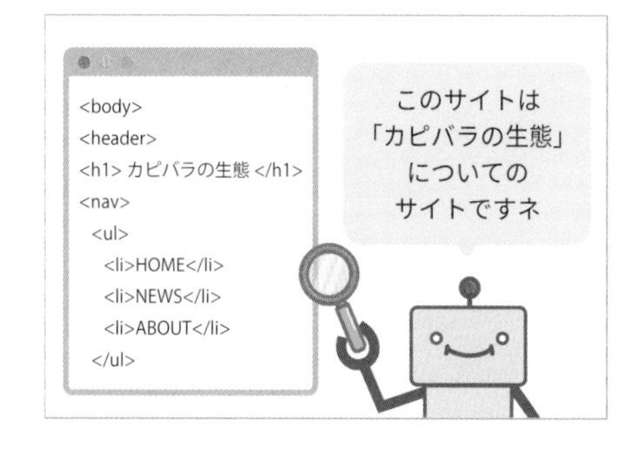

Googleなどの検索サイトはクローラーというプログラムでWebサイトの内容を収集しています。この時マークアップがきちんとされているサイトだと情報を正しく理解できます。

Webサイトの情報が正しく収集されるようになれば、有用なWebサイトが検索サイトの上位に掲載されてインターネットの利便性があがります。

コンピューターがWebサイトの情報を適切に解釈して利用できるようになっていることを、**「マシンリーダブル（machine-readable）」**であるといいます。

セマンティックなマークアップを心がけよう

意味に基づいたマークアップをおこなうことを**「セマンティックなマークアップ」**といいます。「セマンティック」とは直訳すると「意味の」という単語で、情報の意味を正しく捉えてマークアップをしていこうという考え方です。

意味に基づいたマークアップをおこなわないと、マークアップをする理由である「コンピューターが正しく情報を理解する」ということができなくなってしまいます。

装飾や見た目を整えるためにHTMLを使用するのではなく、装飾については後に出てくるCSSでおこないましょう。

SECTION 2 情報の整理をしよう

じつはカピ子さんに向けたラブレターはできているんです。

それではそのラブレターをもとにマークアップの準備をしてみましょう。

文章の意味を考え、整理をしてみよう

STEP 1 情報を整理・分類してみよう

下記の分類リストの項目を使って、右ページの手紙の内容を例のように分類してみましょう。

● 分類リスト
見出し
文章のかたまり
画像
箇条書き項目
表
連絡先
（Webサイトだったら）
クリックできないと困るところ

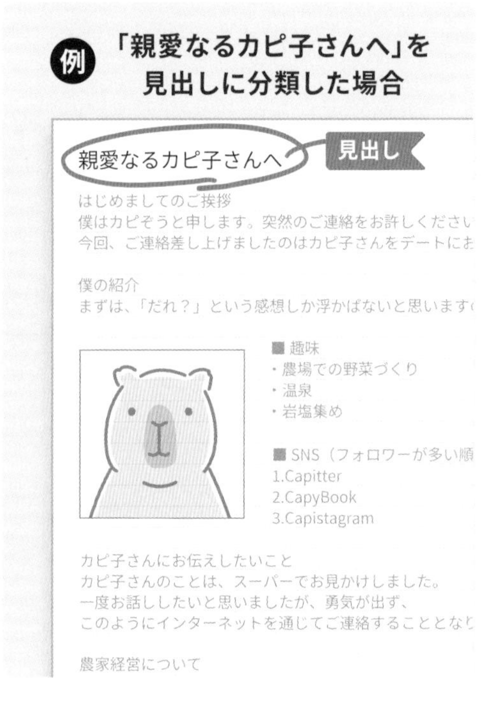

2章/ラブレター/に画像ファイル（loveletter.png）があるのでプリンタがある方は印刷をして書き込むと答え合わせがしやすいかもしれません。
解答例はめくった次のページにあります。

親愛なるカピ子さんへ

はじめましてのご挨拶
僕はカピぞうと申します。突然のご連絡をお許しください。
今回、ご連絡差し上げましたのはカピ子さんをデートにお誘いしたかったからです。

僕の紹介
まずは、「だれ？」という感想しか浮かばないと思いますので、僕の自己紹介をします。

■ 趣味
・農場での野菜づくり
・温泉
・岩塩集め

■ 基本情報
名前：カピぞう
年齢：３歳
職業：ファームの経営

■ SNS（フォロワーが多い順）
1.Capitter
2.CapyBook
3.Capistagram

カピ子さんにお伝えしたいこと
カピ子さんのことは、スーパーでお見かけしました。
一度お話ししたいと思いましたが、勇気が出ず、
このようにインターネットを通じてご連絡することとなりました。

農家経営について
僕は脱サラして農家を始めて 6 年になります。
そう聞くと少し不安になるかもしれませんが売り上げは年々増加していて、将来は安泰です。

年数	売上	いいわけ
1 年目	100 capy	
2 年目	300 capy	
3 年目	500 capy	
4 年目	800 capy	
5 年目	200 capy	この年は干ばつがひどかったです
6 年目	500 capy	

デートのお誘い
こんな僕ですが、**一度デートをしてもらえないでしょうか？**
お返事は、住所に直接足を運んでいただくか、メールでのご連絡でも大丈夫です。

カピバランド湖のほとり 11-33-12　ファームかぴぞう　宛て

080-XXXX-XXXX

う～ん。どんな分類になるんだろうなぁ。

はじめてのワークですから、あまり考え込まずにやってみましょう。

親愛なるカピ子さんへ　見出し

はじめましてのご挨拶　見出し

僕はカピぞうと申します。突然のご連絡をお許しください。　文章のかたまり
今回、ご連絡差し上げましたのはカピ子さんをデートにお誘いしたかったからです。

僕の紹介　見出し

まずは、「だれ？」という感想しか浮かばないと思いますので、僕の自己紹介　文章のかたまり

■ 趣味　見出し

- 農場での野菜つ　箇条書き
- 温泉
- 岩塩集め

■ 基本情報　見出し

名前：カピぞう　箇条書き
年齢：３歳
職業：ファームの経営

■ SNS（フォロワーが多い順）　見出し

1.Capitter　クリック　箇条書き
2.CapyBook
3.Capistagram

カピ子さんにお伝えしたいこと　見出し

カピ子さんのことは、スーパーでお見かけしました。　文章のかたまり
一度お話ししたいと思いましたが、勇気が出ず、
このようにインターネットを通じてご連絡することとなりました。

農家経営について　見出し

僕は脱サラして農家を始めて６年になります。　文章のかたまり
そう聞くと少し不安になるかもしれませんが売り上げは年々増加していて、将来は安泰です。

表

年数	売上	いいわけ
1 年目	100 capy	
2 年目	300 capy	
3 年目	500 capy	
4 年目	800 capy	
5 年目	200 capy	この年は干ばつがひどかったです
6 年目	500 capy	

デートのお誘い　見出し

こんな僕ですが、**一度デートをしてもらえないでしょうか？**　文章のかたまり
お返事は、住所に直接足を運んでいただくか、メールでのご連絡でも大丈夫です。

カピバランド湖のほとり 11-33-12　ファームかぴぞう　宛て　連絡先　文章のかたまり

080-XXXX-XXXX　クリック　連絡先　文章のかたまり

どうだったでしょうか。この情報整理は文章の意味のとらえ方によって変わるので、人によって違うこともあります。多少のズレがあっても安心してくださいね。

なるほど。わかりました。ところで、この情報整理は何のためにやるのですか？
早くHTMLというやつを書いてみたいです。

HTMLは意味に応じてマークアップをしていくと説明しましたが、そのためには文章の意味をきちんと捉えて情報を整理する必要があるので、この工程はとても重要なんです。

HTMLとCSSには仕様書（ルール）がある

HTMLとCSSの仕様書はインターネットに公開されているのでいつでもチェックできます。

- HTMLの仕様書：https://html.spec.whatwg.org/multipage/
- CSSの仕様書：https://www.w3.org/Style/CSS/

公式サイトは英語ですが、検索したら有志の方が翻訳した日本語版もありました。

HTMLはもともとW3C（ダブルスリーシー）という団体が仕様の策定をし、HTML4・HTML5というようにバージョンごとに名前がつけられて発表されていましたが、2019年5月頃にWHATWG（ワットダブルジー）という団体の**HTML Living Standard（リビングスタンダード）**という仕様に一本化されました。

最新の仕様書であるHTML Living Standardではバージョン名をつけるのではなく日々アップデートがされている状態です。

HTML5の仕様がすべて刷新されたわけではありません。ベースの仕様は引き継がれていますので、HTML5の基本的な知識はそのまま活かすことができます。

CSSは引き続きW3Cが仕様の策定をおこなっています。モジュールという細かい単位で仕様策定が進んでおり、CSS Level 3は一般的にCSS3と呼ばれ、執筆時はCSS Level 4の策定が進んでいます。

本書は**HTML Living StandardとCSS3〜4に準拠した**解説をおこなっていきます。

仕様書が難しいのでわかりやすく解説しているWebサイトや本書のような書籍がありますが、そのもととなる仕様書が存在することを知っておいてくださいね。

HTMLきほんの「き」

情報整理お疲れさまでした。いよいよHTMLでマークアップしていきます。
まずはHTMLの基本ルールを見ていきましょう。

HTMLってどう書くの？

HTMLの書き方

開始タグと終了タグでテキストを囲むのが基本的な書き方です。

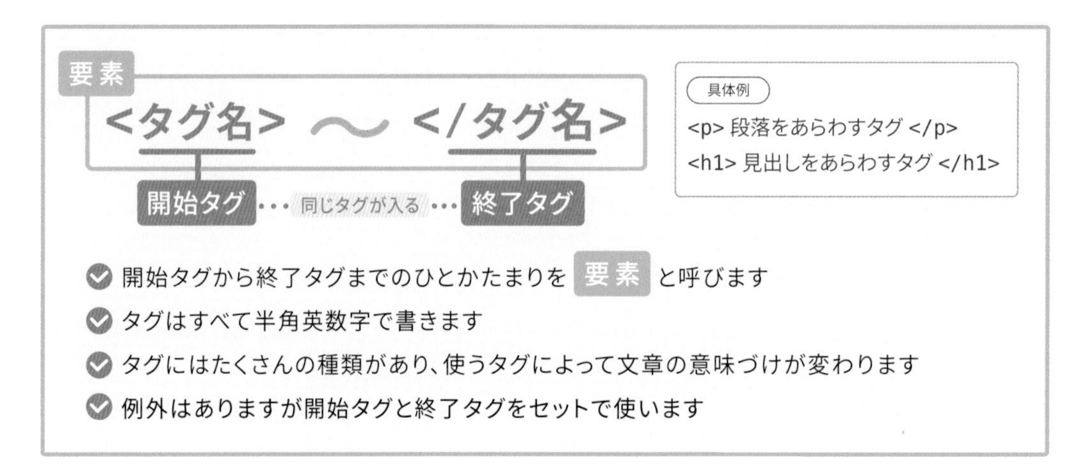

属性と属性値について

HTMLタグの中には付加情報を書くものがあります。付加情報とその内容のことを**属性**と呼びます。

HTMLの骨格を書いてみよう

まずは定型的なHTML文書の骨格を書いてみましょう。

STEP 1 HTML文書の骨格（お決まりセット）を書こう

VSコードで左上の［ファイル］→［新規ファイル］から新規ファイルを作成し、以下のコードを書いてみましょう。

```
1  <!DOCTYPE html>               ← HTMLのバージョン指定
2  <html lang="ja">              ← 属性で言語を日本語に指定
3  <head>
4  <meta charset="UTF-8">        ← 文字コードの指定
5  <title>カピ子さんへのラブレター</title>   ← タイトルの指定
6  </head>
7  <body>
8  こんにちは。
9  </body>
10 </html>
```

2章/step/03/01_base_step1.html

※次のSTEPでファイルを保存するとコードに色がつき、画像とは違う色になります。

これはHTML文書を書く際の定型的な記述で、最低限の「**お決まりセット**」です。
おぼえる必要はないので間違えないように書いてみましょう。

ここに注意！ POINT HTMLを書く際の基本的な注意事項

1文字でも間違いがあるとうまく表示されません。「本文以外はすべて半角英数字」というのが基本となりますが、以下のポイントにも気をつけましょう。

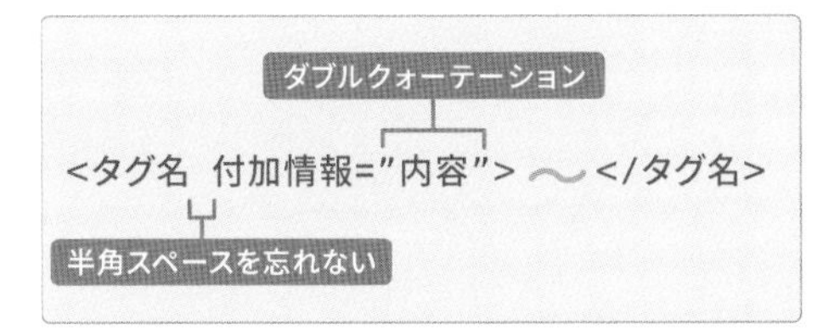

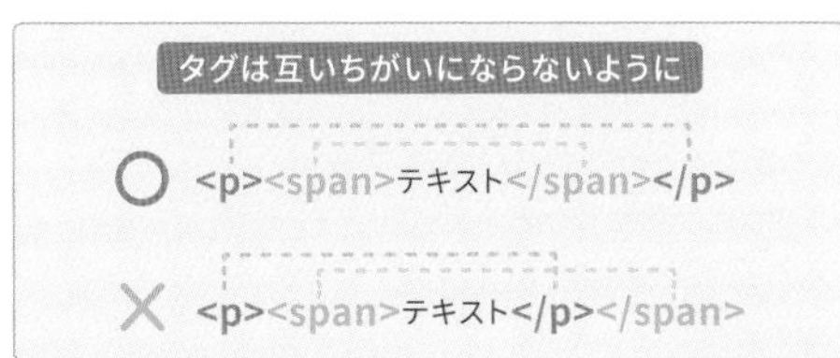

タグの中にどのタグが入れられるかというルールも仕様で決まっています。
たとえば<body>タグの中に<head>タグは入れられません。このルールについてはP.111のランクアップでも取り上げています。

STEP 2 保存しよう

保存は左上にあるメニューバーの［ファイル］→［名前を付けて保存］からおこないます。
index.htmlという名前をつけてデスクトップなど自分がわかりやすい場所に保存しましょう。

STEP 3 ブラウザで確認しよう

保存したindex.htmlをブラウザで開き、右図のように表示されていれば成功です。

<title>タグで囲んだ文字はブラウザのタブの部分に表示され、<body>タグで囲んだ文字は画面上に表示されていることを確認してください。

表示される場所が違うのはなんでだろう？

ここはおさえる LEARNING <body>タグに書いた内容がブラウザ画面に表示される

「お決まりセット」の中で、私たちがブラウザでコンテンツとして見ているのは<body>～</body>に書かれた内容です。
つまり、表示させたいコンテンツは<body>タグ内に記述していきます。

<head>～</head>に書かれた内容はコンピューター向けの情報のためブラウザの画面上には表示されません。

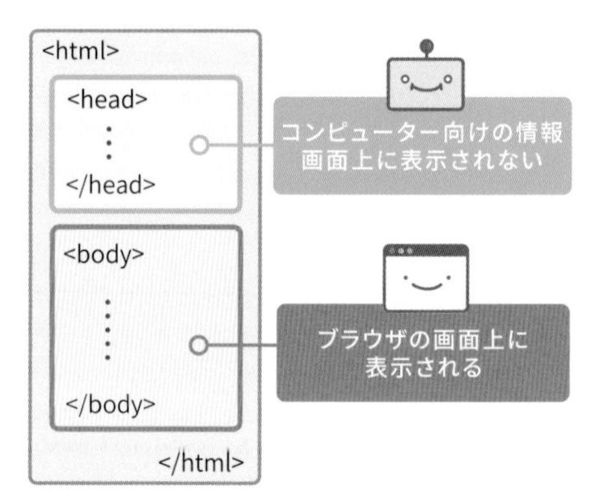

「お決まりセット」の構造

「お決まりセット」は「head」と「body」という2つのパートに分かれています。この2つのタグが<html>タグに内包されているという構造です。
このタグの中にタグが入っている内包関係のことを**入れ子（ネスト）**と呼びます。

<html>
head
body
</html>
入れ子（ネスト）

また、この外側にあるタグを**親要素**、それに内包されているタグを**子要素**と呼びます。
この場合「head」と「body」から見た「html」は親要素と呼び、「html」から見た「head」と「body」は子要素と呼びます。

入れ子・親要素・子要素という呼び方はとても重要なのでおぼえておきましょう。

「お決まりセット」で使われているタグの意味

タグ	説明
<!DOCTYPE html>	文書がHTML5(HTML Living Standard)であることを宣言するための記述です。
<html>〜</html>	HTMLであることを意味し、lang="ja"は日本語の文書であることを意味します。
<head>〜</head>	お決まりセットでは「文字コードの設定」と「タイトル」のみ書かれていますが、他にもコンピューター向けのさまざまな情報を記述する箇所です。
<meta charset="UTF-8">	文字コードをUTF-8に設定する記述です。文字コードを設定しないと文字がうまく表示されないこと（文字化け）もありますので、必ず設定しましょう。
<title>〜</title>	ページのタイトルを記述します。ブラウザのタブに表示されていた箇所です。
<body>〜</body>	ブラウザの画面上に表示され、人が見るコンテンツを記述する箇所です。

暗記の必要はありませんが、どのような意味なのかは理解しておきましょう。

マークアップをしてみよう

いよいよ僕のラブレターをマークアップするのですね！ おぼえることは多いでしょうか？

HTMLでおぼえることは多くありません。使っているうちに自然とおぼえますし、忘れてしまっても調べながら書けば大丈夫ですよ。

マークアップする文章を作業ファイルにコピーしよう

STEP 1 編集したいファイルをVSコードで開こう

2章/作業/index.htmlをVSコードで開きましょう。ダブルクリックで開くとブラウザで開いてしまうので、VSコードのメニューの［ファイル］→［開く］からファイルを選択して開くか、ファイルをVSコードにドラッグ＆ドロップしましょう。
このファイルには**「お決まりセット」がすでに書いてあります。**

【注意】ファイル(index.html)は移動させずに作業します。デスクトップなどに移動したい場合は「作業」フォルダごと移動しましょう。

STEP 2 テキスト文書をコピー＆ペーストしよう

同じフォルダ内にある「loveletter.txt」のテキストをすべてコピーして<body>〜</body>の間に貼り付けて保存しましょう。保存したらブラウザでindex.htmlを開き、貼り付けた文章が反映されているか確認しましょう。

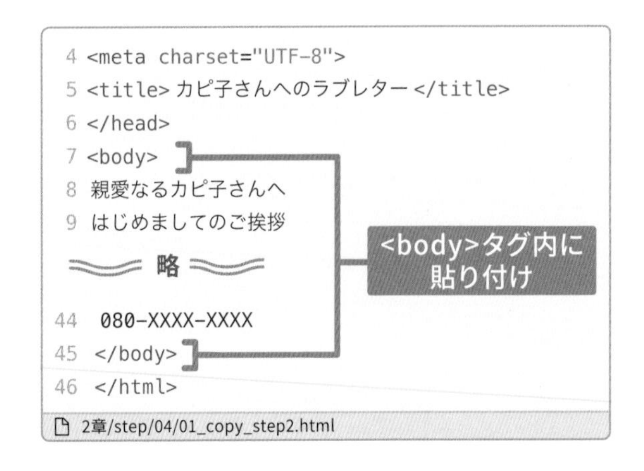

4 <meta charset="UTF-8">
5 <title> カピ子さんへのラブレター </title>
6 </head>
7 <body>
8 親愛なるカピ子さんへ
9 はじめましてのご挨拶
略
44 080-XXXX-XXXX
45 </body>
46 </html>
<body>タグ内に貼り付け
2章/step/04/01_copy_step2.html

親愛なるカピ子さんへ はじめましてのご挨拶 僕はカピぞうと申します。突然のご連絡をお許しください。 今回、ご連絡差し上げましたのはカピ子さんをデートにお誘いしたかったからです。 僕の紹介 カピぞうの顔写真 まずは、「だれ？」という感想しか浮かばないと思いますので、僕の自己紹介をします。 ■ 趣味 ・農場での野菜づくり ・温泉 ・岩塩集め ■ 基本情報 名前：カピぞう 年齢：３歳 職業：ファームの経営 ■ SNS（フォロワーが多い順） 1.Capitter 2.CapyBook 3.Capistagram カピ子さんにお伝えしたいこと カピ子さんのことは、スーパーでお見かけしました。一度お話ししたいと思いましたが、 勇気が出ず、このようにインターネットを通じてご連絡することとなりました。 農家経営について 僕は脱サラして農家を始めて6年になります。 そう聞くと少し不安になるかもしれませんが売り上げは年々増加していて、将来は安泰です。 年数 売上 いいわけ 1年目 100capy 2年目 300capy 3年目 500capy 4年目 800capy 5年目 200capy この年は干ばつがひどかったです 6年目 500capy デートのお誘い こんな僕ですが、一度デートをしてもらえないでしょうか？ お返事は、住所に直接足を運んでいただくか、お電話でのご連絡でも大丈夫です。 カピバランド湖のほとり11-33-12　ファームカピぞう　宛て 080-XXXX-XXXX

テキストが改行されずに表示されます。
※ブラウザの幅によってテキストの折り返し位置は変わります。

「見出し」をマークアップしよう

それではさっそく、先ほどのラブレターをマークアップしてみましょう。
情報整理した内容（P.40の解答例）をタグに置き換えていくとイメージしてくださいね。

見出しをあらわすタグ

<h1> 〜 </h1>

hは「heading（ヘディング）」の頭文字です。
h1〜h6までと6段階あり、h2〜h6も同じように書きます。

見出しの使い分け

見出しは重要性によってh1〜h6を使い分けます。
<h1>タグの次に<h3>タグは使わずに
数字順に使います。

h1 h2 h3 h4 h5 h6

重要度 高   重要度 低

大見出しを<h1>タグでマークアップしよう

8行目の「親愛なるカピ子さんへ」は見出しの中でもっとも重要度が高いため、<h1>タグでマークアップをしましょう。
ブラウザを更新し、作業が反映されているか確認します。

```
7 <body>
8 <h1> 親愛なるカピ子さんへ </h1>
9 はじめましてのご挨拶
```

2章/step/04/02_h1-h6_step1.html

親愛なるカピ子さんへ はじめましてのご挨拶 僕はカピぞうと申します。突然のご連絡をお許しください。 今回、ご連絡差し上げましたのはカピ子さんをデートにお誘いしたかったからです。 僕の紹介 カピぞうの顔写真 まずは、「だれ？」という感想しか浮かばないと思いますので、僕の自己紹介をします。 ■ 趣味 ・農場での野菜づくり ・温泉 ・岩塩集め ■ 基本情報 名前：カピぞう 年齢：3歳 職業：ファームの経営 ■ SNS（フォロワーが多い順） 1.Capitter 2.CapyBook 3.Capistagram カピ子さんにお伝えしたいこと カピ子さんのことは、スーパーでお見かけしました。一度お話ししたいと思いましたが、 勇気が出ず、このようにインターネットを通じてご連絡することとなりました。 農家経営について 僕は脱サラして農家を始めて6年になります。 そう聞くと少し不安になるかもしれませんが売り上げは年々増加していて、将来は安泰です。 年数 売上 いいわけ 1年目 100capy 2年目 300capy 3年目 500capy 4年目 800capy 5年目 200capy この年は干ばつがひどかったです 6年目 500capy デートのお誘い こんな僕ですが、一度デートをしてもらえないでしょうか？ お返事は、住所に直接足を運んでいただくか、お電話でのご連絡でも大丈夫です。 カピバランド湖のほとり11-33-12　ファームカピぞう　宛て 080-XXXX-XXXX

親愛なるカピ子さんへ

はじめましてのご挨拶 僕はカピぞうと申します。突然のご連絡をお許しください。 今回、ご連絡差し上げましたのはカピ子さんをデートにお誘いしたかったからです。 僕の紹介 カピぞうの顔写真 まずは、「だれ？」という感想しか浮かばないと思いますので、僕の自己紹介をします。 ■ 趣味 ・農場での野菜づくり ・温泉 ・岩塩集め ■ 基本情報 名前：カピぞう 年齢：3歳 職業：ファームの経営 ■ SNS（フォロワーが多い順） 1.Capitter 2.CapyBook 3.Capistagram カピ子さんにお伝えしたいこと カピ子さんのことは、スーパーでお見かけしました。一度お話ししたいと思いましたが、 勇気が出ず、このようにインターネットを通じてご連絡することとなりました。 農家経営について 僕は脱サラして農家を始めて6年になります。 そう聞くと少し不安になるかもしれませんが売り上げは年々増加していて、将来は安泰です。 年数 売上 いいわけ 1年目 100capy 2年目 300capy 3年目 500capy 4年目

<h1>タグでマークアップした部分が大きく表示され、改行されていることが確認できます。

<h1>タグは1ページに複数あってもOKですが、はじめのうちは1ページ1テーマと考えて、ひとつだけにするのがわかりやすいでしょう。

ブラウザの更新のショートカット

【mac】 Command ＋ R 【Windows】 Ctrl ＋ R （もしくは F5 ）
ブラウザの更新は頻繁におこなうため、ぜひショートカットをおぼえましょう。

STEP 2 中見出しを<h2>タグでマークアップしよう

2番目に重要度が高い見出しを<h2>タグでマークアップしましょう。全部で5箇所あります。

```
8  <h1> 親愛なるカピ子さんへ </h1>
9  <h2> はじめましてのご挨拶 </h2>
```

```
11 今回、ご連絡差し上げましたのはカピ子さんをデー
12 <h2> 僕の紹介</h2>
```

```
26 3.Capistagram
27 <h2> カピ子さんにお伝えしたいこと </h2>
```

```
29 勇気が出ず、このようにインターネットを通じて
30 <h2> 農家経営について</h2>
```

```
39 6年目 500capy
40 <h2> デートのお誘い </h2>
```

2章/step/04/02_h1-h6_step2.html

親愛なるカピ子さんへ

はじめましてのご挨拶

僕はカピぞうと申します。突然のご連絡をお許しください。 今回、ご連絡差し上げましたのはカピ子さんをデートにお誘いしたかったからです。

僕の紹介

カピぞうの顔写真 まずは、「だれ？」という感想しか浮かばないと思いますので、僕の自己紹介をします。■ 趣味 ・農場での野菜づくり ・温泉 ・岩塩集め ■ 基本情報 名前：カピぞう 年齢：3歳 職業：ファームの経営 ■ SNS（フォロワーが多い順） 1.Capitter 2.CapyBook 3.Capistagram

カピ子さんにお伝えしたいこと

カピ子さんのことは、スーパーでお見かけしました。一度お話ししたいと思いましたが、 勇気が出ず、このようにインターネットを通じてご連絡することとなりました。

農家経営について

僕は脱サラして農家を始めて6年になります。 そう聞くと少し不安になるかもしれませんが売り上げは年々増加していて、将来は安泰です。 年数 売上 いいわけ 1年目 100capy 2年目 300capy 3年目 500capy 4年目 800capy 5年目 200capy この年は干ばつがひどかったです 6年目 500capy

デートのお誘い

こんな僕ですが、一度デートをしてもらえないでしょうか？ お返事は、住所に直接足を運んでいただくか、お電話でのご連絡でも大丈夫です。 カピバランド湖のほとり11-33-12 ファームカピぞう 宛て 080-XXXX-XXXX

<h1>タグより少し小さめのサイズで表示され、改行されていることが確認できます。

STEP 3 小見出しを<h3>タグでマークアップしよう

次に重要度が高い見出しを<h3>タグでマークアップしましょう。

```
14 まずは、「だれ？」という感想しか浮かばないと
15 <h3>■ 趣味 </h3>
```

```
18 ・岩塩集め
19 <h3>■ 基本情報 </h3>
```

```
22 職業：ファームの経営
23 <h3>■ SNS（フォロワーが多い順）</h3>
```

2章/step/04/02_h1-h6_step3.html

親愛なるカピ子さんへ

はじめましてのご挨拶

僕はカピぞうと申します。突然のご連絡をお許しください。 今回、ご連絡差し上げましたのはカピ子さんをデートにお誘いしたかったからです。

僕の紹介

カピぞうの顔写真 まずは、「だれ？」という感想しか浮かばないと思いますので、僕の自己紹介をします。

■ 趣味

・農場での野菜づくり ・温泉 ・岩塩集め

■ 基本情報

名前：カピぞう 年齢：3歳 職業：ファームの経営

■ SNS（フォロワーが多い順）

1.Capitter 2.CapyBook 3.Capistagram

見出しレベルが低くなるごとに小さな文字で表示されます。

文字を大きくしたり小さくしたりする目的で見出しのレベルを決めないことが大切です。

「段落」をマークアップし、改行を入れよう

段落をあらわすタグ

<p> 〜 </p>	pは「paragraph（パラグラフ）」の頭文字です。 段落（ひとかたまりの文章）をあらわします。

改行をあらわすタグ

 	brは「break（ブレイク）」の略です。 開始・終了タグを使わずに単独で使います。

STEP 1 文章のかたまりを<p>タグでマークアップしよう

段落を<p>タグでマークアップします。また、文章が読みにくい箇所に
タグを入れていきます。

```
10 <p> 僕はカピぞうと申します。突然のご連絡をお許しください。<br>
11 今回、ご連絡差し上げましたのはカピ子さんをデートにお誘いしたかったからです。</p>
```

```
14 <p> まずは、「だれ？」という感想しか浮かばないと思いますので、僕の自己紹介をします。</p>
```

```
28 <p> カピ子さんのことは、スーパーでお見かけしました。<br> 一度お話ししたいと思いましたが、
29 勇気が出ず、このようにインターネットを通じてご連絡することとなりました。</p>
```

```
31 <p> 僕は脱サラして農家を始めて6年になります。<br>
32 そう聞くと少し不安になるかもしれませんが売り上げは年々増加していて、将来は安泰です。</p>
```

```
41 <p> こんな僕ですが、一度デートをしてもらえないでしょうか？<br>
42 お返事は、住所に直接足を運んでいただくか、お電話でのご連絡でも大丈夫です。</p>
43 <p> カピバランド湖のほとり 11-33-12　ファームカピぞう　宛て </p>
44 <p> 080-XXXX-XXXX </p>
```

2章/step/04/03_p-br_step1.html

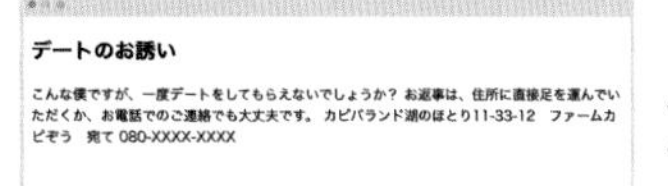

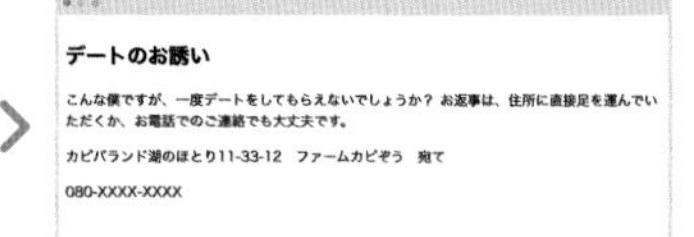

<p>タグでマークアップをすると段落になります。

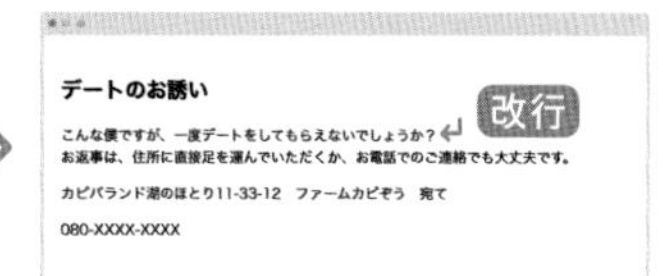

タグを入れると改行されます。

「箇条書き」をマークアップしよう

箇条書きで分類した箇所はリストをあらわすタグでマークアップします。HTMLにはリストをあわらす3種類のタグが用意されています。

情報整理のワークで分類した「箇条書き」がそれぞれ、どのリストに当てはまるのかを考えながらマークアップしてみましょう。

 「趣味」のリストを<ul>・<li>タグでマークアップしよう

順不同リストをあらわすタグ

```
<ul>
 <li> ～ </li>
 <li> ～ </li>
</ul>
```

ulは「unordered list（アンオーダードリスト）」の略で項目の順序に意味を持たないリストをあらわすタグです。必ず項目をあらわすli要素（list item）とセットで使います。リスト全体を<ul>～</ul>で囲み、項目ひとつひとつを<li>～</li>で囲みます。

「趣味」のリストは項目の順番が変わっても意味が変わることはありません。このようなリストは<ul>タグでマークアップをしましょう。

```
15 <h3>■ 趣味 </h3>
16 <ul>
17 <li>・農場での野菜づくり </li>
18 <li>・温泉 </li>
19 <li>・岩塩集め </li>
20 </ul>
```

2章/step/04/04_list_step1.html

■ 趣味

・農場での野菜づくり ・温泉 ・岩塩集め

■ 趣味

- ・農場での野菜づくり
- ・温泉
- ・岩塩集め

項目ごとに改行され、項目の前に「•」が追加されます。※もとの文章と合わせると「•」が重複します。

 「SNS」のリストを<ol>・<li>タグでマークアップしよう

順列リストをあらわすタグ

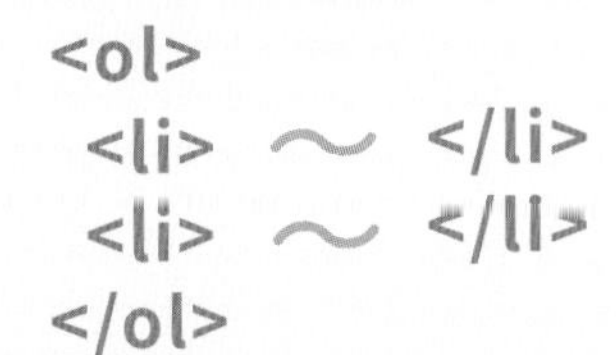

```
<ol>
 <li> ～ </li>
 <li> ～ </li>
</ol>
```

olは「ordered list（オーダードリスト）」の略で道順・レシピ・順位ランキングなど順番が変わると困るリストに使います。リスト全体を<ol>～</ol>で囲み、項目ひとつひとつを<li>～</li>で囲みます。

「SNS」のリストは「フォロワーが多い順」と書かれているので、順序があるリストです。このようなリストは<ol>タグでマークアップをしましょう。

```
25 <h3>■ SNS（フォロワーが多い順）</h3>
26 <ol>
27 <li> 1.Capitter </li>
28 <li> 2.CapyBook </li>
29 <li> 3.Capistagram </li>
30 </ol>
```

2章/step/04/04_list_step2.html

■ SNS（フォロワーが多い順）

1.Capitter 2.CapyBook 3.Capistagram

■ SNS（フォロワーが多い順）

1. 1.Capitter
2. 2.CapyBook
3. 3.Capistagram

項目ごとに改行され、項目の前に「数字」が追加されます。※もとの文章と合わせると数字が重複します。

STEP 3 「基本情報」のリストを<dl>・<dt>・<dd>タグでマークアップしよう

説明リストをあらわすタグ

```
<dl>
  <dt> 〜 </dt>
  <dd> 〜 </dd>
</dl>
```

dlは「description list（ディスクリプションリスト）」の略で項目名とその説明がセットのリストです。
リスト全体を<dl>〜</dl>で囲み、
定義する項目名を<dt>〜</dt>
項目の説明を<dd>〜</dd>で囲みます。

dtは「description term（ターム）」、ddは「description details（ディティールズ）」の略です。

「基本情報」のリストは【名前】が項目名、【カピぞう】がその説明となっています。このようなリストは<dl>タグでマークアップをしましょう。

```
22 <dl>
23 <dt> 名前：</dt><dd> カピぞう </dd>
24 <dt> 年齢：</dt><dd> ３歳 </dd>
25 <dt> 職業：</dt><dd> ファームの経営 </dd>
26 </dl>
```

2章/step/04/04_list_step3.html

■ 基本情報

名前：カピぞう 年齢：３歳 職業：ファームの経営

■ 基本情報

名前：
　　カピぞう
年齢：
　　３歳
職業：
　　ファームの経営

<dt>タグと<dd>タグが改行し、<dd>タグは字下げされます。

「リンク部分」をマークアップしよう

リンクを指定するタグ

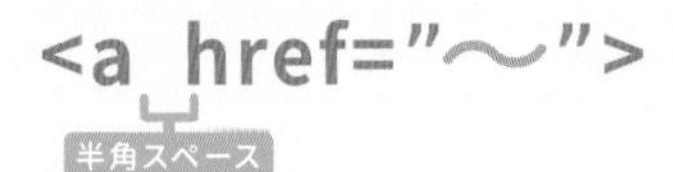

aは「anchor（アンカー）」の略です。
href属性でリンク先を指定します。

情報整理のワークで「クリックできないと困るところ」に分類した箇所です。
他のページに移動する仕組みを**ハイパーリンク（もしくはリンク）**といいます。

STEP 1 SNSリストを<a>タグでマークアップしてリンクを設定しよう

各SNSへはリンクされていた方が便利ですので、<ol>タグでマークアップした部分に<a>タグを追記しましょう。
※ここではダミーで「#」と入っていますが、本来はリンク先のURLを記入します。

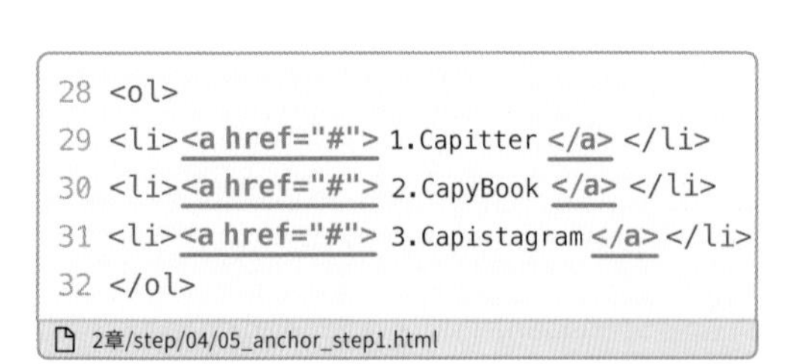

```
28 <ol>
29 <li><a href="#"> 1.Capitter </a> </li>
30 <li><a href="#"> 2.CapyBook </a> </li>
31 <li><a href="#"> 3.Capistagram </a> </li>
32 </ol>
```

2章/step/04/05_anchor_step1.html

■ SNS（フォロワーが多い順）

1. 1.Capitter
2. 2.CapyBook
3. 3.Capistagram

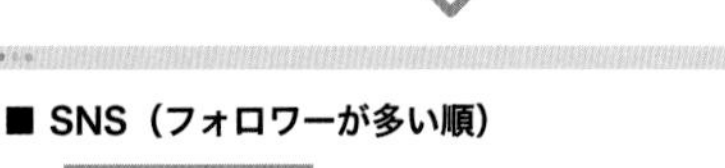

■ SNS（フォロワーが多い順）

1. 1.Capitter
2. 2.CapyBook
3. 3.Capistagram

文字列が青くなり、下線が引かれます。

STEP 2 電話番号をクリックしたら電話をかけられるようにしよう

電話番号用のリンクを設定するとスマートフォンの場合、タップ時に電話をかけられるようになります。

```
50 <p> <a href="tel:080-XXXX-XXXX"> 080-XXXX-XXXX </a> </p>
```

2章/step/04/05_anchor_step2.html

080-XXXX-XXXX ＞ 080-XXXX-XXXX

文字列が青くなり、下線が引かれます。

これでカピ子さんも電話がしやすくなりますね～！

このように<a>タグの属性値にはWebサイトのURL以外も指定できます。メールアドレスや同ページ内にリンクするといったことも可能です（⇒P146 ページ内リンク）。

ここはおさえる LEARNING

リンク先を別タブで表示させる方法

外部サイトへリンクする場合、なるべく自分のサイトから離脱をさせたくないという理由からリンク先を別タブで表示させることがあります。

target属性を追加すると別タブ（ウィンドウ）で開くようになります。

```
<a href="リンク先URL" target="_blank">
```

別タブでリンク先を表示

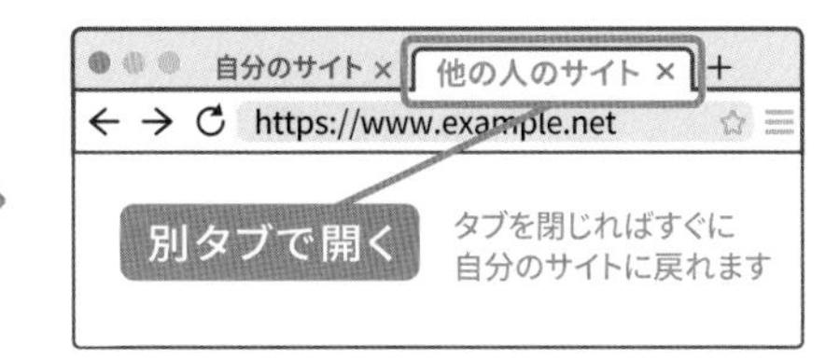

target="_blank"を指定する時はセキュリティ上、rel="noopener"の併記が必要でしたが、現在の主要ブラウザでは併記の必要がなくなりました。

HTMLの文法チェックツール

書いたHTMLが正しいかどうかをチェックできるWebツールがあります。

はじめのうちは文法ミスに気づくのは難しいため、このようなツールを使ってチェックするのもオススメです。

ツールは少々厳格なため、まずは意味のわかる基本的な修正点について対応するとよいでしょう。

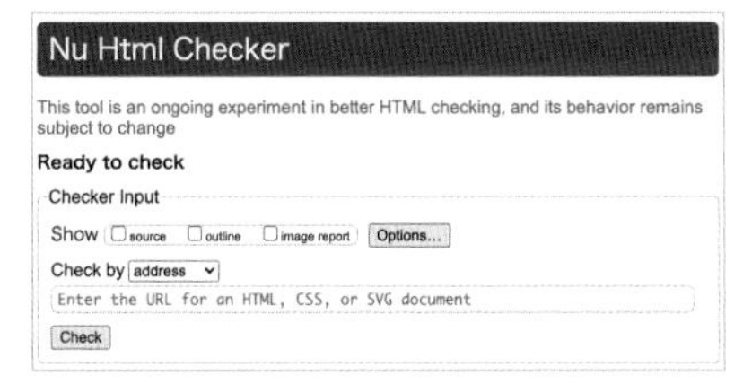

「Nu Html Checker」https://validator.w3.org/nu/

※CSSのチェックツールは特典のおすすめサイト集に掲載しています。

「画像」を表示させよう

画像を表示するタグ

<img src="～" alt="～">

半角スペース　半角スペース

src属性で画像ファイルの場所を指定します。画像が表示できない場合に表示する代替テキストをalt属性で指定します。

alt属性の値は音声ブラウザなどで読み上げられるので「どのような画像かを説明するテキスト」を書くのが望ましいですが、意味を持たない装飾目的の画像はalt属性の値を空にすることもあります。

STEP 1 カピぞうの画像を<img>タグを使って表示しよう

これまでのマークアップはテキストをタグで囲んでいましたが、<img>タグは書き方が異なります。下記にならって<img>タグを書きましょう。同じ作業フォルダにある**capyzou.png**を表示させます。

```
12 <h2> 僕の紹介 </h2>
13 <img src="capyzou.png" alt="カピぞうの顔写真">
```

2章/step/04/06_img_step1.html

画像が表示されない場合、編集中のファイルと画像ファイル(capyzou.png)が同じ場所に置いてあるかを確認しましょう。

src属性に「capyzou.png」というファイル名を指定しましたね。この特定のファイルを指し示したものを**「ファイルパス」**といいます。

ここはおさえる LEARNING

ファイルパスの書き方

画像などのファイルを読み込むにはファイルパスの指定が必要です。ファイルパスには相対パスと絶対パスがあります。

▶ 相対パス

「読み込みもとのファイルを基点としたファイルパスの指定」を**相対パス**といいます。
ワークでのcapyzou.pngはindex.htmlを起点として相対パスで表示しています。

同じ階層に画像がある

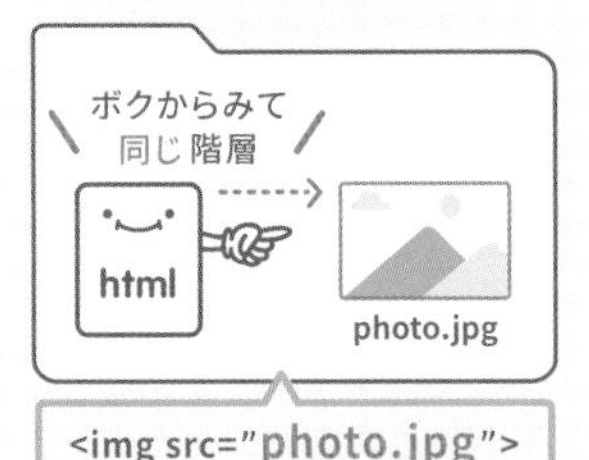

<img src="photo.jpg">
ファイル名のみ

画像ファイルがhtmlファイルと同じフォルダ（＝同じ階層）にある場合はファイル名のみを指定します

フォルダの中に画像がある

<img src="img/photo.jpg">
フォルダ名/ファイル名

1つ下の階層（フォルダに入っている）場合は「フォルダ名/（スラッシュ）」の後にファイル名を指定します

1つ上の階層に画像がある

ボクからみて
1つ上の階層
html
photo.jpg

<img src="../photo.jpg">
../ファイル名

1つ上の階層へあがる場合は「../（ドット、ドット、スラッシュ）」と指定します

フォルダのことを**ディレクトリ**と呼ぶこともあります。中央の例の場合「imgディレクトリのphoto.jpgを参照している」というような言い方をします。

▶ 絶対パス

「URLを使ったファイルパスの指定」を絶対パスといいます。

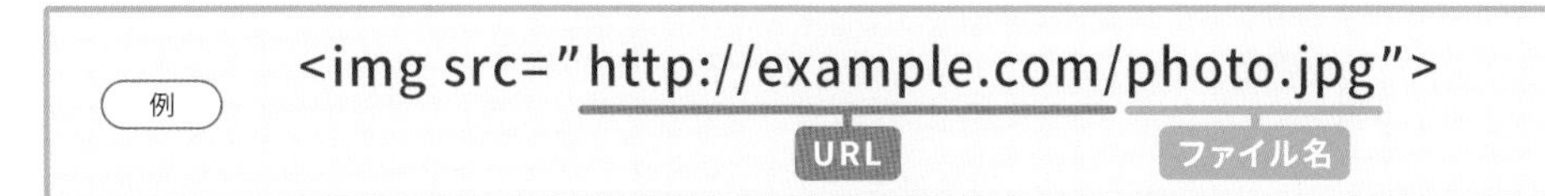

絶対パスを使うと他者のサーバーにアップロードされているファイルを読み込んで表示することができますが、相手のサーバーに負荷がかかるため、許可されている画像以外は他者のサーバーにある画像の読み込みはしないようにしましょう。

力試しをしたい人は SELFWORK

パス指定の練習をしよう

2章/セルフワーク/パス指定の練習をしよう/作業/base/index.htmlをVSコード開いて、指示通りの画像が表示されるようにimg要素のsrc属性にファイルパスを書いてみましょう。正解は完成フォルダにあります。全部正解の場合A〜Hまでの画像が順番に表示されます。

VSコードの補完機能でヒントが出ますが、なるべく見ずにやってみましょう。

画像の種類

Webサイトで使用できる画像にはいくつか種類があります。ここでは主に使用する画像形式の使い分けと特徴をおさえておきましょう。ベクター画像とラスター画像の違いはP.227で説明します。

ベクター画像

形式	画像	特徴
svg エスブイジー	 Part5での使用画像	拡大縮小をしてもボケない 複雑な形状ではない図形やアイコン・イラストの描写に向いている 高解像度ディスプレイ対応のために使用する機会が増えている

ラスター画像

形式	画像	特徴
jpg ジェイペグ	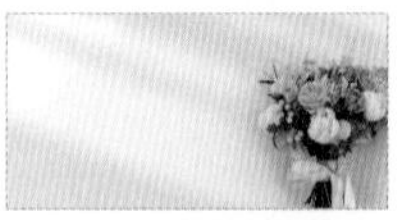 Part3での使用画像	写真やグラデーションなど色数が多い画像に向いている 圧縮率が高く、ファイルサイズを抑えられる 透過処理ができない・保存しなおすたびに画質が劣化する点に注意
png ピング	 Part3での使用画像	ベタ塗り中心や線画のイラストなどに向いている 写真のような画像も扱えるが、jpgと比べると容量が重くなる傾向 透過処理ができる・保存しなおしても画質が劣化しないのが利点
WebP ウェッピー	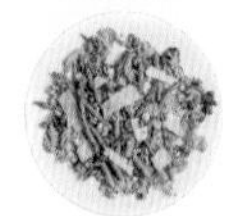 Part5での使用画像	jpgよりも圧縮率が高く、同等画質でもファイルサイズが小さい pngと同様に透過処理ができる・保存しなおしても画質が劣化しない jpgとpngフォーマットの良いとこどりで、アニメーションも可能

拡張子を書き換えれば画像形式が変更できるというわけではありません。
アプリケーションで作成・変換するなどの適切な方法でおこなう必要があります。

今後主流になる？新しい画像フォーマット「WebP」

いいとこどりの「WebP（ウェッピー）」は新しい画像フォーマットです。
2020年末には多くのブラウザで問題なく使用できるようになりましたが、執筆時点ではAdobe社のアプリケーションが公式対応をしていないといった事情があるので普及にはもう少し時間がかかりそうです。

これらの問題が解消すれば主流の画像フォーマットになるかもしれません。

「強調したい文章」をマークアップしよう

強調をあらわすタグ

<em> 〜 </em>	emは「emphasis（エンファシス）」の略です。 文章に強調のニュアンスを与えます。

STEP 1 デートへのお誘い文を<em>タグでマークアップして強調しよう

文章の中で強調したい箇所を<em>タグでマークアップしましょう。

```
47 <p>こんな僕ですが、<em>一度デートをしてもらえないでしょうか？</em><br>
48 お返事は、住所に直接足を運んでいただくか、お電話でのご連絡でも大丈夫です。</p>
```

2章/step/04/07_em_step1.html

こんな僕ですが、一度デートをしてもらえないでしょうか？
お返事は、住所に直接足を運んでいただくか、お電話でのご連絡でも大丈夫です。

＞

こんな僕ですが、*一度デートをしてもらえないでしょうか？*
お返事は、住所に直接足を運んでいただくか、お電話でのご連絡でも大丈夫です。

マークアップした箇所が斜体（斜めに傾いている書体）になります（Windowsの方は変化がありません）。

テキストにニュアンスを与えるタグ

ニュアンスを与えるというのは文章の書き手の微妙な意図を表現するということです。
<em>タグは「強調」というニュアンスがありますが他にも色々なニュアンスを与えるタグがあります。

同じ文章でもマークアップするタグの種類で言葉のニュアンスを変えられます。

タグ	説明
<strong>	警告の文章など、緊急性・深刻性・重大性・非常に強い重要性をあらわすのに使います。
<mark>	検索結果の文章内で関連性がある箇所（検索ワード）や引用文内で読者の注意をひきたい箇所などに使います。
<i>	心の中の声や技術用語・思考など、周りの文章とは質が違うことをあらわすのに使います。
<b>	記事のリード文やレビュー文中での商品名など意味的な重要性はつけないけれど、注目させたいテキストに使います。

「表」を作ろう

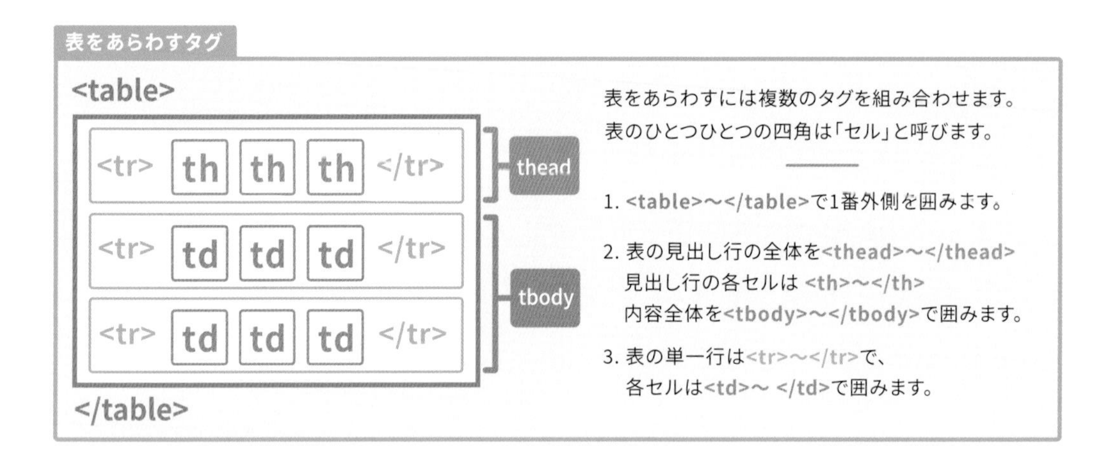

表をあらわすタグ
<table>
<tr> th th th </tr>
<tr> td td td </tr>
<tr> td td td </tr>
thead
tbody
</table>
表をあらわすには複数のタグを組み合わせます。
表のひとつひとつの四角は「セル」と呼びます。
1. <table>～</table>で1番外側を囲みます。
2. 表の見出し行の全体を<thead>～</thead>
見出し行の各セルは <th>～</th>
内容全体を<tbody>～</tbody>で囲みます。
3. 表の単一行は<tr>～</tr>で、
各セルは<td>～ </td>で囲みます。

STEP 1 売上部分を<table>タグを使って表（テーブル）にしよう

まずは「表にしたい箇所全体」を <table>～</table> で囲みましょう。
表の見出しである「年数」「売上」「いいわけ」を <thead>～</thead> で、さらに<thead>内の各セルを<th>で囲みます。表の内容部分は <tbody>～</tbody> で囲みましょう。
表の行にあたる範囲を <tr>で、各セル部分を<td>で囲むと表が出来上がります。

```
39 <table>
40 <thead>
41 <tr><th>年数</th><th>売上</th><th>いいわけ</th></tr>
42 </thead>
43 <tbody>
44 <tr><td>1年目</td><td>100capy</td><td></td></tr>
45 <tr><td>2年目</td><td>300capy</td><td></td></tr>
46 <tr><td>3年目</td><td>500capy</td><td></td></tr>
47 <tr><td>4年目</td><td>800capy</td><td></td></tr>
48 <tr><td>5年目</td><td>200capy</td><td>この年は干ばつがひどかったです</td></tr>
49 <tr><td>6年目</td><td>500capy</td><td></td></tr>
50 </tbody>
51 </table>
```

2章/step/04/08_table_step1.html

似たようなタグが多くて難しく感じるかもしれません。
<th>はtable header cell、<tr>はtable row（行）、<td>はtable data cellの略です。
もとの意味をおぼえた方が理解しやすいかもしれませんね。

そう聞くと少し不安になるかもしれませんが売り上げは年々増加していて、将来は安泰です。

年数 売上 いいわけ 1年目 100capy 2年目 300capy 3年目 500capy 4年目 8

年数	売上	いいわけ
1年目	100capy	
2年目	300capy	
3年目	500capy	
4年目	800capy	
5年目	200capy	この年は干ばつがひどかったです
6年目	500capy	

文章が表の形に変わりました。

宛先部分をマークアップしよう

連絡先をあらわすタグ

<address> ～ </address>

連絡先や問い合わせ先をあらわすタグ。
ページやサイトについての連絡手段に使用します。
メール・電話・住所など連絡手段は問いません。

STEP 1 カピぞうの連絡先を<address>タグでマークアップしよう

住所と電話番号を<address>タグで囲みましょう。

```
55 <address>
56  <p> カピバランド湖のほとり 11-33-12　ファームカピぞう　宛て </p>
57  <p><a href="tel:080-XXXX-XXXX">080-XXXX-XXXX</a></p>
58 </address>
```

2章/step/04/09_address_step1.html

カピバランド湖のほとり11-33-12　ファームカピぞう　宛て

080-XXXX-XXXX

カピバランド湖のほとり11-33-12　ファームカピぞう　宛て

080-XXXX-XXXX

マークアップした箇所が斜体になります（Windowsの方は変化がありません）。

これでマークアップは終わりです。お疲れさまでした！

慣れなくてちょっと疲れちゃったけど楽しかったです！みなさんもお疲れさまです。

読みやすいコードを書こう

コードを書くことに慣れてきたら、読みやすいコードを書くことを意識してみましょう。

読みやすいコードのメリット

1. 他人がみても わかりやすい
2. メンテナンスが しやすい
3. ミスが 起こりにくくなる

読みやすいコードを書くのは複数人で作業する場合、とくに大切なことです。

自分のためだけじゃないんですね！

読みやすいコードの書き方

インデントをつけよう

インデントとは字下げのことです。インデントは tab を押すと挿入されます。

インデントがなく行頭がそろっていると、タグの入れ子関係がわかりにくく終了タグを書き忘れるなどのミスにつながります。

```
→ <head>
→→ <meta charset="UTF-8">
→→ <title> カピ子さんへのラブレター
→ </head>
→ <body>
→→ <h1> 親愛なるカピ子さんへ </h1>
→→ <h2> はじめましてのご挨拶 </h2>
```

インデント

字下げの幅は、VSコードの初期設定では「半角スペース4個分」です。

適度に改行をしよう

コードの可読性を高めるため、右図のように適度に改行をしましょう。さらに、前の項目のインデントを組み合わせると、より見やすくなります。

```
<ul>↵
<li>・農場での野菜づくり</li>↵
<li>・温泉</li>↵
<li>・岩塩集め</li>↵
</ul>↵
<h3>■ 基本情報</h3>↵
<dl>↵
<dt>名前：</dt><dd>カピぞう</dd>↵
```

改行

慣れるまでは終了タグの後に改行を入れるようにするとよいかもしれません。

コメントアウトをしよう

<!-- と -->で囲んだ箇所はブラウザには表示されません。
後でコードを見なおした時にわかりにくそうな箇所にコメントを書いておいたり、一時的にHTMLを非表示にしておきたい箇所に使います。

```
<h3>■ 趣味</h3>
<!-- ブラウザに表示されません -->
<ul>
<li>・農場での野菜づくり</li>
<li>・温泉</li>
<li>・岩塩集め</li>
```

コメントアウト

コメントアウトのショートカット

コメントアウトしたい文字列を選択した状態で Shift + Option + A（Windowsは Shift + Alt + A）を押します。
command + / （Windowsは Ctrl + / ）を押すと行単位でコメントアウトもできます。

2章/完成/formatted.htmlが整形後のファイルなので参考にしてみてくださいね。
はじめは慣れないかもしれないですが、少しずつ見やすいコードを書いていきましょう。

「1st_book」フォルダ内のサンプルコードは整形していますが、紙面のコード部分はレイアウトの都合上、インデントなどが反映されていない部分があります。

Part 2

SNSリンク集を作ってみよう

マークアップが
完成したぞ〜！
これをカピ子さんに
見せたいです！
えっ

でも、これだとデザインされてないからなぁ
（文章の背伸び感もすごい・・・）
僕の紹介
趣味
ガーン!!
じゃあ、、、
どうしたらよいでしょう。。。
液体化
うーん

こういったサイトはどうでしょうか？
SNSのリンク集です
!
あ、いいですね。
SNSならもっと等身大の
カピぞうさんを知ってもらえそう！
ナイスアイディアです！
つくりたいです！！

このPartで
作れるようになるサイト

SNSリンク集サイト

カピぞう

ファームの経営をしてます。
気軽にフォローしてくださいね！

Capitter

Capistagram

Capybook

さっきとは違って色が
たくさんついています！

これはCSSというもので装飾をしたページです。
いつも見ているWebサイトに近いですよね。
本章ではこのCSSについて学んでいきます。

学べるPOINT

CSSの基礎的な知識

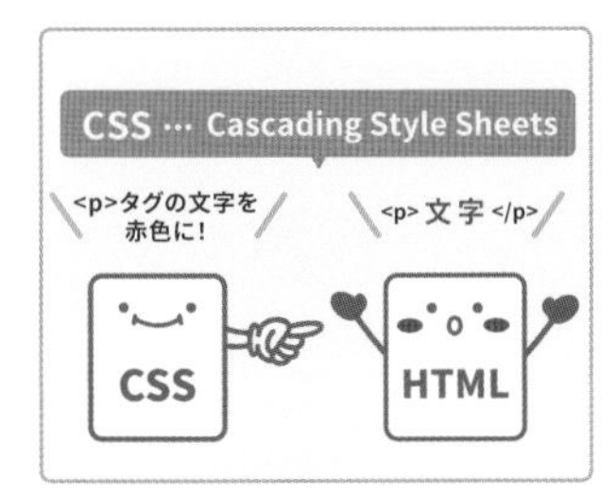

基本的な知識を学びます。まずはCSSのコツをつかみましょう。

サイト制作に必須のツール

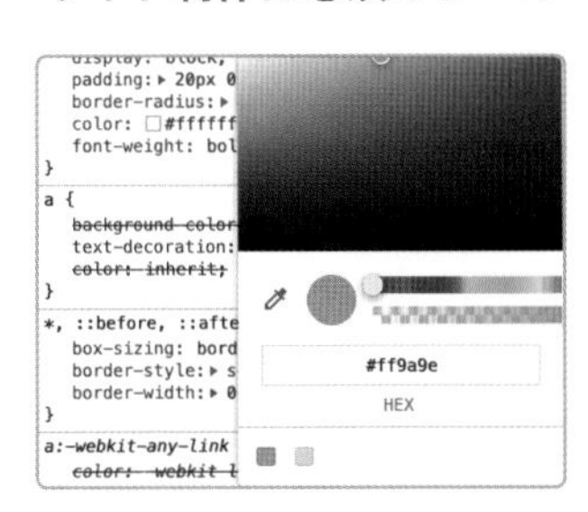

Googleデベロッパーツールの使い方をマスターして効率よくサイト制作を進めましょう。

CSSの実践

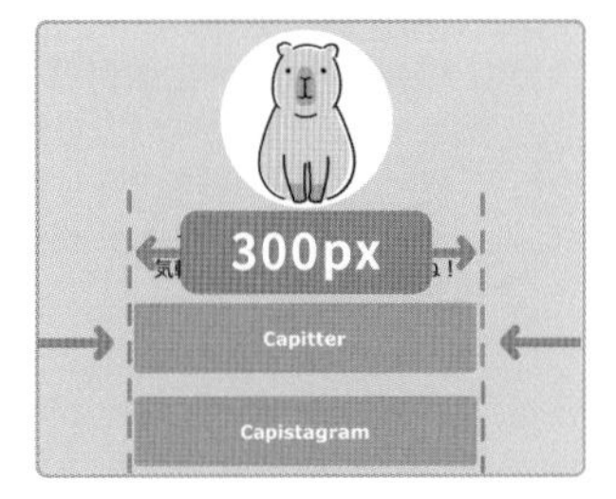

CSSを実際に書いてみながら、SNSリンク集を作ってみます。

デザインPOINT

リンク集サイト

https://linktr.ee/

複数のURLをまとめて紹介したい時に便利なリンク集。SNSのアカウントや自分のサイトを1ページで紹介できます。左図のようなリンク集サイトを簡単に作れるサービスも増えています。

こんなこともできます
デザインバリエーション

本書を最後まで終える頃にはさまざまなCSSが使えるようになります。

デザインバリエーションを参考に色々カスタマイズをしてみるのもスキルアップにオススメです。

デザインバリエーションのファイルは特典のXDファイル「part2_link-page.xd」を確認してください。

CSSのきほんを学ぼう

CSSのきほんの知識を学んでいきます
コーディングがしやすくなる便利なツールについてもご紹介します

本章はCSSを書く準備だと思って気楽に進めてくださいね。

CSSというものを学ぶのがとっても楽しみです！

CSSきほんの「き」

CSSとは？

HTMLは「文字列に意味を与える」という役割を持っていました。
一方でCSSは色や大きさ、配置といった「見栄えを指定する」ために使用します。

たとえば**「<p>タグの文字を赤色に」**というCSSを書くと、文字色が赤くなるという仕組みです。

CSS … Cascading Style Sheets（カスケーディング・スタイル・シート）

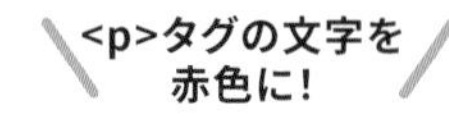

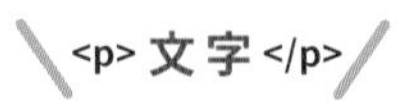

ここはおさえる LEARNING　Cascading（カスケーディング）とは継承するという意味

CSSはCascading Style Sheetsの頭文字をとった略語です。この「Cascading」という単語は階段状の滝のことで、上から下へ流れる（継承していく）という意味になります。

HTMLは入れ子構造にできることを説明しましたが（⇒P45）、この親要素に対して指定したCSSが子要素にも引き継がれる特性のことを継承といいます。

すべてのCSSが継承されるわけではありませんが、親要素に指定したCSSが子要素にも適用されるということを知っておいてください。

CSSの書き方

CSSは「どこの」「何を」「どうする」という3つの項目を指定します。

どこの{ 何を : どうする; }

セレクタ　プロパティ名　値

具体例
p{color:red;}
p要素の
文字色を
赤くする

- すべて半角で書き、半角スペース・インデント・改行を入れることができます
- 1つのセレクタに対して「何を」「どうする」は複数個書くことができます
- プロパティ名に応じて入れることのできる値が変わります

「セレクタ」と**「プロパティ（名）」**という呼び方は重要ですのでおぼえてくださいね。

ここはおさえる LEARNING

CSSで文字を赤くしてみよう

STEP 1 **3章/文字を赤くしてみよう/作業/index.html**をブラウザで開いてみましょう。右図のような表示が確認できます。

この文字の色が変わります。

STEP 2 同じフォルダに入っている**style.css**をVSコードで開き、右図のように書いてみましょう。
文章はp要素でマークアップされているので**セレクタはp**になります。

```
3 p {
4   color: red;
5 }
```

STEP 3 ブラウザを更新して文字が赤くなったことを確認しましょう。

この文字の色が変わります。

これからcolor以外のプロパティがたくさん出てきます。
色々なプロパティを組み合わせて、デザインを実現していきましょう。

デベロッパーツールを使いこなそう

CSSを書く前に「**デベロッパーツール**」という便利なツールをご紹介します。
デベロッパーツールはGoogle Chromeに標準で備わっている制作者向けのツールで、使えるようになるとCSSがグッと書きやすくなるうえにミスにも気がつきやすくなります。

デベロッパーツール？ なんだか難しそう……。

すごく直感的に使えますので安心してくださいね。動画もありますよ。

デベロッパーツールの起動方法と表示画面

STEP 1 デベロッパーツールを起動しよう

Google Chromeの画面内で「右クリック」→「検証」を選択して起動します。
ショートカットは command ＋ option ＋ i（Windowsは Ctrl ＋ shift ＋ i）です。

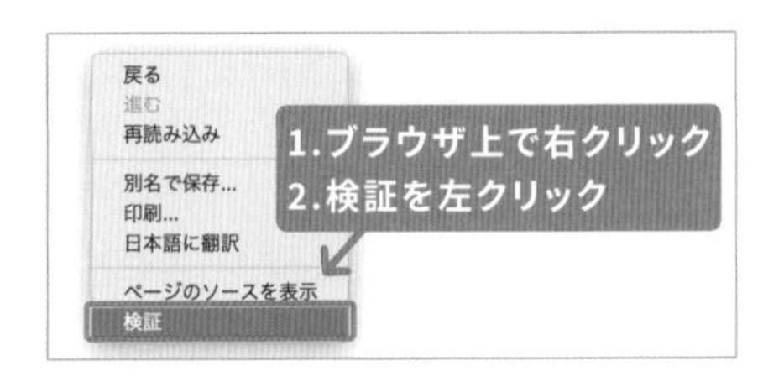

STEP 2 デベロッパーツールの見方を確認しよう

画面下にツールが起動します。左半分がブラウザに表示しているページのHTMLで、右半分がHTMLに適用されているCSSの一覧になります。
※ツールが右側に出る方もいるかもしれません。その場合は上がHTML、下がCSSになります。

本書ではデベロッパーツールを使う機会が多いので、起動の方法をおぼえてくださいね。
この画面が表示されない方は動画をチェックするか、Elementsタブが選択されているか確認してください。

要素に適用されているCSSを確認してみよう

STEP 1 セレクトボタンを押そう

デベロッパーツールを起動し左上のボタンを押します。ボタンが青色に変われば、選択されています。

STEP 2 要素を選択しよう

Webサイトの好きな要素をクリックするとCSSの画面にその要素に適用されているCSSが一覧化されます。

CSSの一覧をチェックすることで、CSSが正確に反映されているかを確認できます。

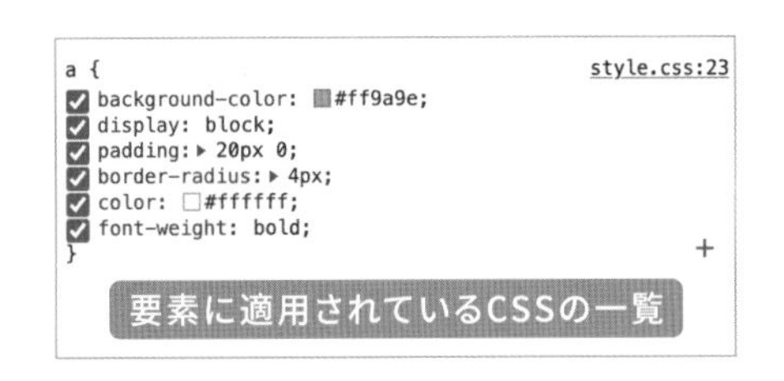

その他にもたくさんの機能があります

その他にもブラウザ上で一時的にCSSを適用させたり、カラーコードを取得できるなど多様な機能があります。

スマートフォンなどのモバイルデバイスでどのように表示されるかを確認できる機能もあり、10章では実際にこの機能を使用しながら、レスポンシブデザインを採用したマルチデバイス対応サイトの作成方法を学びます。

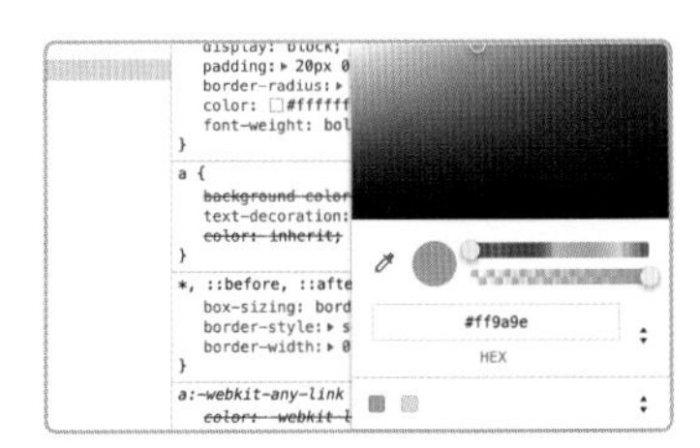

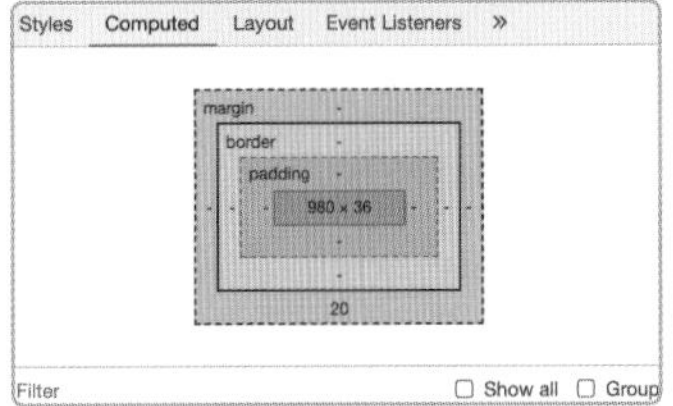

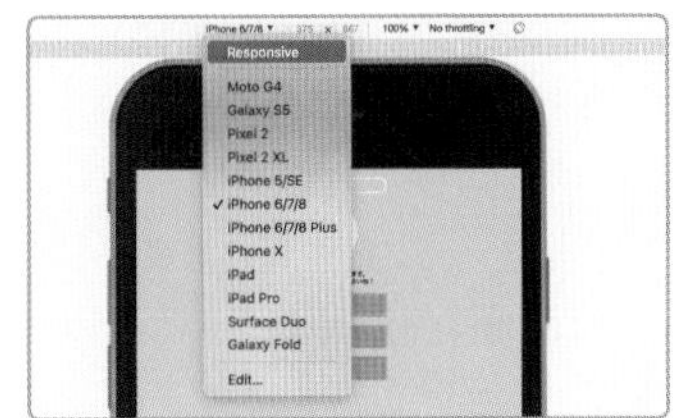

その他の機能の使い方は動画に収録していますので、ぜひ見てみてくださいね。

CSSファイルとHTMLファイルを紐づけよう

ここからはCSSの具体的な使い方について学んでいきますが、余裕がある人はHTMLの復習をしてみましょう。CSSを早く学びたいという方は飛ばしても構いません。

あんまり自信はないけど、ボクは挑戦してみようかな！

HTMLのマークアップに挑戦してみよう！

3章/セルフワーク/HTMLのマークアップ/作業/index.htmlをVSコードで開いて、<body>～</body>に書いてあるテキストを同じフォルダ内の完成デザイン「**design.png**」を見ながらマークアップしてみましょう。
終わったら**3章/セルフワーク/HTMLのマークアップ/完成/index.html**と見比べて答え合わせをしましょう。

CSSを適用してみよう

CSSとHTMLを紐づけないとCSSは適用されません。その方法を学んでいきましょう。

STEP 1 CSSファイルを確認しよう

3章/作業/css/style.cssにCSSのひな形を用意してあります。ファイルには1行目に@charset "utf-8";と記述してあります。これはCSSのお決まりのフレーズ（文字コードの指定）ですので必ず書くようにしましょう。

```
1 @charset "utf-8";
```

STEP 2 CSSファイルをHTMLファイルに読み込もう

3章/作業/index.htmlをVSコードで開き、<head>～</head>内の5行目にCSSを読み込む記述をしましょう。こうすることでstyle.cssとindex.htmlが紐づきます。
この時点でindex.htmlをブラウザで更新しても、CSSにはまだ記述がないため変化はありません。

```
3 <head>
4   <meta  charset ="UTF-8" >
5   <link rel="stylesheet" href="css/style.css">
6   <title> カピぞうの紹介 </title>
7 </head>
```

3章/step/03/01_css_step2.html

Part 2
03
04

STEP 3 CSSが読み込まれているかを確認しよう

CSSの読み込みが成功しているかの確認をするため、一時的に背景に色をつけて確認をしてみましょう。**style.css**に以下のコードを書いてみましょう。

```
1 @charset  "utf-8" ;
2
3 body {
4   background-color: pink;
5 }
```

3章/step/03/css/01_css_step3.css

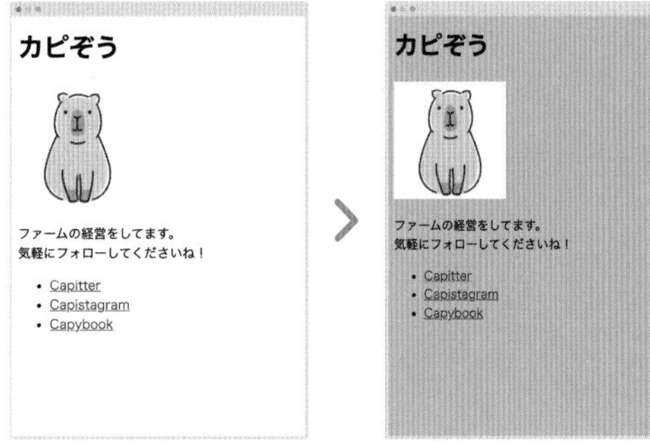

ピンク色の画面になれば成功です！

index.htmlをブラウザで開き、背景がピンク色になっていればCSSが正しく読み込まれています。

ここはおさえる LEARNING CSSもコメントアウトができる

HTMLファイルにコメントアウトができるように（⇒P61）、CSSにもコメントアウトができます。コメントアウトした箇所のCSSは効かなくなります。

CSSの場合は「/*（スラッシュ・アスタリスク）」と「*/（アスタリスク・スラッシュ）」で囲んだ箇所がコメントアウトされます。

1行をコメントアウトした場合

```
3 body {
4       /* background-color: pink; */
5 }
6 /* コメントを残すこともできます。 */
7
```

複数行をコメントアウトした場合

```
3 /*
4 body {
5    background-color: pink;
6 }
7 */
```

色が変わらない場合の原因の調べ方

背景の色が変わりません……。

背景がピンク色にならない場合、CSSの読み込みが失敗しているか、記述方法が間違っています。CSSが適用されない原因をデベロッパーツールで調べる方法をご紹介します。

CSSの読み込みミスの調べ方

STEP 1 デベロッパーツールを開き<head>タグを見つけよう

デベロッパーツールのHTML画面内の<head>タグ左の▶をクリックしましょう。これで<head>タグの中に書いた要素を見ることができます。

STEP 2 <link>タグのhref属性を確認しよう

<link rel="stylsheet" href="css/style.css">のhrefの属性値にマウスカーソルを合わせて右クリック⇒「Open in new tab」を選択しましょう。

STEP 3 CSSファイルが開くか確認しよう

CSSが表示されれば読み込み方法は間違っていません。エラー画面が表示される場合は失敗しているので、読み込み部分の記述を見なおす必要があります。

CSSの記述ミスの調べ方

CSSの読み込みはうまくいっているのに背景がピンク色にならない場合は、CSSの記述ミスを疑いましょう。

STEP 1 CSSを適用させたはずの要素を選択しよう

今回はbody要素に対してCSSを指定したので、要素の選択で<body>タグを選択します。

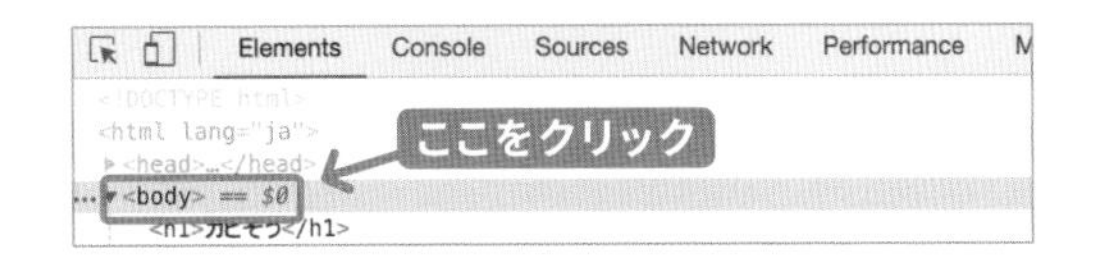

STEP 2 エラーが出ていないかを確認しよう

「Stylesタブ」で目的のCSSを確認します。プロパティ名や値の書き方にミスがあると取り消し線が引かれ、黄色い三角の警告マークが表示されます。
スペルミスや半角全角のミス、単位のつけ忘れなどをチェックしましょう。

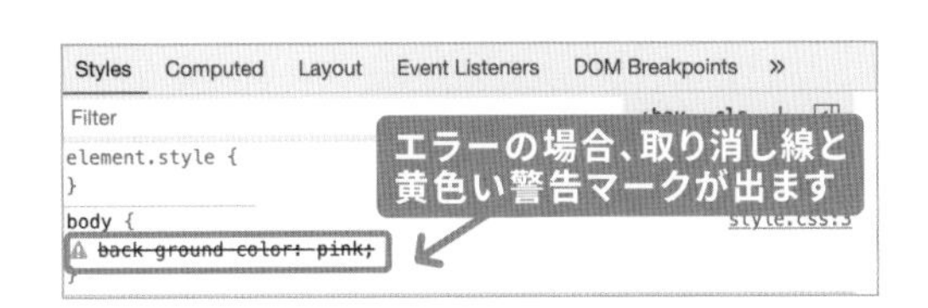

HTMLファイルにCSSを直接書く方法も

<link>タグでCSSファイルを読み込む以外にも、HTMLファイルにCSSを直接書く方法もあります。

▶ <head>タグ内に<style>タグを書く

HTMLの<head>タグ内に<style>タグを書き、その中にCSSを書きます。この方法では記述したページにのみCSSが反映されます。
1ページだけのサイトやそのページのみのCSSを書く場合に使うことがあります。

```
<head>
  <meta charset ="UTF-8">
  <title>カピぞうの紹介 </title>
  <style>
    body { background-color : pink ; }
  </style>
</head>
```

▶ HTMLタグにstyle属性として直接書く

一時的なお知らせなど、短期的なCSSの適用が必要な時に使うことがあります。
また、なんらかの制約により他の方法をとれない場合にも使われます。

```
<body>
 <p style=" color:red; "> カピぞうです</p>
</body>
```

この2つの方法は特定の条件で使われるものなので、知っているだけで大丈夫です。

デフォルトCSSをリセットしよう

デフォルトCSSとは？

HTMLは意味づけをしているだけなので、本来は文字を大きくしたり太字にしたりするという指示は含まれていません。

マークアップした文字が大きくなったりするのは、各ブラウザが独自のスタイルシートを適用しているからです。

比較するとフォントの違いなどが見られます。

この独自のスタイルシートのことをデフォルトCSSと呼び、正式名称を**User Agent Stylesheet（ユーザーエージェントスタイルシート）**といいます。デフォルトCSSは統一化された仕様がないため、ブラウザによって表示に差異が出ることがあります。

デフォルトCSSのリセットとは？

デフォルトCSSによって自分の思い通りにCSSが適用されないことがあります。CSSを書く前にデフォルトCSSを打ち消す**リセットCSS**を読み込むと、そのような予期せぬ問題が起こりにくくなります。

STEP 1 リセットCSSをHTMLに読み込もう

3章/作業/index.htmlにリセットCSSを読み込む記述をしましょう。リセットCSS（reset.css）はCSSフォルダに入っています。

```
3 <head>
4   <meta  charset ="UTF-8" >
5   <link rel="stylesheet" href="css/reset.css">
6   <link  rel="stylesheet"  href ="css/style.css" >
7   <title>カピぞうの紹介 </title>
8 </head>
```

3章/step/04/01_reset_step1.html

本書では「destyle.css（https://github.com/nicolas-cusan/destyle.css）」というCSSをダウンロードし、わかりやすいようにreset.cssという名前に変更して使用しています。

リセットCSSは自分で書くこともできますが、最初はdestyle.cssのようなWeb上に公開されているものを使うのが便利です。

STEP 2 ブラウザで反映されているか確認しよう

リセットCSSが適用されると下図のように文字の大きさが均一になり、余白やリンクの装飾などもなくなります。

ここに注意！ POINT CSSは後に読み込んだファイルが優先される

CSSは後に書いたものが優先されるという仕様があります。
reset.cssを後に読み込んでしまうと、style.cssに書いたCSSがreset.cssで上書きされてしまいますので、reset.cssは**必ず最初に**読み込みましょう。

同じファイル内のCSSも後に書いたものが優先されます。

よみとばしOK RANK UP ノーマライズCSSとサニタイズCSS

リセットCSSと似た役割をするものとして、**ノーマライズCSS**と**サニタイズCSS**があります。

ノーマライズCSSはデフォルトCSSを活かしつつブラウザ間の差異を調整したもので、サニタイズCSSはノーマライズCSSによく使うCSSを加えたものです。

Web上にテンプレートがありますので自分でサイトを作る際は好きなものを利用してOKです。本書ではCSSの挙動がわかりやすいようにリセットCSSを利用します。

ボックスモデルを理解しよう

次章からいよいよCSSを書いていきますが、ワークに取り組む前に学んでおくと後の理解がとてもスムーズになる「ボックスモデル」について説明します。動画もありますよ。

ボックスモデルとは

HTMLでマークアップされたコンテンツは右図のような四角い領域を持つようになります。
ボックスモデルとは、この四角い領域を構成する6つのCSSプロパティ（**content・width・height・border・padding・margin**）がどのようにボックスを形成しているかという概念のことです。

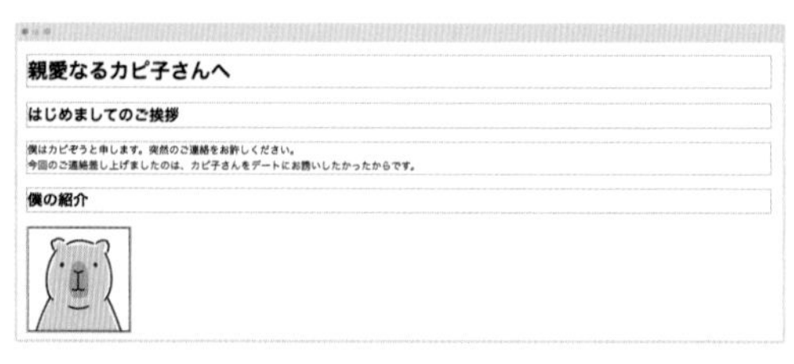

2章のマークアップ領域を可視化したもの。

content 内容
border 境界線
width ボックスの横幅
height ボックスの縦幅
padding 境界線内側の余白
margin 境界線外側の余白
(他のボックスとの距離)

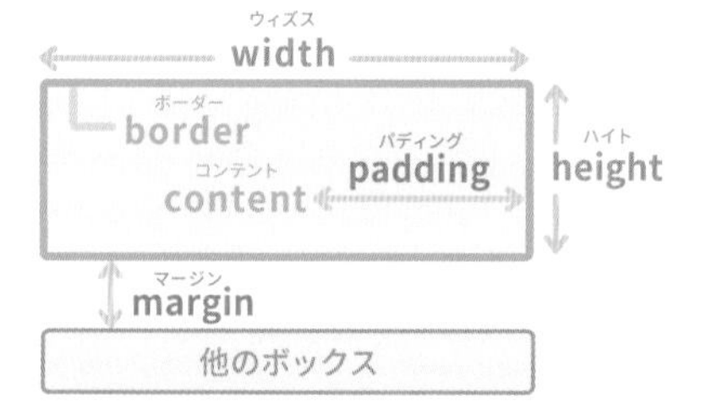

Webページはこのボックスが積み重なっているというイメージを持ってみてください。ボックスの6つのプロパティの値を変更してレイアウトを組んでいくことになります。

ブロックボックスとインラインボックス

HTMLタグでマークアップされた要素の多くは**ブロックボックス**と**インラインボックス**のどちらかの性質を持っています。この性質はCSSのdisplayプロパティの初期値によって決まります。

displayプロパティはボックスの特性を決めるCSSのプロパティです。blockとinline以外にも値はありますが、ボックスモデルに影響するのは主にこの2つになります。

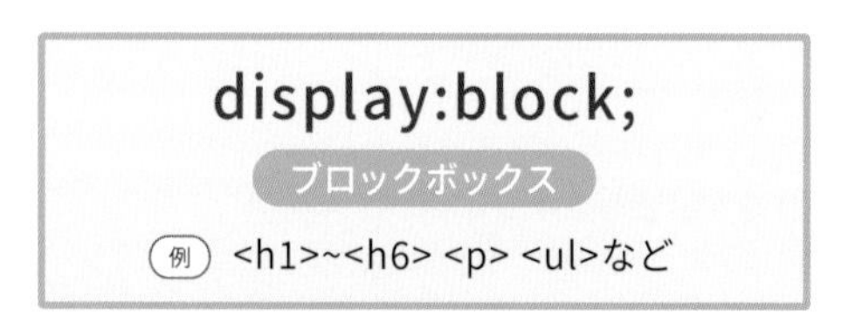

性質を変えたい場合はCSSのdisplayプロパティの値を変更します。それぞれのボックスの特性を理解しましょう。

ブロックボックス（もしくは単にブロック）の特性

ブロックボックスは可能な限り横幅いっぱいの領域をとろうとします。

並び方

横いっぱいに広がり積み重なる

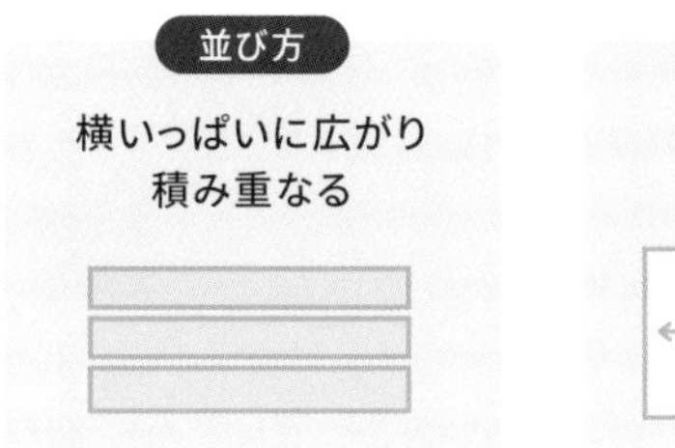

幅と高さの指定

widthとheightの指定ができる

余白の指定

marginとpaddingを四方に指定できる

ブロックボックスに色をつけてみると、画像が「カピぞう」というテキストの右隣に並ぶことはなく層のように積み重なっているのがわかります。

インラインボックス（もしくは単にインライン）の特性

インラインボックスは主にブロックボックスの中に含まれ、マークアップしたコンテンツの幅と同じ幅の領域になります。テキストそのものもインラインボックスと同じ性質になります。

並び方

横に並ぶ

幅と高さの指定

要素の中身によって変化する（指定不可）

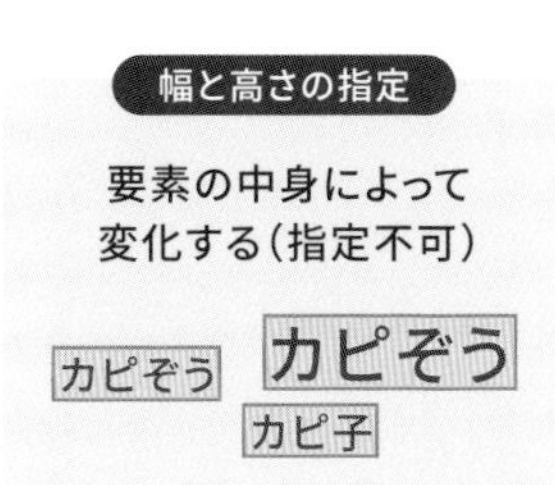

余白の指定

marginとpaddingは左右のみ指定できる

ブロックボックスとインラインボックスの別の呼び方

displayプロパティの初期値がblockの要素をブロックレベル要素（またはブロック要素）、inlineの要素をインライン要素と呼ぶことがあります。

これはHTML4.01でそのような呼び方の2種類に分類されていた名残になります。

PART 2
04 章

SNSリンク集のCSSを書いてみよう

さまざまなCSSプロパティを使ってサイトの装飾をします
意味や使い方をひとつずつ理解していきましょう

実際にCSSを書いて、
リンク集を完成させましょう！

いよいよですね……！
気合いが入ります。

SECTION 1 CSSを書いてみよう

動画で解説

作業ファイルの確認をしよう

4章/作業/css/style.cssをVSコードで開きましょう。**4章/作業/index.html**をブラウザで開き、CSSが反映されているかを確認しながら進めましょう。2つのファイルは前の章までの作業が反映されている状態です。完成形のデザイン（**4章/デザイン/design.png**）を見ながら進めましょう。

背景の色を変更しよう

背景色を指定するプロパティ

バックグラウンド・カラー **background-color: 〜 ;**	値にはカラーコードやカラー名などが入ります。

STEP 1 背景色の値を変更しよう

style.cssを開き、background-colorプロパティの値「**pink**」を「**#bbf1ef**」というカラーコードに書き換えましょう。

```
3 body {
4   background-color: #bbf1ef;
5 }
```

4章/step/01/css/01_background-color_step1.css

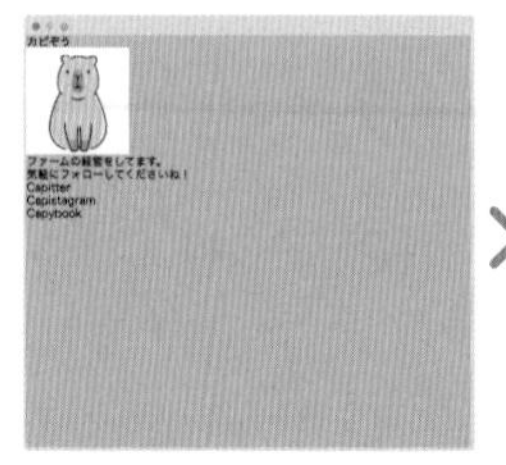

背景の色がピンクから青緑色に変わります。

ここはおさえる LEARNING CSSで色を指定するには？

ディスプレイ上にはさまざまな色が表現されていますが、どの色もRed（赤）、Green（緑）、Blue（青）の3色の組み合わせで表現できます。
CSSではこの3色の組み合わせ（RGB）を数値に置き換えて色を指定します。透明度（Alpha channel）を表現することも可能です。

▶ カラーコード指定の例

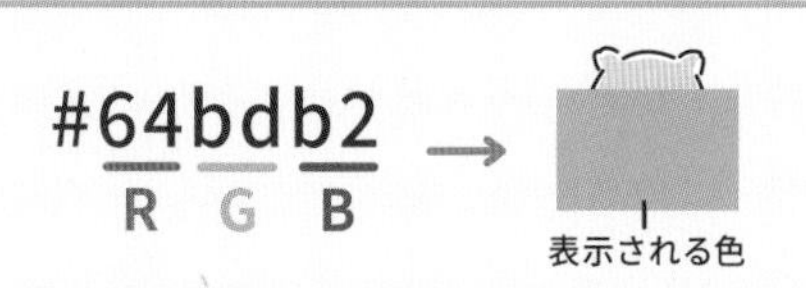

- 16進数※で指定します
- 先頭に#（ハッシュ）をつけます

※16進数・・・0～9までの10個の数字とaからfまでの6個のアルファベットで数値を表現する方法

▶ RGBA指定（透明度あり）の例

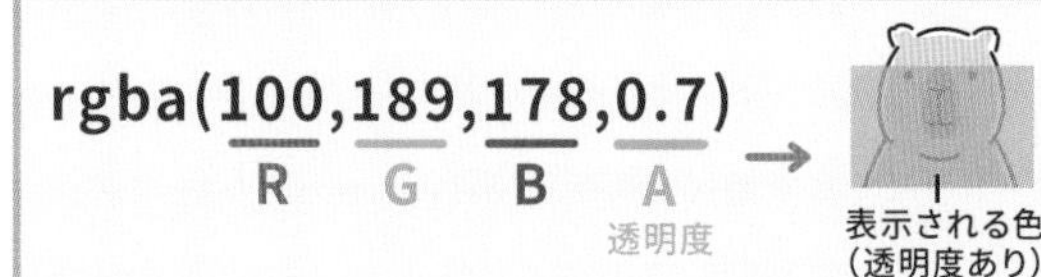

- 10進数※で指定します（0~255まで）
- RGBAの各値を,（カンマ）で区切ります
- 透明度は0.7なら70%という意味になります

※10進数・・・0～9までの10個の数字で数値を表現する方法

どちらの指定方法でもよいですが、透明度を表現したい時はRGBA指定を使いましょう。「pink」のように色の名前での指定も可能です。

色は何万色もありますのでカラーコードはおぼえるものではありません。
カラーコードを調べるにはデベロッパーツールのカラーピッカーなどを利用しましょう。

ページ全体に反映したいCSSはbodyに指定しよう

body要素にCSSを指定するとbody要素内の子要素にCSSを継承できます（⇒P66）。

背景色の指定や次のワークでのフォントの指定など、ページ全体で共通の設定をしたいプロパティはbodyセレクタに書くと効率的です。

フォントの種類を指定しよう

STEP 1 フォントの種類を設定しよう

フォントの種類を指定するプロパティ

フォント・ファミリ
font-family: 〜 ;

値にはフォント名が入ります。
,(カンマ)で区切って、複数のフォントを指定できます。

フォント（書体のデザイン）を設定するために、font-familyプロパティにフォントファミリ名を指定しましょう。文書全体に指定したいので、セレクタはbodyになります。

```
3 body {
4   background-color: #bbf1ef;
5   font-family: 'Verdana','Hiragino Sans','Meiryo',sans-serif;
6 }
```

4章/step/01/css/02_font-family_step1.css

ファームの経営をしてます。
気軽にフォローしてくださいね！
Capitter
Capistagram
Capybook

＞

ファームの経営をしてます。
気軽にフォローしてくださいね！
Capitter
Capistagram
Capybook

変化がわかりにくいですが、文字の見た目が変わりました。

フォントのサイズを変更しよう

STEP 1 フォントのサイズを設定しよう

フォントのサイズを指定するプロパティ

フォント・サイズ
font-size: 〜 ;

値にはpx（ピクセル）などの単位を伴う数値や
large（大きい）などの大きさをあらわすキーワードが入ります。

「カピぞう」の文字を大きくしたいので、<h1>タグのfont-sizeを18pxにしましょう。

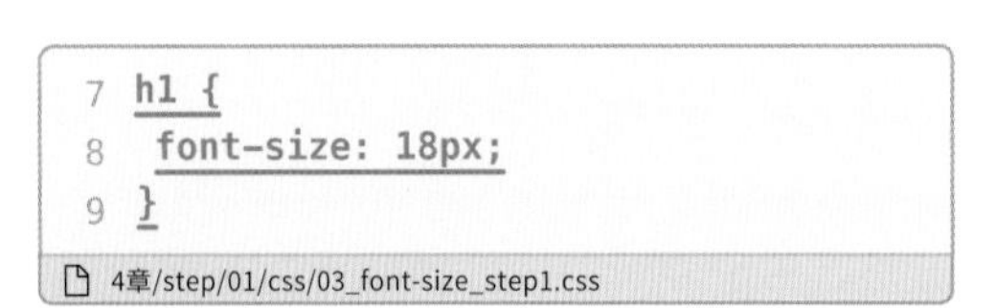

```
7 h1 {
8   font-size: 18px;
9 }
```

4章/step/01/css/03_font-size_step1.css

「カピぞう」の文字が大きくなりました。

ここはおさえる LEARNING

指定するフォントファミリ名は何でもいいの？

自分のPCでは問題なく表示されるフォントファミリ名を指定したとしても、サイトを見るユーザーのデバイス（PCやスマートフォンなどの機器の総称）にないフォントは表示されません。そのため、さまざまなデバイスでの見え方を考慮する必要があり、一般的に「複数のフォントファミリ名」と「総称ファミリ名」を指定します。

▶ フォントファミリ名とは

具体的なフォント名のことです。 代表的なOSに標準で搭載されているフォントをいくつか指定するのが一般的です。
標準フォントはOSのバージョンなどによって変化するため、どのようなフォント指定が適しているかはケースバイケースになります。

Mac	Windows
ヒラギノ角ゴ	メイリオ
ヒラギノ明朝	MS 明朝
Futura	Segoe UI

両OSに共通の標準フォントもあります

OSごとの標準フォント名の例

▶ 総称ファミリ名とは

字形で分類したフォント名のことです。指定されたフォントファミリがどれも存在しなかった場合の代替フォントとして利用されます。

serif	sans-serif	monospace
あ A	あ A	等幅フォント
あ A	あ A	あ A

serifとsans-serifの違いは11章で学びます

▶ 具体的な書き方

```
font-family: 'フォントファミリ名1', 'フォントファミリ名2', 総称ファミリ名;
```

'フォントファミリ名1'：優先度❶　'フォントファミリ名2'：優先度❷　総称ファミリ名：優先度❸

- フォントファミリ名は,（カンマ）で区切り複数指定できます。
- フォントファミリ名と総称ファミリ名を正しく認識させるため
  フォントファミリ名は'（シングルクォーテーション）または、"（ダブルクォーテーション）で囲みます。
- フォントは先に書いたものが優先されます。
  フォントがない場合、次に優先度2のフォント、それもなければ次…という順番で適用されます。
  最後に総称ファミリ名を書くと最低限の見栄えを担保できます。

僕のPCで見えているフォントがみんなのPCでも同じに見えるとは限らないんですね。

枠線をつけよう

STEP 1 h1要素に枠線をつけよう

枠線を指定するプロパティ

border: ～ ;（ボーダー）

値には太さ・線の種類・色指定が入ります。

「カピぞう」のまわりに白い枠線をつけるため、<h1>タグにborderプロパティを指定しましょう。

```
7  h1 {
8    font-size: 18px;
9    border: 3px solid #ffffff;
10 }
```

4章/step/01/css/04_border_step1.css

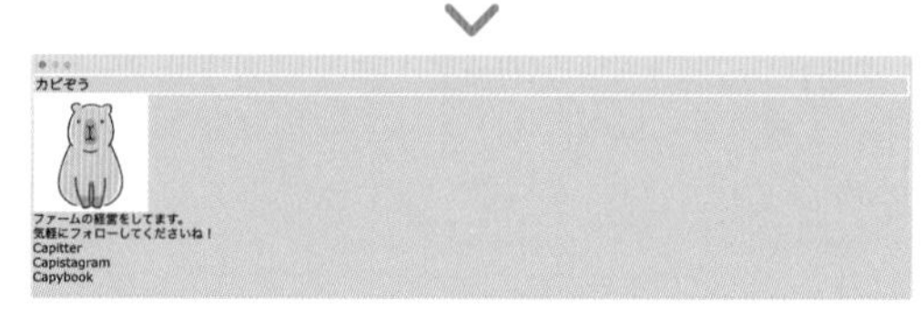

太さ3pxの白い枠線がつきました。

STEP 2 枠線の角を丸くしよう

角丸を指定するプロパティ

border-radius: ～ ;（ボーダー・レイディウス）

ボックスや画像の四隅の丸みを一括で指定します。
値には単位を伴う数値が入ります。

border-radiusプロパティを指定して枠線の四隅を丸くしましょう。

```
7  h1 {
8    font-size: 18px;
9    border: 3px solid #ffffff;
10   border-radius: 20px;
11 }
```

4章/step/01/css/04_border_step2.css

枠線の四隅がまるくなり、やわらかい印象になりました。

僕のからだみたいにまるくなりました。

ここはおさえる LEARNING borderはこれだけおぼえればOK!

▶ショートハンドの書き方をおぼえよう

ショートハンドとはCSSのプロパティをまとめる書き方で、いくつかのCSSプロパティではこの書き方ができます。ショートハンドを使うとコードが短くなるという利点があります。

▶よく使用する線の種類(border-style)の値

線の種類はたくさんありますが、よく使用するのは「solid」「double」「dotted」「dashed」の4つです。

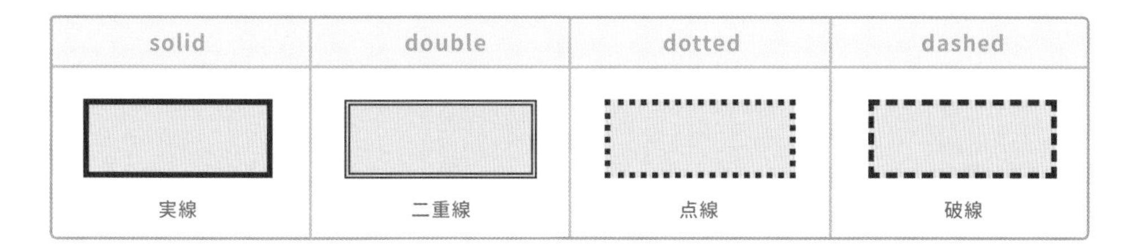

▶borderは4辺を個別指定することもできる

任意の辺のborderを個別に指定することもできます。

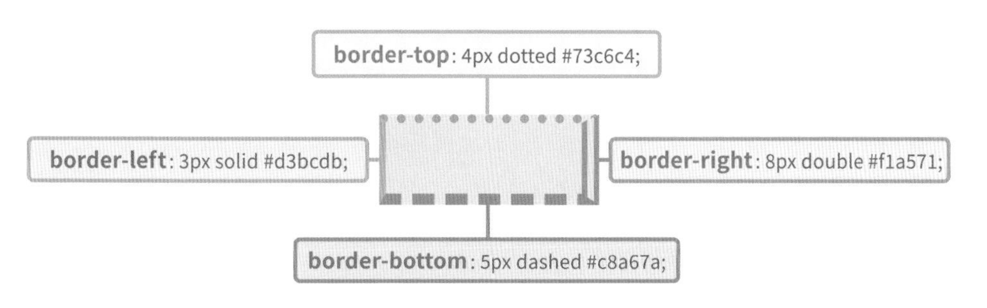

余白をつけよう

STEP 1 内側の余白をつけよう

要素の内側の余白を指定するプロパティ

パディング padding: 〜 ;	4辺の内側の余白を一括で指定できるプロパティです。 値には単位を伴う数値が入ります。

枠線と「カピぞう」の文字の間に余白を作るためにpaddingプロパティを指定しましょう。

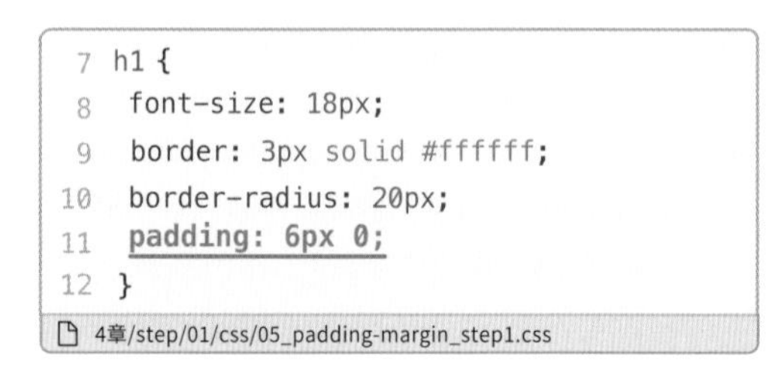

```
 7 h1 {
 8   font-size: 18px;
 9   border: 3px solid #ffffff;
10   border-radius: 20px;
11   padding: 6px 0;
12 }
```

4章/step/01/css/05_padding-margin_step1.css

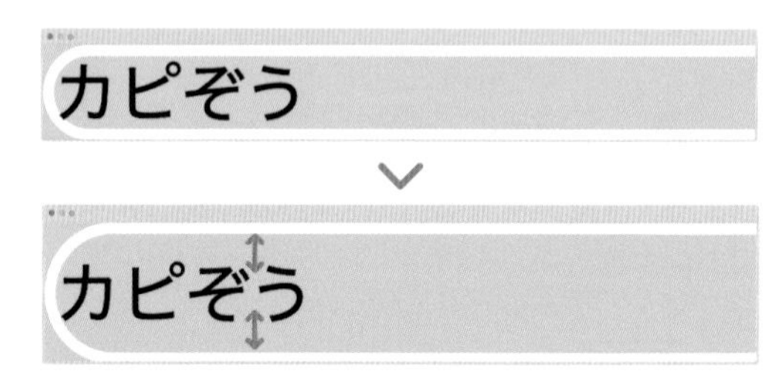

「カピぞう」の文字の上下の余白がつきました。

STEP 2 外側の余白をつけよう

要素の外側の余白を指定するプロパティ

マージン margin: 〜 ;	4辺の外側の余白を一括で指定できるプロパティです。 値には単位を伴う数値が入ります。

h1要素の外側に余白をつけるために、marginプロパティを指定しましょう。

```
 7 h1 {
 8   font-size: 18px;
 9   border: 3px solid #ffffff;
10   border-radius: 20px;
11   padding: 6px 0;
12   margin: 20px 0;
13 }
```

4章/step/01/css/05_padding-margin_step2.css

長さの値が0の場合、単位を省略した書き方もできます。

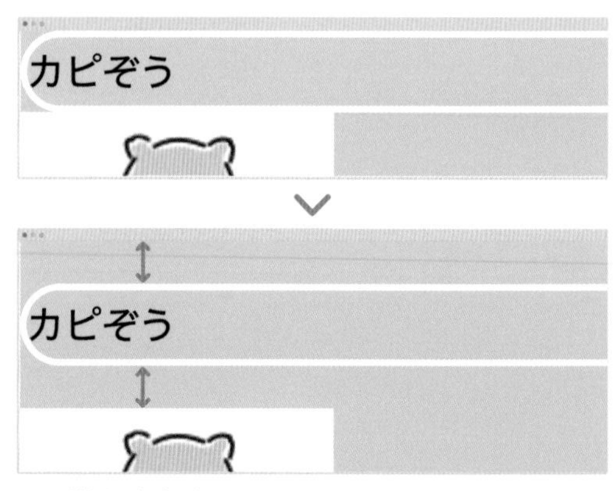

h1の外側に余白がつきました。

ここはおさえる LEARNING

margin と padding の効率的な書き方

margin と padding は書き方が同じなのでセットでおぼえると効率のよいプロパティです。
この2つのプロパティもショートハンドで書くことができ、前のSTEPでは「上下と左右で値が同じ時」の書き方をしました（※下図では margin ですが padding の書き方も同じです）。

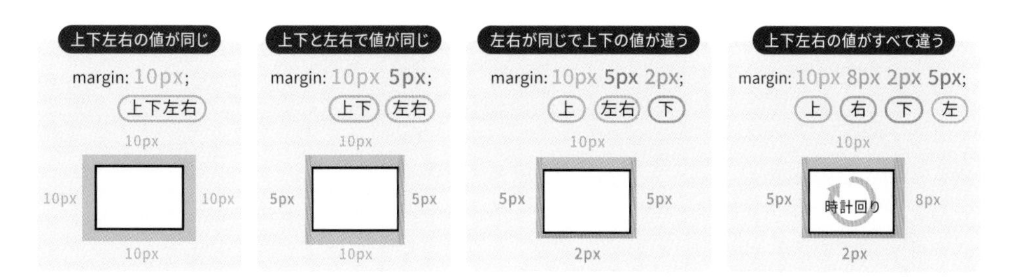

上下左右の余白を個別に設定することもでき、その場合は以下のような書き方をします。

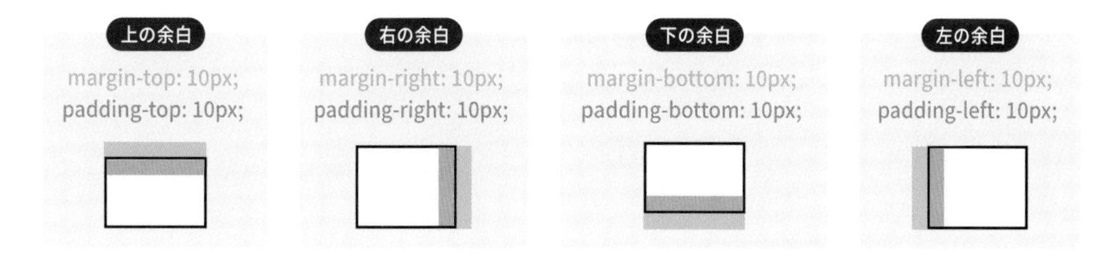

padding と border は幅や高さに含まれる？

最初の状態では padding と border は横幅や高さに**含まれません**。つまり、横幅を 100px と指定しても padding と border を含めると **100px より大きくなります**。

box-sizing プロパティの値を border-box にすると「横幅や高さに padding と border を含ませる」ことができ、直感的に要素のサイズ指定ができます。
本書では「reset.css」でこの指定(box-sizing:border-box;)をしています。

box-sizing: content-box;

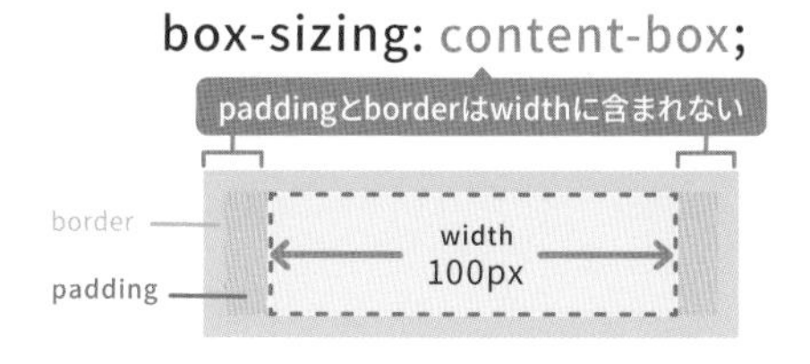

box-sizing: border-box;

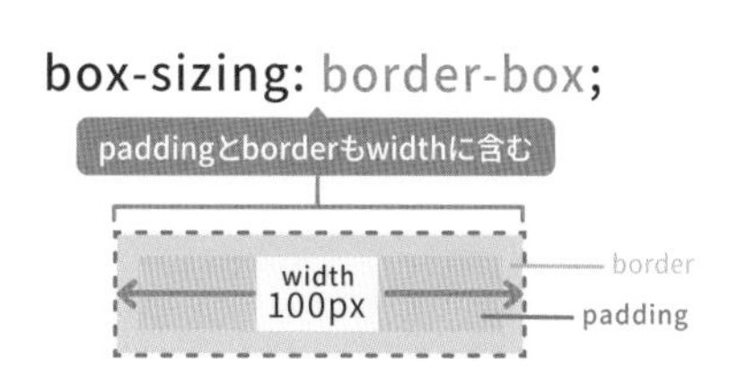

中央寄せにしよう(ブロックボックス)

STEP 1 h1要素の幅を指定しよう

要素の横幅を指定するプロパティ

ウィズス **width: 〜 ;**	値には単位を伴う数値が入ります。

h1要素にwidthプロパティを指定して横幅を300pxにしましょう。

```
7  h1 {
8    font-size: 18px;
9    border: 3px solid #ffffff;
10   border-radius: 20px;
11   padding: 6px 0;
12   margin: 20px 0;
13   width: 300px;
14 }
```

4章/step/01/css/06_width_step1.css

h1要素の横幅が300pxになり、要素が左側に寄っていることがわかります。

STEP 2 中央寄せにしよう(ブロックボックス)

横幅を指定した要素のmargin-rightとmargin-leftにautoを指定することで、左右の余白が均等になり中央に配置されます。
前のページで指定したmarginの「0」の部分をautoに書き換えましょう。

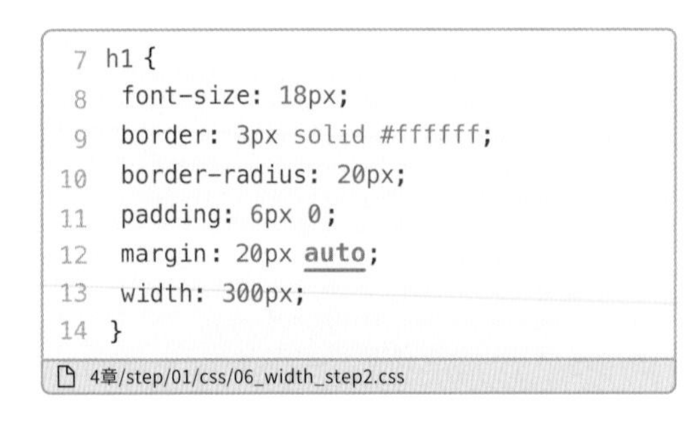

```
7  h1 {
8    font-size: 18px;
9    border: 3px solid #ffffff;
10   border-radius: 20px;
11   padding: 6px 0;
12   margin: 20px auto;
13   width: 300px;
14 }
```

4章/step/01/css/06_width_step2.css

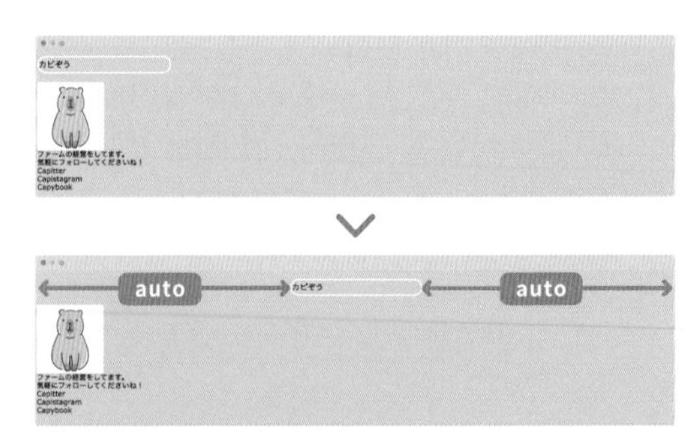

h1要素が中央になりました。

ここはおさえる LEARNING

要素を中央寄せにするとは

なんで中央に寄ったのかちょっとわかりません……。

そうですよね。要素を中央に寄せる方法は、ブロックボックスかインラインボックスかによって異なります。

▶ ブロックボックスの中央寄せ

「カピぞう」という文字は<h1>タグでマークアップされていて、h1要素はブロックボックスです。

<h1>カピぞう</h1>
文字自体は画面いっぱいではないが
領域としては青色の部分まである

中央寄せは左右に余白がないとできません。今のままではブロックボックスの特徴である「画面の横幅いっぱいの領域を持っている」状態なので中央寄せにできません（⇒P77）。

<h1>カピぞう</h1>
このままでは左右に余白がなく
動かせない（中央寄せにできない）

横幅を指定し、要素が横幅いっぱいではない状態を作ってから左右の余白をauto（均等）と指定することで中央寄せにできます。

<h1>カピぞう</h1>
横幅を指定すると左右に動かせる状態になる

ブロックボックスの中央寄せは
1. 要素の横幅を指定
2. 左右のmarginをautoにする
ということになります。

auto <h1>カピぞう</h1> auto
marginの左右をautoにすると中央になる

▶ インラインボックスの中央寄せ

インラインボックスを中央寄せするには、その要素が含まれている親のブロックボックスに対してtext-align:center;というCSSを書きます。

親のブロックボックスに
text-align:center;を指定
テキストなど
子のインラインボックスが中央になる

中央寄せにしよう（インラインボックス）

次は、さっそくインラインボックスの中央寄せをやってみましょう！

インラインボックスの揃え位置を指定するプロパティ

テキスト・アライン
text-align: ～ ;

内包するインラインボックスの揃え位置を指定するプロパティ。
値にはcenter・left・rightなど位置をあらわす値が入ります。

STEP 1 「カピぞう」の文字を中央寄せにしよう

<h1>タグの中にある「カピぞう」というテキストはインラインに該当するため、text-alignプロパティの値をcenterに指定して中央寄せにしましょう。

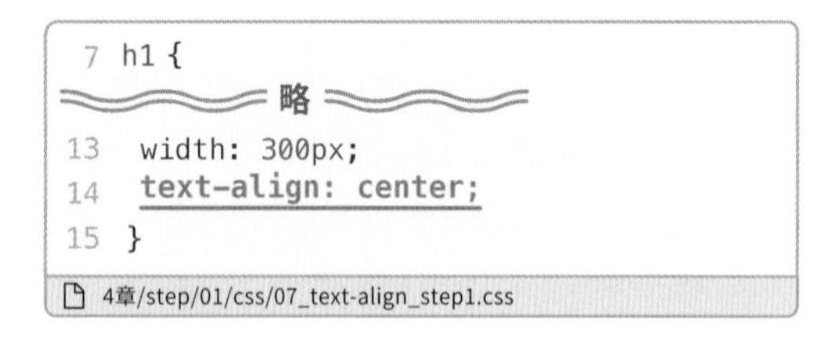

```
7 h1 {
  ～～～ 略 ～～～
13  width: 300px;
14  text-align: center;
15 }
```

4章/step/01/css/07_text-align_step1.css

「カピぞう」の文字が中央になりました。

STEP 2 その他の部分も中央寄せにしよう

<p>タグと<ul>タグでマークアップした箇所もtext-align:center;を指定して中央寄せにします。
<p>タグと<ul>タグに指定したいCSSが同じなので、セレクタをまとめることができます。複数のセレクタを指定する場合は、セレクタを，（カンマ）で区切ります。下の余白も指定します。

```
16 p,ul {
17  text-align: center;
18  margin-bottom: 20px;
19 }
```

4章/step/01/css/07_text-align_step2.css

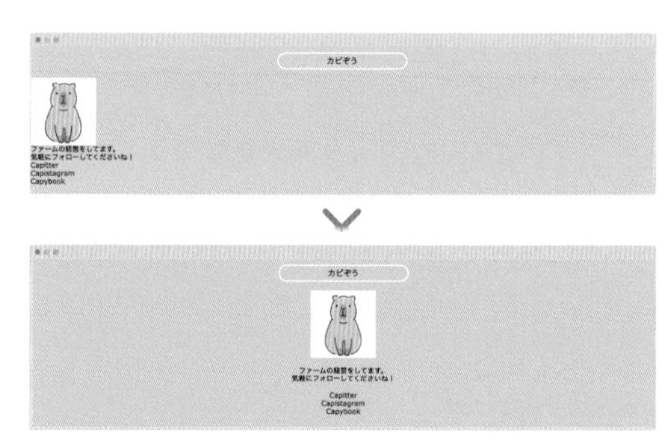

その他の要素も中央になりました。

<p>タグと<ul>の中のテキストや画像はインラインなのでtext-align:center;で中央寄せできるんですね！

画像を丸くしよう

STEP 1 「カピぞう」の画像を丸くしてみよう

<img>タグにborder-radiusプロパティを指定して画像の四隅を丸くしましょう。

```
20 img {
21  border-radius: 50%;
22 }
```

4章/step/01/css/08_img_step1.css

画像が丸くなり、可愛いらしい印象になりました。

完成形のデザインにだいぶ近づいてきました！

ここはおさえる
LEARNING

CSSで使う単位

今までpxという単位を使ってきましたが、はじめて%という単位が出てきました。このようにCSSではさまざまな単位が出てきますので、その概要を説明します。

▶ px（ピクセル）

デジタル画像を構成する最小単位を基準とした単位です。pxでサイズ指定をすると画面の大きさが変わっても、同じ大きさで表示されます。

px：ブラウザを広げても狭めても変わらない

← 800px → ＞ ← 800px →

▶ px以外の単位

px以外で使う単位として「%（パーセント）」「em（エム）」「rem（レム）」などがあります。これはpxとは異なる性質を持ち、親要素などの他の要素によって基準が変化します。

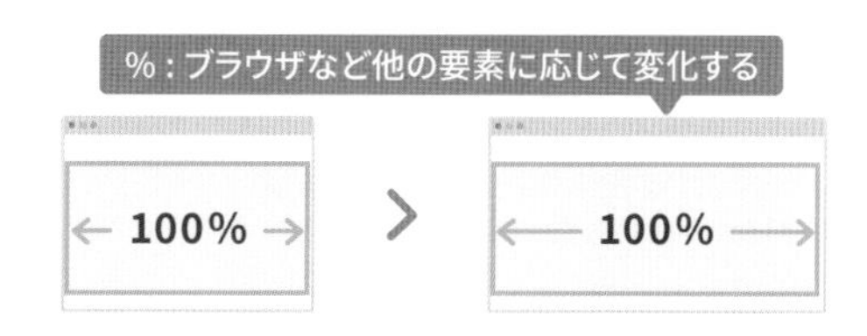
%：ブラウザなど他の要素に応じて変化する
← 100% →
← 100% →

pxは画面の大きさが変わっても大きさが変わらないので、たとえば「要素を固定の幅にしたい」時などに使用します。
逆に「画面の大きさに応じて幅を変更させたい」時などは他の単位を使用します。

ボタンを作ろう

この部分はHTMLの入れ子が複雑なのでHTMLを確認しながらワークをしてみましょう。

```
18 <ul>
19   <li><a href="#">Capitter</a></li>
20   <li><a href="#">Capistagram</a></li>
21   <li><a href="#">Capybook</a></li>
22 </ul>
```

STEP 1 a要素に背景色をつけよう

a要素に背景の色をつけるために、background-colorに#ff9a9eを指定します。

```
23 a {
24   background-color: #ff9a9e;
25 }
```

4章/step/01/css/09_button_step1.css

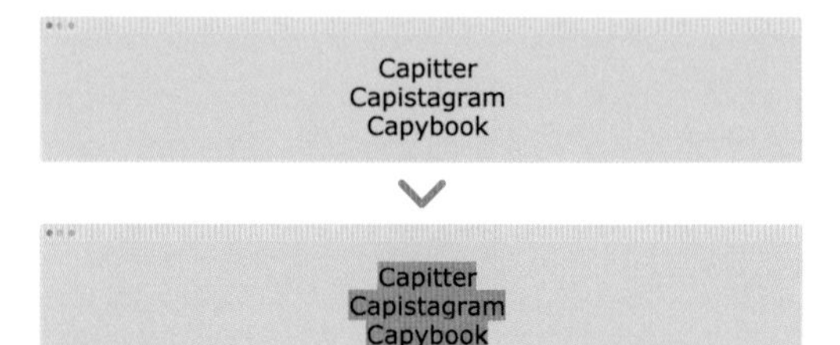

a要素の背景に色がつきました。

STEP 2 a要素をブロックボックスに変更しよう

ボックスレイアウトの種類を指定するプロパティ

display: 〜 ;（ディスプレイ）

値にはblock・inlineといったレイアウトの種類が入ります。

<a>タグはdisplayプロパティの初期値がインラインです。このままだと前のSTEPで背景色をつけた狭い範囲しかクリックできないため、ブロックに変更して範囲を広げましょう。

```
23 a {
24   background-color: #ff9a9e;
25   display: block;
26 }
```

4章/step/01/css/09_button_step2.css

インラインだった<a>タグがブロックになり、横幅いっぱいまで範囲が広がりました。

3章（⇒P77）でやったボックスの性質を変えるという操作ですね。

STEP 3 ボタンをまとめて中央寄せにしよう

P.86と同様に「widthを指定し、marginの左右をautoにする」という手順でブロックボックスを中央寄せにしましょう。ボタンの横幅を300pxにするためにwidthプロパティを指定しますが、この時<a>タグではなく<ul>タグに指定してリスト全体の横幅をコントロールするようにしています。

```
27 ul {
28   width: 300px;
29   margin: 0 auto;
30 }
```

4章/step/01/css/09_button_step3.css

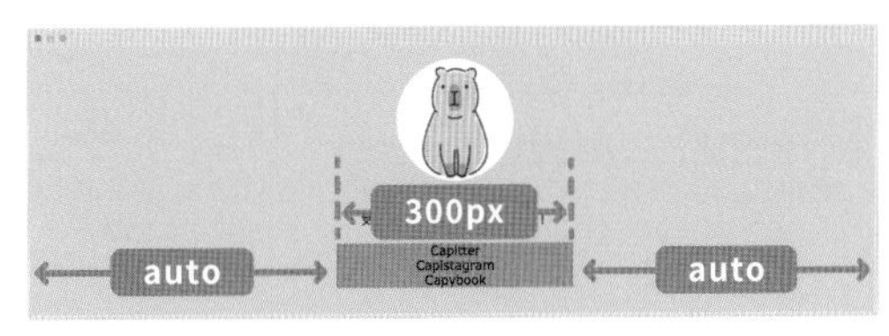

リスト全体の横幅が300pxになり、中央に寄りました。

STEP 4 ボタンの下に余白をつけよう

ボタンはそれぞれ<li>タグでマークアップされているので、li要素に対してmargin-bottomを指定しましょう。

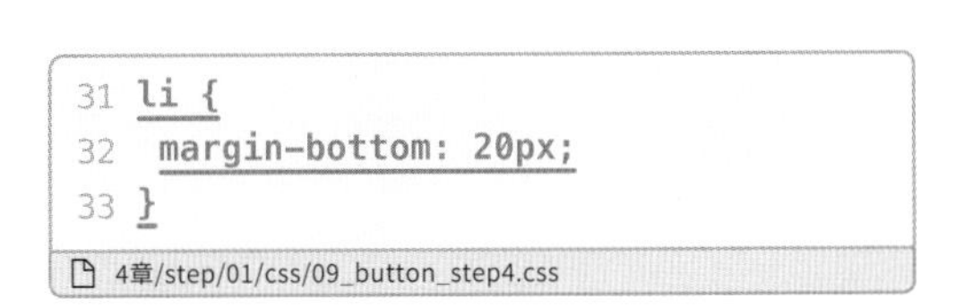

```
31 li {
32   margin-bottom: 20px;
33 }
```

4章/step/01/css/09_button_step4.css

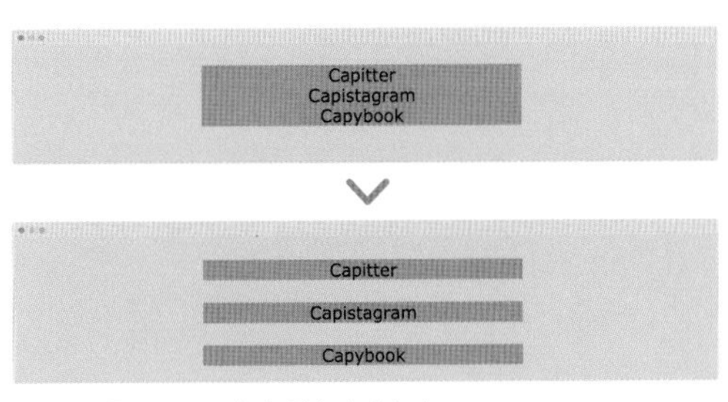

リスト項目の下に余白があきました。

a要素にmargin-bottomを指定しても同じ結果になりますが、HTMLの構造的にはli要素に余白をつける方がスマートです。

STEP 5 ボタンの内側に上下の余白をつけよう

ボタンの内側の上下の幅も広げたいので、paddingをつけましょう。

```
23 a {
24   background-color: #ff9a9e;
25   display: block;
26   padding: 20px 0;
27 }
```

4章/step/01/css/09_button_step5.css

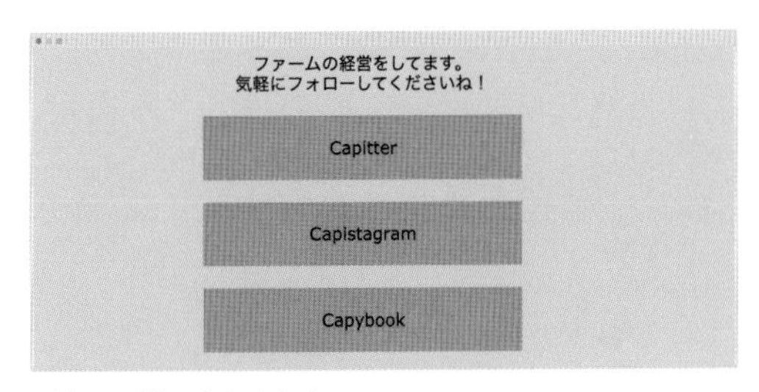

ボタンの形になりました。

STEP 6 ボタンの角を丸くしよう

border-radiusでボタンの角を丸くします。

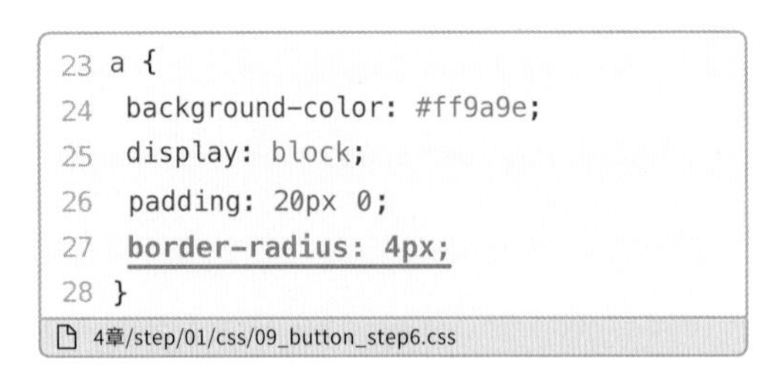

```
23 a {
24  background-color: #ff9a9e;
25  display: block;
26  padding: 20px 0;
27  border-radius: 4px;
28 }
```

4章/step/01/css/09_button_step6.css

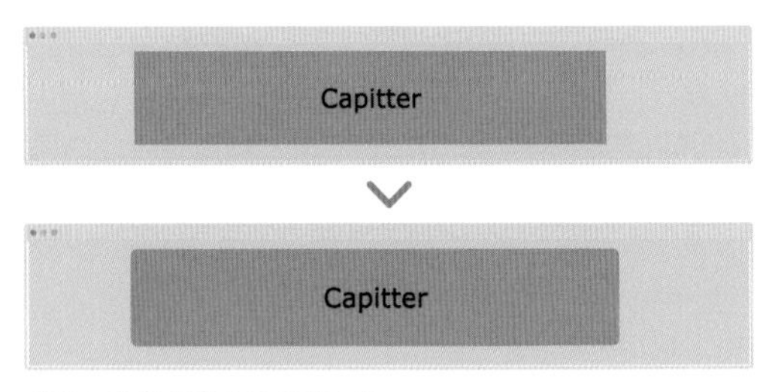

ボタンの角が丸くなりました。

ここはおさえる LEARNING border-radiusの値

pxで値を指定すると、値と同じ半径を持つ円のように角が丸くなります。値を%で指定した場合の半径は要素の大きさに対しての%になります。
ショートハンドなので4つの頂点の値を別々に書くこともできます。

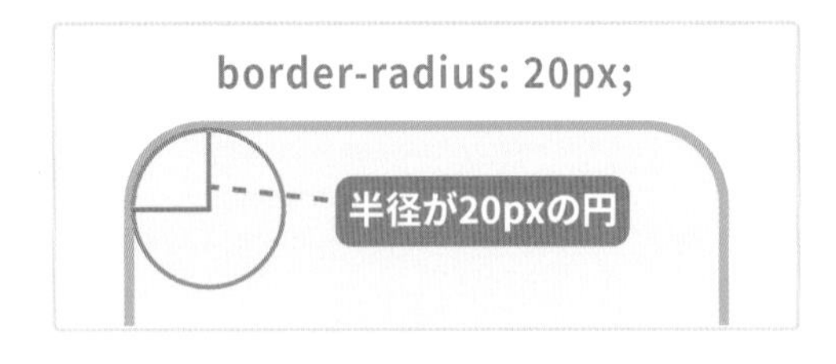

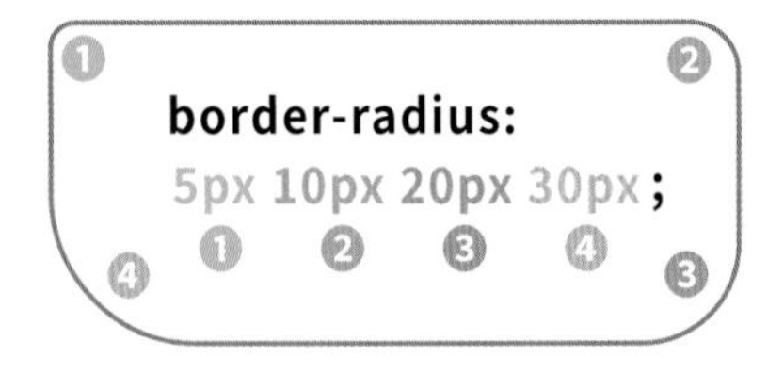

STEP 7 ボタンの文字色を設定しよう

文字色を指定するプロパティ

カラー **color: 〜 ;**	文字の色(前景色)を指定します。 値にはカラーコードやカラー名が入ります。

ボタンの文字色を白くしたいため<a>タグにcolor:#ffffff;を指定しましょう。

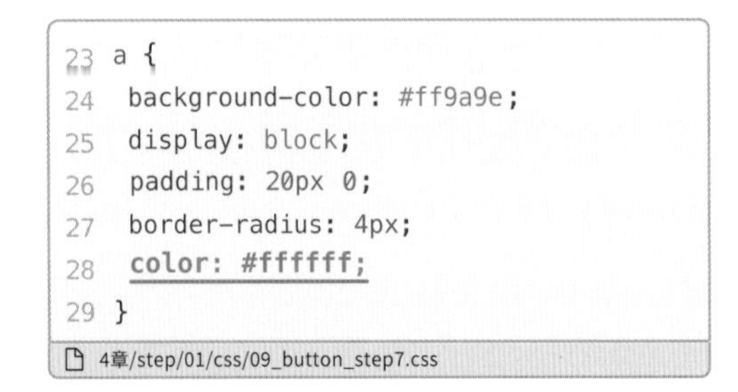

```
23 a {
24  background-color: #ff9a9e;
25  display: block;
26  padding: 20px 0;
27  border-radius: 4px;
28  color: #ffffff;
29 }
```

4章/step/01/css/09_button_step7.css

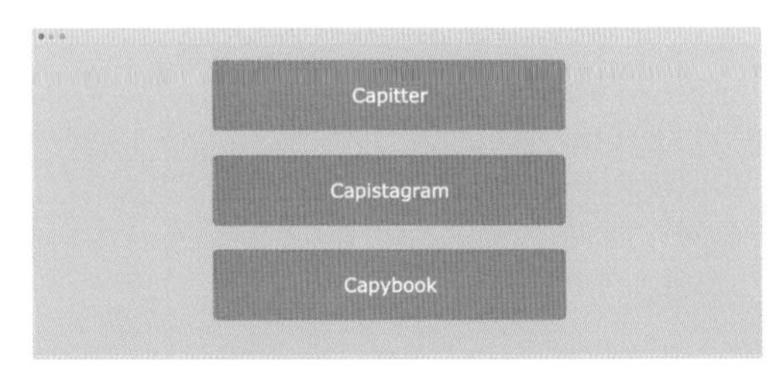

ボタンの文字が白色に変わりました。

STEP 8

ボタンの文字の太さを設定しよう

フォントの太さを指定するプロパティ

フォント・ウェイト
font-weight: ～; ｜ 値には数値やbold（太字にする）などのキーワードが入ります。

ボタンの文字が細くて見えにくいため、font-weight:bold;を指定して太くしましょう。

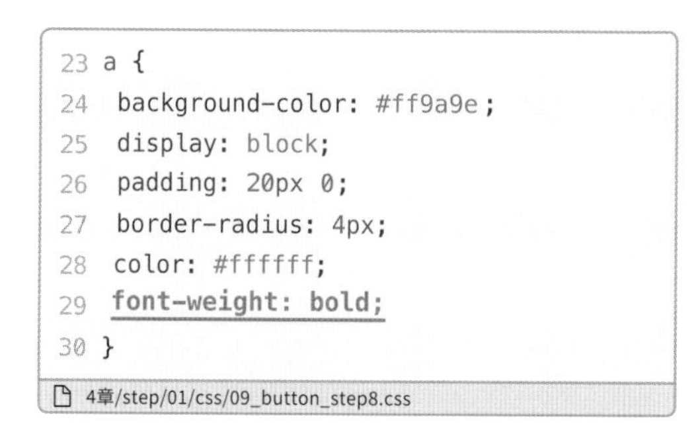

```
23 a {
24   background-color: #ff9a9e;
25   display: block;
26   padding: 20px 0;
27   border-radius: 4px;
28   color: #ffffff;
29   font-weight: bold;
30 }
```

4章/step/01/css/09_button_step8.css

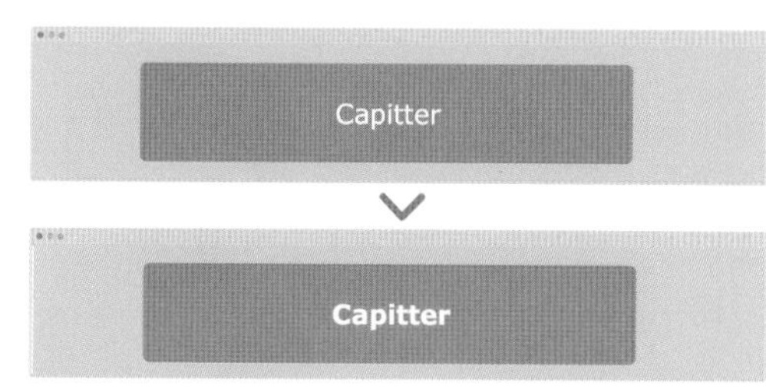

ボタンの文字が太くなりました。

よみとばしOK RANK UP

本来のコーディングの進め方

本書のワークではさまざまな数値やカラーコードはあらかじめ用意してありますが、これらの情報はコーディングをする人がデザインデータから抽出するものです。

また、画像もデザインデータから書き出します。

こういったデータの抽出方法はWebデザインをおこなうアプリケーションごとに異なるため、本書では具体的には触れませんが、そのような作業が必要であることを知っておきましょう。

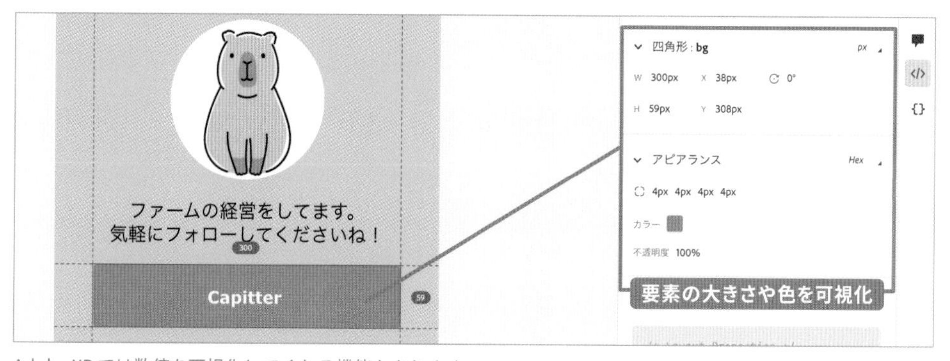

Adobe XDでは数値を可視化してくれる機能もあります。

Part 3

2カラムページを作ってみよう

ルンルン
カピ子さんから
SNSにコメントが
つきました〜！
お〜
どんなコメント？
これです

こ、これは・・・!!!
カピ子
カピぞうさんって
食いしん坊なんですね
えぇと、ごはんのことしか
書いてないのかな・・・？
はいっ
グルメ専門です！
カピぞうさんの良さは
仕事熱心なところだからなぁ

じゃあファームの
経営ブログをつくるのはどう？
ブログ？
SNSはプライベートで
ブログにはお仕事のことを
書くの
仕事
プライベート
お仕事にも役立つ
情報発信ですね!!
一石二鳥
ブログ〜

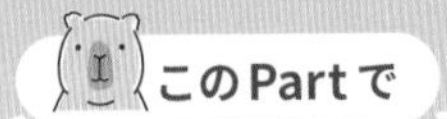

このPartで作れるようになるサイト

2カラムレイアウトのサイト

Design Point 01
手作り感を与えるために
ロゴと背景にテクスチャ
FARM CAPYZOU
EST.3021
HOME
ABOUT
BLOG
SHOP
CONTACT
Design Point 02
角丸とシャドウで
やさしい印象に
Category
農家の日常(4)
農家のノウハウ(5)
カピぞうレシピ(2)
農家の経営(2)
Recent Articles
温室栽培での注意トップ10
虫の駆除方法を現役農家がレクチャーします
お家でもできる！プランター栽培のポイント
簡単にんじん料理をご紹介！
ファームの1日をご紹介します
3021年8月8日12時3分
6:00~ にんじんの収穫と朝ごはん
朝は6時ごろに起きています。いつまでも布団にくるまっていたいけれど、えいや！と頑張って起きます。
オンライン・ショップ
Design Point 03
見出しの大きさ
本文と大きさの差
(ジャンプ率)をつけ
読みやすくします。
形が悪くてぼくが食べたにんじんさんたち
Design Point 04
文章のデザイン
横幅があまりにも長いと
文章が読みづらくなります。
行間にも注意しましょう。
8:30~12:30 スーパーや道の駅への出荷
12:30~18:00 畑作業と夜ごはん
にんじんの様子を見ながら、お水をあげたり、虫を駆除したり、カバーをかけたりします。
今はにんじんがメインですが、将来的にはたくさんの野菜を育てたいので今その準備もしています。
18:30~ お風呂・就寝
お風呂にゆっくり入った後、眠ります。お布団の中は天国です。
© 3021 FARM CAPYZOU

カラムってなんですか

カラムとは「列」のことです。
このデザインは左に「記事の列」、
右に「ナビゲーションなどの列」と2列あるので
2カラムのサイトと呼んだりします。

学べるPOINT

文書構造のマークアップ

文書構造を明確にするためのHTMLタグとアウトラインについて学びます。

Flexboxレイアウト

2カラムのレイアウトを作るのに便利なFlexboxの使い方を学びます。

実践的なコーディング

HTMLとCSSを行き来しながら書く、より実践に近い手順のコーディングをしていきます。

デザインPOINT

2カラムレイアウト

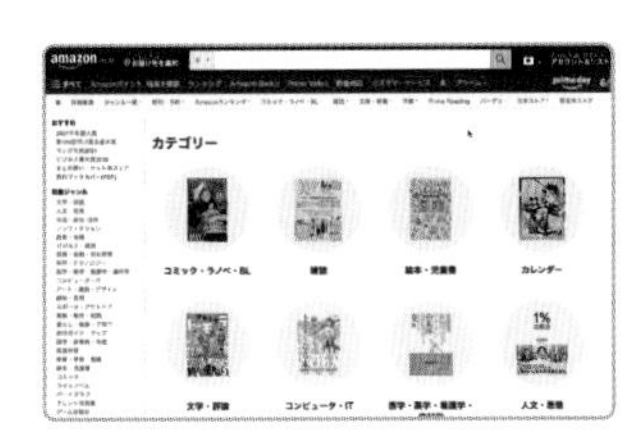

https://www.amazon.co.jp/

ECサイトやブログサイトによく見られるレイアウトです。サイドバーにナビゲーションが固定されているのでページ遷移しやすいことが特徴です。
「ページを回遊してほしい」「広告などの補足情報を載せたい」という時は2カラムレイアウトが適しています。

画面の狭いスマートフォンでは2カラムレイアウトは難しいので、PC版とは違うナビゲーションを考える必要があります。

デザインコンセプトは…
クラフト感×ナチュラル

ファーム（農家）ブログのため自然を連想させる色を使用し、ナチュラルな印象を与えています。

ポイントカラーは、にんじんのオレンジ。
また、ロゴや背景にテクスチャを加えることでクラフト感（手作り感）も演出しています。

大きな面積のボックスに角丸を使用し、淡いシャドウをつけることで全体的にやさしい雰囲気にしています。

ブログサイトのHTMLを書いてみよう

文書構造に関するHTMLを中心に学んでいきます
構造を作るHTMLなので、しっかりポイントをおさえていきましょう

文書構造……。
難しそうな言葉ですね。

人で例えると「頭」「手」「足」といった
区分けのようなものですよ。

Webサイトを構成するパーツを知ろう

主なパーツの呼び方と対応するタグ

ヘッダー

導入エリアのことです。一般的にはWebサイトの上部に位置し、ロゴやナビゲーションが含まれます。
他のページと共通にすることでサイトの一貫性を保ったり、他のページへのアクセス方法がわかりやすくなります。
このエリアは<header>タグでマークアップします。

ナビゲーション

ページ間を移動するためのリンクが集まったエリアです。
本章のデザインではヘッダーとサイドバーの中にナビゲーションが配置されています。
このエリアは<nav>タグでマークアップします。

メインエリア

ページの主要な情報があるエリアです。
このエリアは<main>タグでマークアップします。

記事エリア

記事全体は記事エリアとして区分します。
このエリアは<article>タグでマークアップします。

サイドバー

ローカルナビゲーションや広告など補足的な情報が配置されるエリアです。
このエリアは<aside>タグでマークアップします。

フッター

著作権表示（コピーライト）やお問い合わせ先などが配置されるエリアです。
このエリアは<footer>タグでマークアップします。

ここはおさえる LEARNING

用途によって変わるナビゲーションの呼び方

ナビゲーションにはいくつか種類がありますのでご紹介します。

▶ グローバルナビゲーション

全ページに共通して配置されるナビゲーションのことで、Webサイトの主要なページへアクセスするために使用されます。

▶ ローカルナビゲーション

同一カテゴリのページ同士をリンクするナビゲーションです。本章のデザインではサイドバーにあるナビゲーションが該当します。

▶ パンくずナビゲーション

現在のページの位置を直感的に理解するためのナビゲーションです。本章のデザインでは登場しませんが、ECサイトなどでよく見られます。

同じ<nav>タグでも用途によって呼び方が違うんですね。

文書構造をあらわすHTMLタグを学ぼう

前ページの内容を参考にマークアップをしていきましょう。

「これまでのマークアップを復習したい」という方はセルフワークに挑戦してみてください。

力試しをしたい人は SELFWORK

これまで学習したHTMLのマークアップを復習してみよう

5章/セルフワーク/作業/index.htmlをVSコードで開きましょう。このファイルには「HTMLの基本要素」と「テキストのみ」が書いてあります。

5章/デザイン/design.pngを見ながら、今まで習ったHTMLタグを使ってマークアップをしてみましょう。

終わったら**5章/セルフワーク/完成/index.html**と見比べて答え合わせをしましょう。

ファイルの確認をしよう

5章/作業/index.htmlをVSコードで開きましょう。このファイルは学習済みのHTMLタグでのマークアップは済んでいる状態です。

完成形のデザイン（**5章/デザイン/design.png**）を見ながら進めましょう。

ヘッダーエリアを区分けしよう

ヘッダーエリアをあらわすタグ

<header>（ヘッダー） 〜 </header>	「head」が由来で、導入部を意味します。文書情報を書く<head>タグとは意味が異なるので注意しましょう。

STEP 1 ヘッダーエリアをマークアップしよう

ロゴ（<h1>要素）とグローバルナビゲーション（「HOME」〜「CONTACT」までのリスト）を内包するように<header>タグで囲みます。

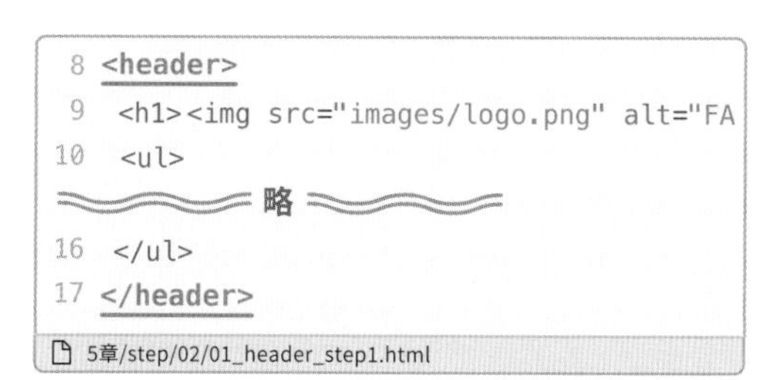

```
8  <header>
9   <h1><img src="images/logo.png" alt="FA
10  <ul>
～～～ 略 ～～～
16  </ul>
17 </header>
```

5章/step/02/01_header_step1.html

見た目の変化はありませんが、デベロッパーツールでカーソルをあてるとheaderエリアを確認できます。

このように本章でのマークアップは見た目の変化はありません。そのため意図した範囲がマークアップされているかをGoogleデベロッパーツールで確認します。使い方はP.68を見てみてくださいね。

ナビゲーションエリアを区分けしよう

ナビゲーションエリアをあらわすタグ

ナヴ（ナビ）
<nav> 〜 </nav>

navは「navigation（ナビゲーション）」の略です。
ページ内の主要なナビゲーションに使います。

STEP 1 グローバルナビゲーションエリアをマークアップしよう

グローバルナビゲーション部分のコード（<ul>要素）を<nav>タグで囲みましょう。

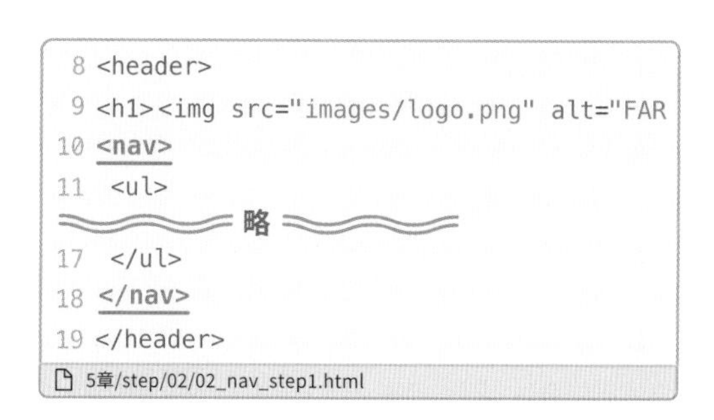

```
8  <header>
9  <h1><img src="images/logo.png" alt="FAR
10 <nav>
11  <ul>
～～～ 略 ～～～
17  </ul>
18 </nav>
19 </header>
```

5章/step/02/02_nav_step1.html

ナビゲーション部分がnavエリアになっています。

STEP 2 ローカルナビゲーションエリアをマークアップしよう

本章のデザインではサイドバーの2つのナビゲーションがローカルナビゲーションとなります。この2箇所を<nav>タグで囲みましょう。

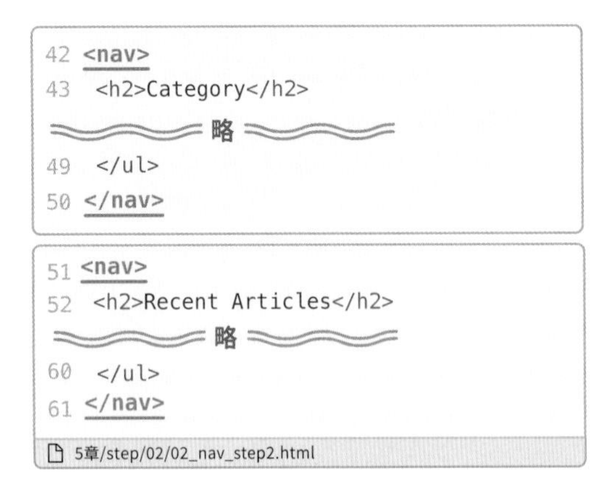

```
42 <nav>
43   <h2>Category</h2>
      略
49   </ul>
50 <nav>
```

```
51 <nav>
52   <h2>Recent Articles</h2>
      略
60   </ul>
61 </nav>
```

5章/step/02/02_nav_step2.html

CategoryとRecent Articlesのナビゲーション部分もnavエリアになりました。

メインエリアを区分けしよう

メインコンテンツのエリアをあらわすタグ

メイン <main> 〜 </main>	そのページの主題となる箇所に1回だけ使うようにします。

STEP 1 メインエリアをマークアップしよう

本章のデザインでは記事部分がメインエリアとなるので、記事を内包するように<main>タグで囲みましょう。

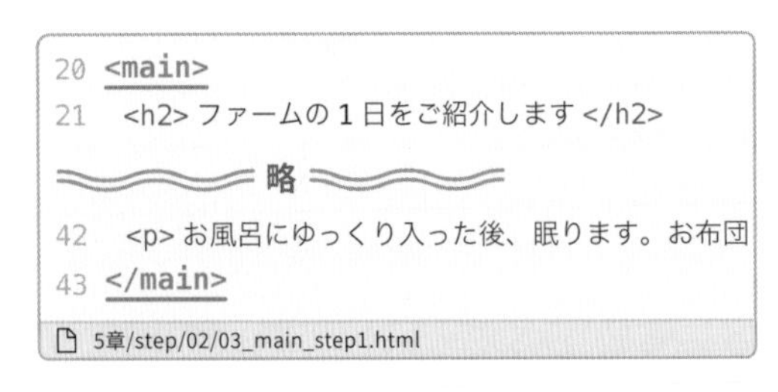

```
20 <main>
21   <h2> ファームの 1 日をご紹介します </h2>
      略
42   <p> お風呂にゆっくり入った後、眠ります。お布団
43 </main>
```

5章/step/02/03_main_step1.html

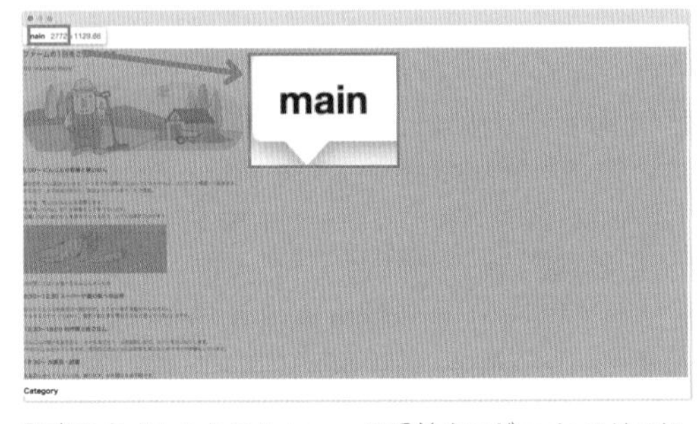

記事のタイトルからCategoryの手前までがmainエリアになりました。

わかりやすくするためブラウザの拡大縮小機能を使用して画面のキャプチャをしているので、みなさんの環境によっては見える範囲が異なることがあります。

記事エリアを区分けしよう

自己完結しているエリアをあらわすタグ

アーティクル
<article> 〜 </article>

ニュースサイトやブログにおける記事などに使われます。見出し(<h1>-<h6>)を伴うことが望ましいです。

STEP 1 記事エリアをマークアップしよう

記事タイトル（h2要素）から最後の文章までを内包するように<article>タグで囲みましょう。

```
20 <main>
21 <article>
22   <h2> ファームの 1 日をご紹介します </h2>
～～～ 略 ～～～
43   <p> お風呂にゆっくり入った後、眠ります。お布団
44 </article>
45 </main>
```

5章/step/02/04_article_step1.html

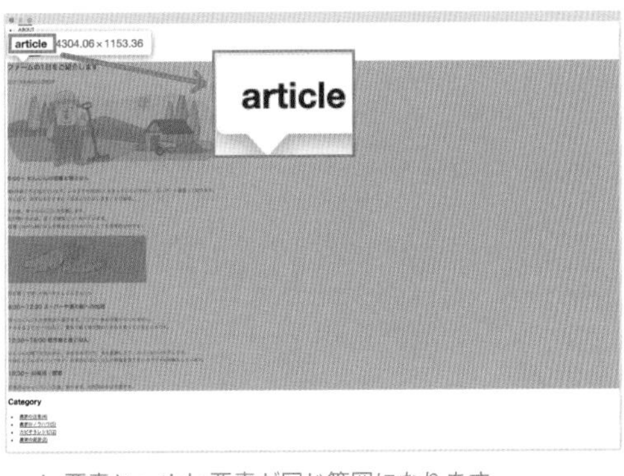

main要素とarticle要素が同じ範囲になります。

<article>タグはどんな時に使う？

articleは「記事」という意味の英単語ですが、記事以外でも「自己完結している要素」をマークアップするのにも使用できます。
「自己完結している」というのは、それ以外の要素がなくても意味が通じるということです。たとえばTwitterやInstagramなどのひとつひとつの投稿は、検索結果やブログなど色々な場所に表示されても意味が通じる（自己完結している）ので<article>タグでマークアップできます。

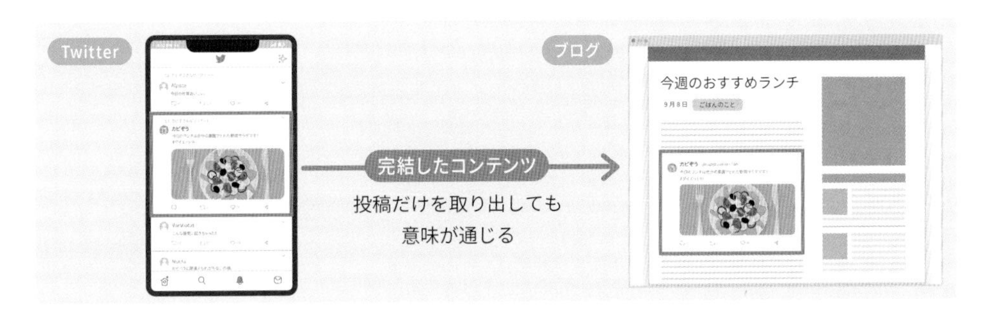

補足情報のエリアを区分けしよう

補足情報のエリアをあらわすタグ

アサイド <aside> ～ </aside>	広告・関連リンク・コラムなど、省略してもメインのコンテンツの意味がわかる補足情報をあらわします。

STEP 1 サイドバーをマークアップしよう

サイドバーに該当する部分は補足情報となるので<aside>タグで囲みましょう。

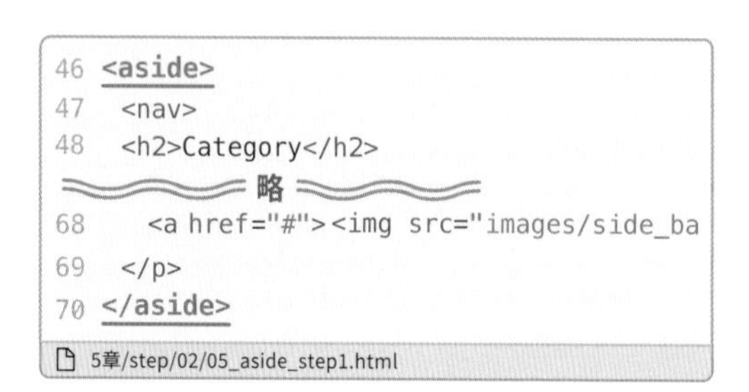

```
46 <aside>
47   <nav>
48   <h2>Category</h2>
       略
68     <a href="#"><img src="images/side_ba
69   </p>
70 </aside>
```

5章/step/02/05_aside_step1.html

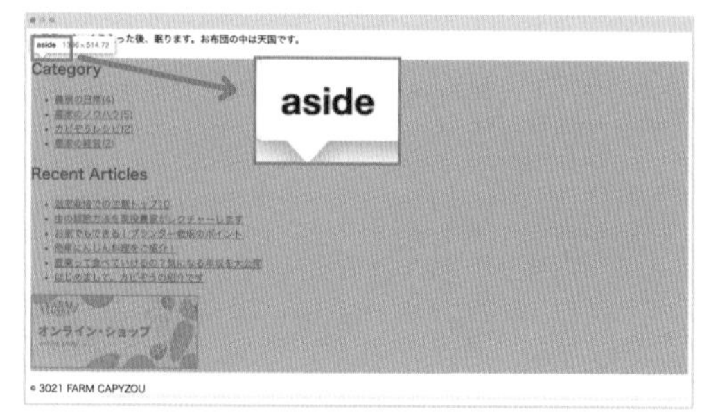

Categoryからバナーまでがasideエリアになりました。

フッターエリアを区分けしよう

フッターエリアをあらわすタグ

フッター <footer> ～ </footer>	「foot」が由来で、最下部を意味します。 著作権や著作者に関する情報が含まれることが多いです。

STEP 1 フッターエリアをマークアップしよう

著作権表示の部分を<footer>タグで囲みましょう。

```
71 <footer>
72   <p>© 3021 FARM CAPYZOU </p>
73 </footer>
```

5章/step/02/06_footer_step1.html

著作権表示部分がフッターエリアになりました。

アウトラインとセクションを知ろう

これでマークアップは終わりでしょうか？

もうひとつ<section>というタグがあります。アウトラインという概念とあわせておぼえてしまいましょう。

セクションエリアを区分けしよう

セクションエリアをあらわすタグ

セクション <section> ～ </section>	見出しとその後に続く段落などを囲みます。 見出し(<h1>～<h6>)を伴うことが望ましいです。

STEP 1 <section>タグでマークアップしよう

<section>タグは見出しと一緒に使用し、見出しと同じ話題のエリアを囲みます。article要素内の<h3>タグから始まる段落部分をそれぞれ<section>タグでマークアップしましょう。

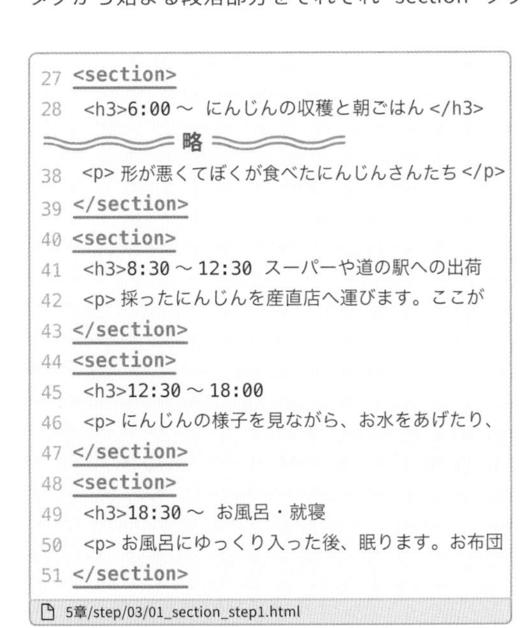

```
27 <section>
28   <h3>6:00 ～ にんじんの収穫と朝ごはん </h3>
   略
38   <p> 形が悪くてぼくが食べたにんじんさんたち </p>
39 </section>
40 <section>
41   <h3>8:30 ～ 12:30 スーパーや道の駅への出荷
42   <p> 採ったにんじんを産直店へ運びます。ここが
43 </section>
44 <section>
45   <h3>12:30 ～ 18:00
46   <p> にんじんの様子を見ながら、お水をあげたり、
47 </section>
48 <section>
49   <h3>18:30 ～ お風呂・就寝
50   <p> お風呂にゆっくり入った後、眠ります。お布団
51 </section>
```

5章/step/03/01_section_step1.html

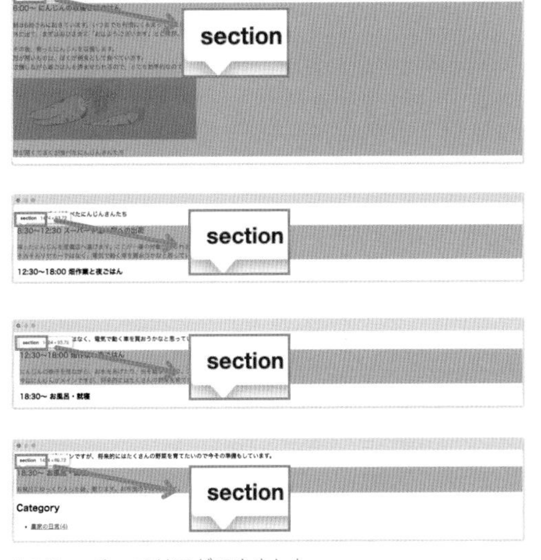

4つのsectionエリアができました。

ここはおさえる LEARNING

<section>タグのマークアップは何のためにするの？

<section>タグでマークアップをすると**アウトライン**が明確になります。

アウトラインとは文書の階層構造のことで、本の目次をイメージしてください。

1部の中に1章と2章があり、2部の中にも章があり……という階層構造になっており、これをアウトラインと呼びます。

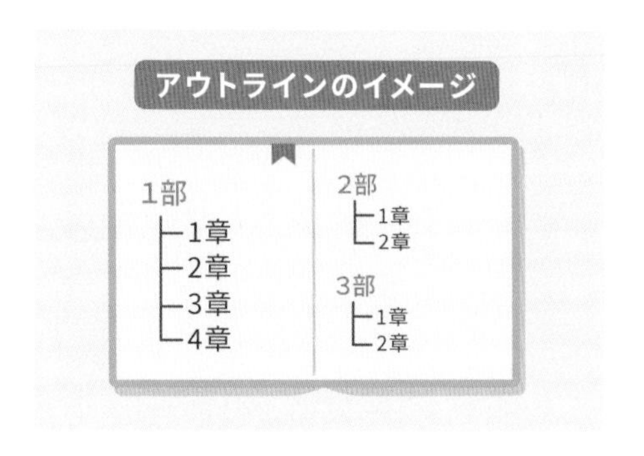

本章のデザインを本にたとえると、題名が「FARM CAPYZOU（<h1>タグでマークアップされています）」になり、目次が右図のようになっていれば正しいアウトラインといえます。

アウトラインが正しいと、コンピューターがコンテンツの内容をより正しく認識できるので<section>タグのマークアップは重要です。

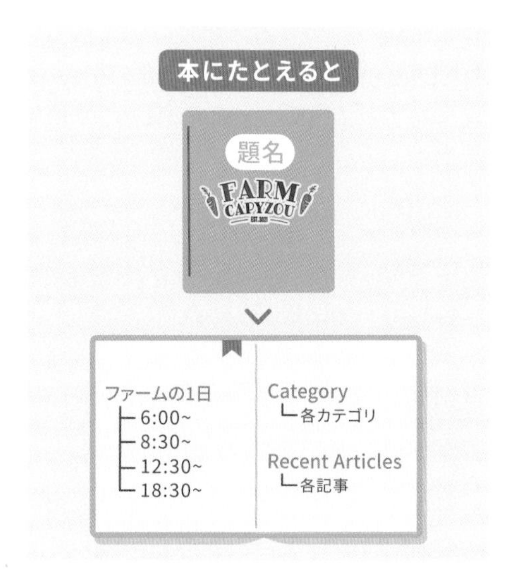

なんとなくで<section>タグを使ってしまってはダメなんですね。

▶ 装飾目的のグルーピングに<section>タグは使わない

見た目を調整するためだけに必要な区分けの場合は<section>タグではなく、意味を持っておらずアウトラインに影響を与えない<div>タグでマークアップをします。

<div>タグの説明と使用例は次章のワークで実践をします。

<section>と見出しは必ずセット？

見出しが出てきたら必ず<section>タグでマークアップするのでしょうか？

必ずというわけではありません。
アウトラインが整うようにマークアップしていくことが大切です。

たとえば<h1>タグのロゴ部分を<section>タグでマークアップしてしまうとアウトラインがズレてしまいます。

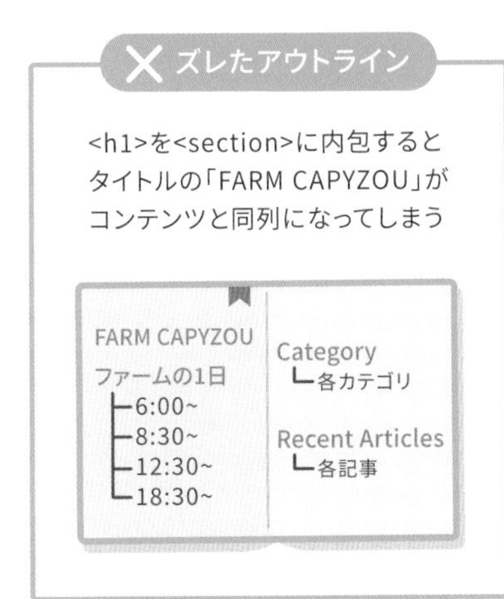

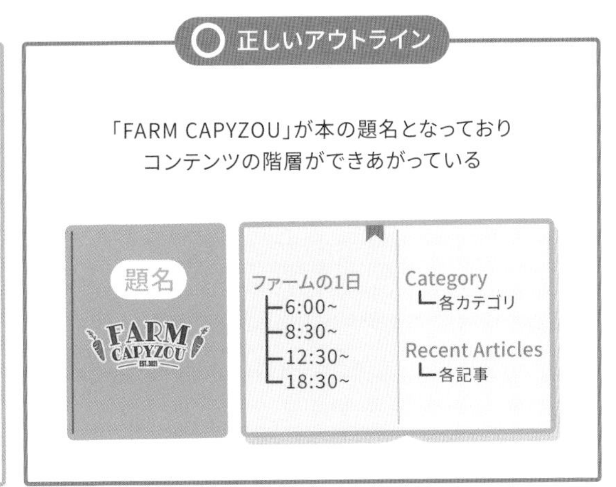

マークアップによってアウトラインは変化しますので、アウトラインを確認できるツールを利用するなどして、想定通りのアウトラインになっているかを確認するようにしましょう。

アウトラインを確認できるツールについては特典のお役立ちサイト集で紹介しています。

<section>と同じようにアウトラインを生成するタグとして、<article>・<nav>・<aside>の3つがあります。<section>よりも適切な区分けがある場合はこの3つを使うようにしましょう。

その他の新しいHTMLタグを学ぼう

まだマークアップは終わってなかったんですね……！

これまでは文書構造をあらわすHTMLタグでしたが、他にも新しいHTMLタグがいくつかありますので、もう少しだけ頑張ってくださいね。

記事の投稿日時をマークアップしよう

日時や経過時間をあらわすタグ

タイム <time> 〜 </time>	記事の投稿日など日時が重要な意味を持つ場合に使います。

ここはおさえる LEARNING time要素の属性の書き方

time要素は多くの場合、datetime属性を伴います。
datetime属性には**コンピューターが読み取れる形式**で日付・時刻を書きます。

```
<time datetime="3021-08-08T12:03">3021年8月8日12時3分</time>
```
（datetime：デイトタイム）

省略形での指定もできます

年のみ 3021　年・月 3021-08　月・日 08-08　時刻のみ 12:03　週 3021-W32

年・月・日の間に-（ハイフン）を、時刻は:（コロン）を挟むことでコンピューターが読み取れる形式になります。「日付」と「時刻」を続けて書く場合は間に大文字のTを入れます。
また、年月・月日・時刻のみという省略形での指定もできます。

<time>タグでマークアップするテキストが「コンピューターが読み取れる形式」であればdatetime属性は省略可能です。

日時の表記すべてを<time>タグでマークアップする必要はありません。記事の投稿日時やイベントの開催日など、日時が重要な意味を持つ場合に使用しましょう。

STEP 1 投稿日時を<time>タグでマークアップしよう

投稿日時を<time>タグで囲みましょう。投稿日時に日本語が混ざっているため、datetime属性も付与しましょう。

```
22 <h2>ファームの1日をご紹介します</h2>
23 <p>
24  <time datetime="3021-08-08T12:03">
25   3021年8月8日12時3分
26  </time>
27 </p>
```

5章/step/04/01_time_step1.html

投稿日時が<time>タグでマークアップされました。

投稿内の画像をマークアップしよう

写真・グラフ・コードなどのまとまりをあらわすタグ

<figure>（フィギュア） <figcaption>（フィギュアキャプション） ～ </figcaption> </figure>	マークアップしたエリアは自己完結している必要があります。<figcaption>タグでキャプション（説明文）を付与できますが、必須ではありません。

STEP 1 説明文つきの画像をマークアップしよう

<p>タグでマークアップされていた部分を<figure>タグと<figcaption>タグでマークアップしなおします。figure要素は自己完結型のコンテンツになり「段落（p要素）」ではなくなるため、<p>タグとの入れ替えになります。

```
39  <figure>
40    <img src="images/carrots.png" alt="形の悪いにんじんの絵">
41    <figcaption>形が悪くてぼくが食べたにんじんさんたち</figcaption>
42  </figure>
43 </section>
```

5章/step/04/02_figure_step1.html

画像とキャプションが<figure>タグでマークアップされました。

ここはおさえる LEARNING

figure要素の「自己完結している」って、どういう意味？

本文に関係のないイメージ写真は<figure>タグではマークアップできません。

本文に関係があって、自己完結しているってどういうことですか？？？ 混乱してきました。

少しわかりにくいですよね。本章のマークアップの例で説明しますね。

○ figure要素に該当する

- 本文内では画像については言及していない
  画像がなくても本文に影響を与えないので
  画像が自己完結していると言えます
- 本文に関係がある画像
  本文と無関係なイメージ画像ではなく
  本文をよりわかりやすくするための画像です
  右の例ではにんじんの状態を補足しています

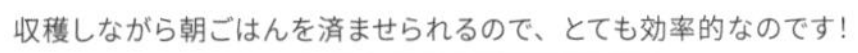
収穫しながら朝ごはんを済ませられるので、とても効率的なのです！

× figure要素に該当しない

- 本文で「下の画像のように」と言及している
  画像がないと本文の意味が通じなくなってしまいます

今日のご飯は下の画像のようなにんじんでした。

- 本文に直接関係がないイメージ画像
  装飾が目的の場合はCSSで配置することもあります

収穫しながら朝ごはんを済ませられるので、とても効率的なのです！

なるほど〜。本文と画像の関係によって<figure>タグでマークアップできるか、できないかが決まるんですね！

著作権情報をマークアップしよう

注釈や小さく表示される文をあらわすタグ

スモール <small> ～ </small>	著作権・免責事項など慣習的に小さく表示する箇所に使います。 文字を小さくしたいだけの場合はCSSでおこないます。

STEP 1 著作権情報を<small>タグでマークアップしよう

フッター内にある著作権表示を<small>タグで囲みます。

```
83 <footer>
84 <p><small>© 3021 FARM CAPYZOU </small></p>
85 </footer>
```

5章/step/04/03_small_step1.html

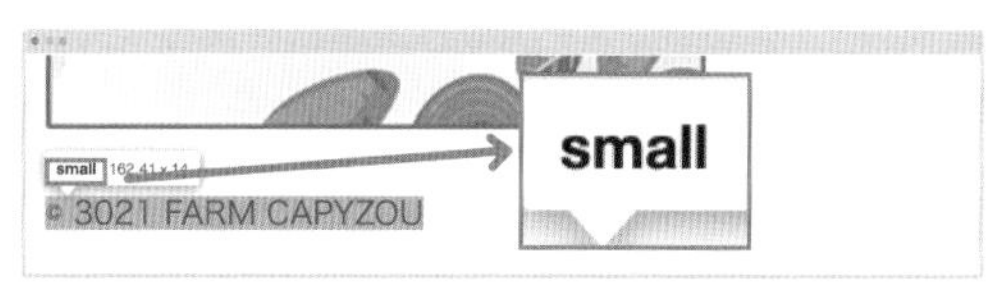

著作権部分が<small>タグでマークアップされました。

よみとばしOK RANK UP HTMLタグの分類方法と内包ルール

HTMLのタグはその性質の類似性によって7つに分類されています。この分類のことを**コンテンツカテゴリ**といいます。
複数のコンテンツカテゴリに属するタグや、どのカテゴリにも属さないタグも存在します。

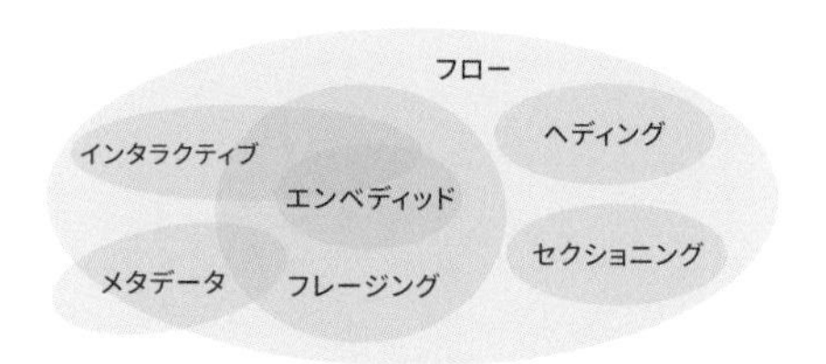

たとえば<small>タグはフレージングコンテンツかつフローコンテンツです。<li>タグはどのコンテンツカテゴリにも属しません。

また、どのタグにどのタグを入れていいかという配置ルールのことを**コンテンツモデル**といいます。このコンテンツモデルはコンテンツカテゴリを使って決められているものが多いため、よく使うタグとそのタグが属するカテゴリを少しずつおぼえていくとよいでしょう。

たとえば「ヘディングコンテンツはフレージングコンテンツを内包できる」というようにルールづけされています。すべておぼえるのは難しいので、わからなくなったら特典のサイト集に載っているような入れ子関係を確認できるサイトを見るようにしましょう。

PART 3

06 章

ブログサイトのCSSを書いてみよう

2カラムのレイアウトを実践しながらブログサイトを完成させましょう
Flexboxを使ったレイアウト方法を学びます

とくにフレックスボックスを使ったレイアウトはしっかり学びましょう

フレックスボックス？できるかな……？

SECTION 1 フレックスボックスレイアウトを使ってみよう

Flexbox（フレックスボックス）とは？

3章のおさらいですが**ブロックボックスは層のように積み上がる**ことをおぼえていますか？

3章

横並びのブロックがなく
すべて縦に積み重なっている

本章

横並びのブロックがある

はい！ 3章のデザインはブロックボックスがぜんぶ縦に並んでいました。

Flexboxはブロックボックスを**横並びにできるのです。**

Flexboxの使い方を練習しよう

Flexboxは2ステップでとても簡単です！

Flexboxの2ステップ

❶ 横並びにしたい要素の親要素を確認する

❷ 親要素にdisplay:flex;を指定する

Flexboxが
適用された
要素をこのように
呼びます

STEP 1 ファイルの確認をしよう

6章/Flexboxワーク/作業/index.htmlをVSコードで開き、下記のようなコードが書いてあることを確認しましょう。

```
10  <ul>
11    <li><a href="#">box1</a></li>
12    <li><a href="#">box2</a></li>
13    <li><a href="#">box3</a></li>
14    <li><a href="#">box4</a></li>
15    <li><a href="#">box5</a></li>
16  </ul>
```

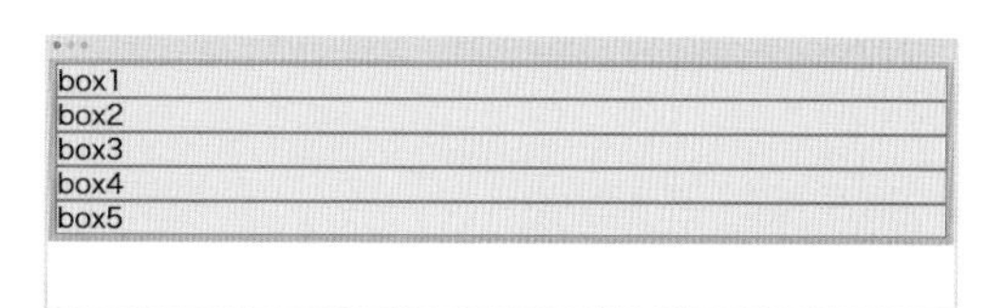

li要素が縦並びになっています。
※わかりやすいように背景色と境界線をつけています。

STEP 2 box1〜box5を横並びにしよう

横並びにしたいbox1〜box5はli要素で、その親要素はul要素です。**6章/Flexboxワーク/作業/CSS/style.css**を開き、ul要素にdisplay:flex;を指定しましょう。

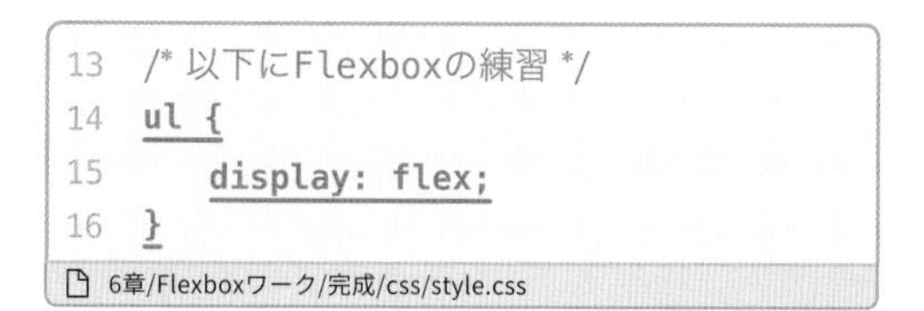

```
13  /* 以下にFlexboxの練習 */
14  ul {
15      display: flex;
16  }
```

6章/Flexboxワーク/完成/css/style.css

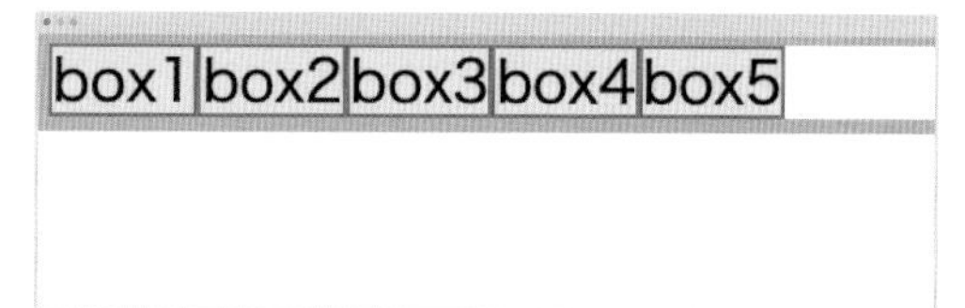

li要素が横並びになりました！

Flexboxには、さまざまなレイアウトに対応できるように便利な関連プロパティがたくさんあります。よく使うものを次のページで紹介します。

親要素(フレックスコンテナ)に指定できるプロパティ

折り返し方法を指定する「flex-wrap」

親要素をはみ出しても横に並びます
*初期値・・・何も指定しないと初期値になります

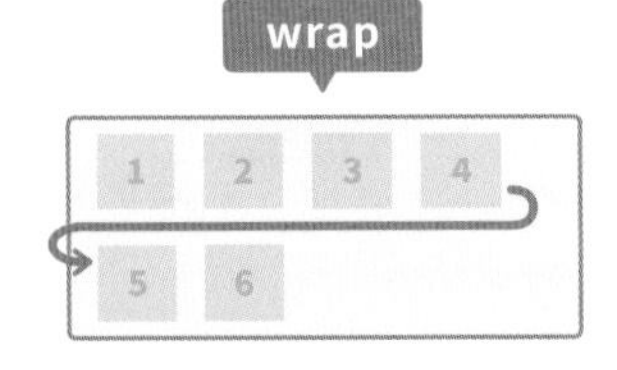

親要素からはみ出すボックスは
折り返すようになります

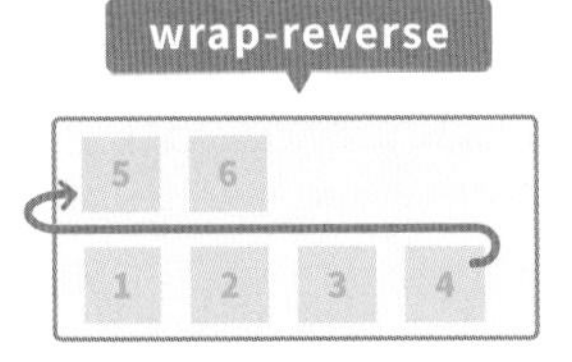

行の順番が下から
開始されるようになります

横方向にどう配置するかを指定する「justify-content」

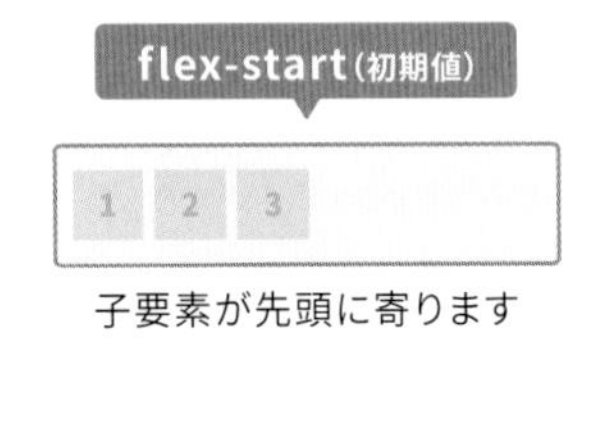

子要素が先頭に寄ります

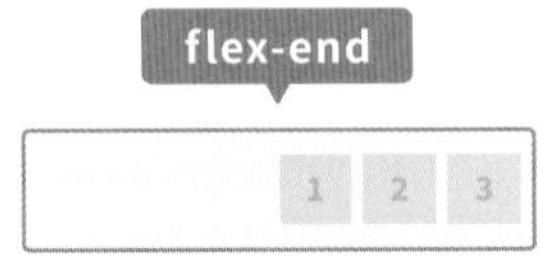

子要素が末尾に寄ります

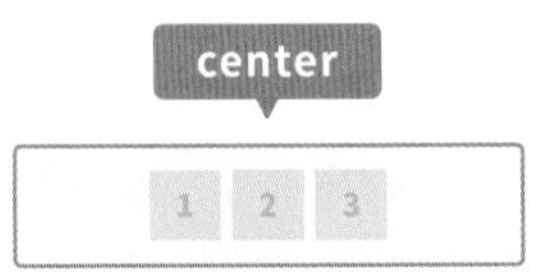

子要素が中央に寄ります

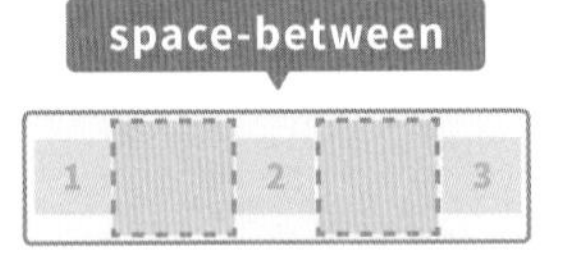

両はしに余白がない状態で
均等配置されます

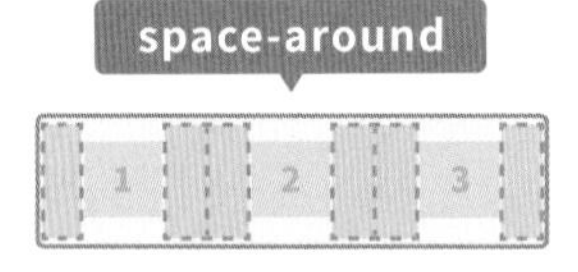

両はしの余白が子要素の間隔の
半分の幅で均等配置されます

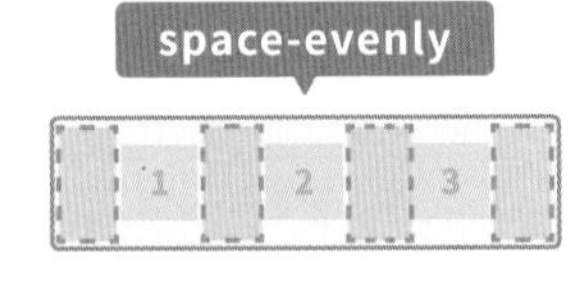

両はしの余白と子要素同士の
間隔が同じ幅で均等配置されます

縦方向にどう配置するかを指定する「align-items」

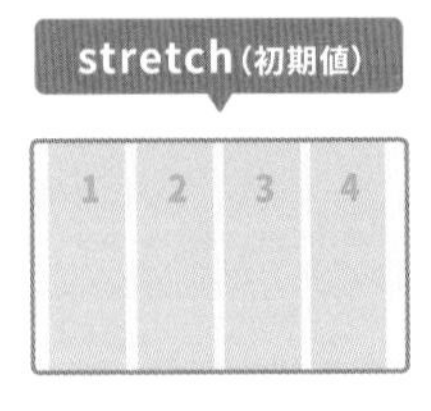

子要素が親要素の高さに
引きのばされます

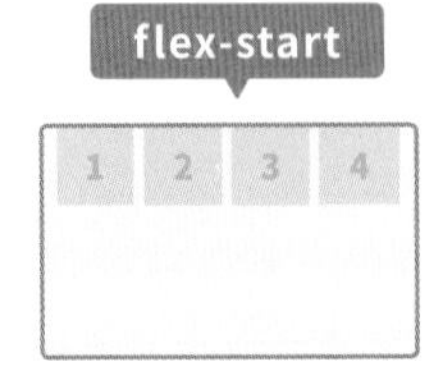

子要素が先頭に寄ります

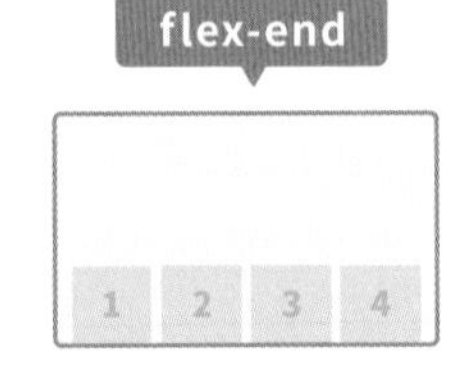

子要素が末尾に寄ります

子要素が天地中央に
寄ります

子要素(フレックスアイテム)に指定できるプロパティ

子要素の基準の大きさを指定する「flex-basis」

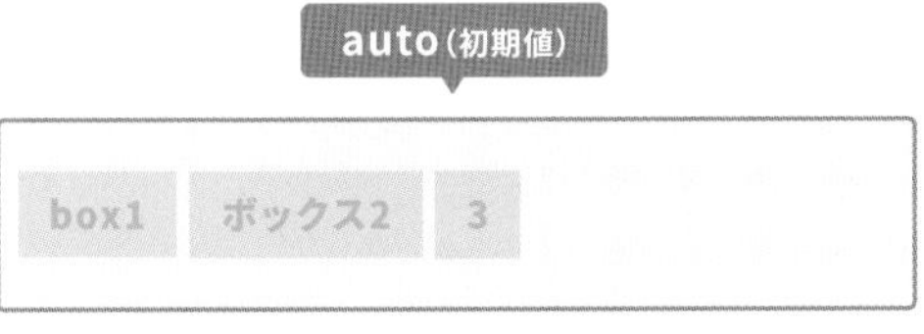

子要素の内容に合わせて大きさが変化します

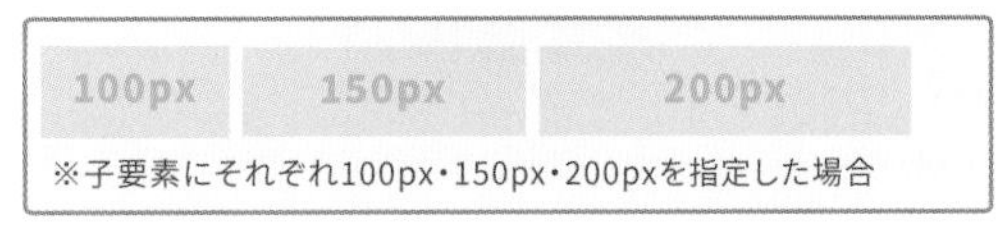

子要素が指定した数値の大きさになります

子要素自身の縦方向の配置を指定する「align-self」

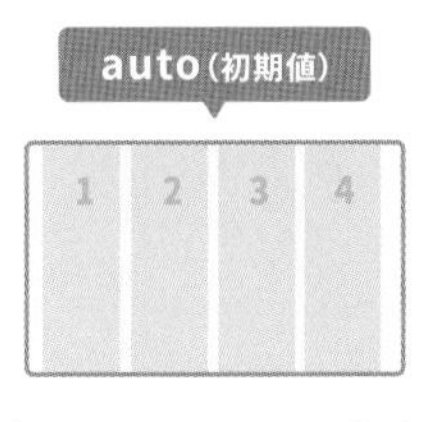

親のalign-itemsの指定と同じになります

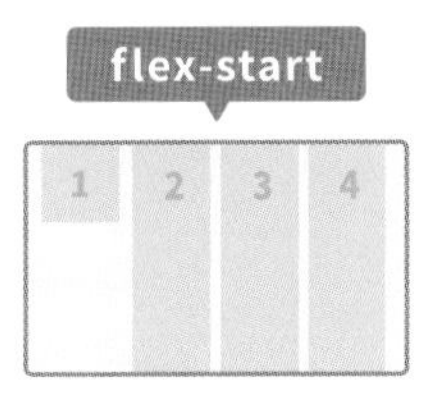

指定した子要素(box1)が先頭に寄ります

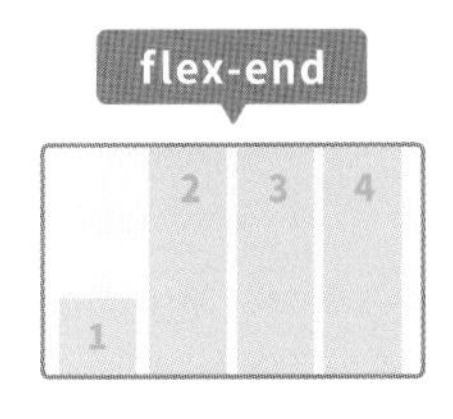

指定した子要素(box1)が末尾に寄ります

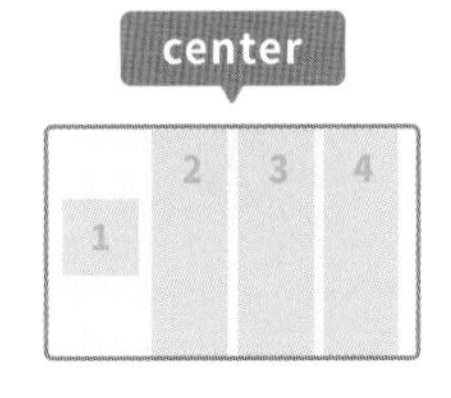

指定した子要素(box1)が天地中央になります

たくさんあって全部おぼえられる気がしません…。

後のワークで実際に使いながら解説しますので、ここでは「**親要素と子要素に指定するものがあること**」と「**どんなことができるのか**」を知ってもらえれば大丈夫です。

動画では関連プロパティについて詳しく解説していますので理解を深めたい方はチェックしてみてください。また、特典のチートシートでは本書で使用しないFlexbox関連プロパティも掲載していますので活用してくださいね。

特典ダウンロード用パスワード capyzou

「ページ全体」と「ヘッダー」のCSSを書こう

それではブログサイトのCSSを書いていきましょう。さっそくFlexboxが登場します。

作業ファイルを確認しよう

6章/作業/css/style.cssをVSコードで開きましょう。**6章/作業/index.html**をブラウザで開き、CSSが反映されているかを確認しながら進めましょう。
完成形のデザイン（**6章/デザイン/design.png**）を見ながら進めましょう。

「ページ全体」のCSSを書こう

背景の画像を指定するプロパティ

バックグラウンド・イメージ **background-image: 〜 ;**	値には画像の場所を指定するurl(ファイルパス)が入ります。

STEP 1 「ページ全体」の背景画像の設定をしよう

ページ全体に背景画像を指定したいので、bodyセレクタにbackground-imageプロパティで画像を設定しましょう。

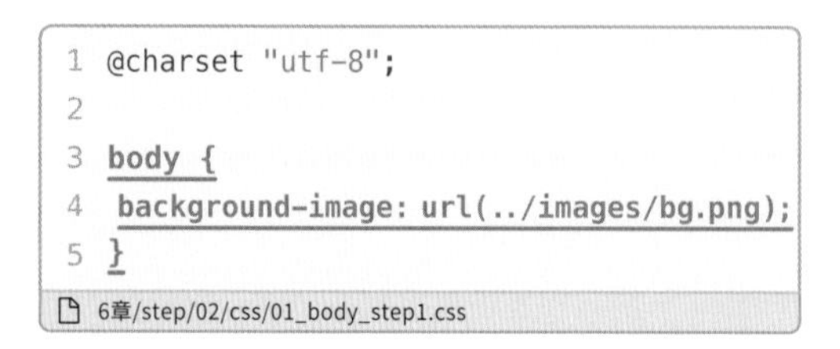

```
1 @charset "utf-8";
2
3 body {
4  background-image: url(../images/bg.png);
5 }
```

6章/step/02/css/01_body_step1.css

▼背景用の画像

繰り返し時に境目がわからないように作成します
大きな画像1枚よりも小さな画像を繰り返す方が
ページの読み込み速度が速くなります

ページの背景に画像が敷き詰められました。

画像が小さすぎると、繰り返す枚数が多くなって逆に表示速度が遅くなる場合もあります。

「ページ全体」に対するCSSはbodyをセレクタにするんでしたね。

STEP 2 「ページ全体」のフォントの設定をしよう

ベースとなる文字の色や大きさ、フォントの種類などはbodyに指定すると子要素にも継承されて適用されるので便利です。
ここでは、font-size・font-family・colorの3つのプロパティを指定します。

```
3 body {
4   background-image: url(../images/bg.png);
5   font-size: 16px;
6   font-family: 'arial','Hiragino Sans','Meiryo',sans-serif;
7   color: #333333;
8 }
```

6章/step/02/css/01_body_step2.css

6:00〜 にんじんの収穫と朝ごはん
朝は6時ごろに起きています。いつまでも布団にくるまってい
外に出て、まずはおひさまに「おはようございます」とご挨

6:00〜 にんじんの収穫と朝ごはん
朝は6時ごろに起きています。いつまでも布団にくるまってい
外に出て、まずはおひさまに「おはようございます」とご挨

変化がわかりにくいですが、テキストの色が黒から少し灰色に近づき、数字のフォントが変わりました。
※Windowsの方は、キャプチャとは異なる書体で表示されます。

「ヘッダー」のCSSを書こう

STEP 1 ヘッダーエリアを中央寄せしよう

レイアウトを先に組んだ方がわかりやすいため、ヘッダーエリアを中央に寄せます（⇒P87）。

ヘッダーエリアとメインコンテンツエリアの間の余白を作るために、下の余白（44px）も指定しておきましょう。

```
9  header {
10   width: 1240px;
11   margin: 0 auto 44px;
12 }
```

6章/step/02/css/02_header_step1.css

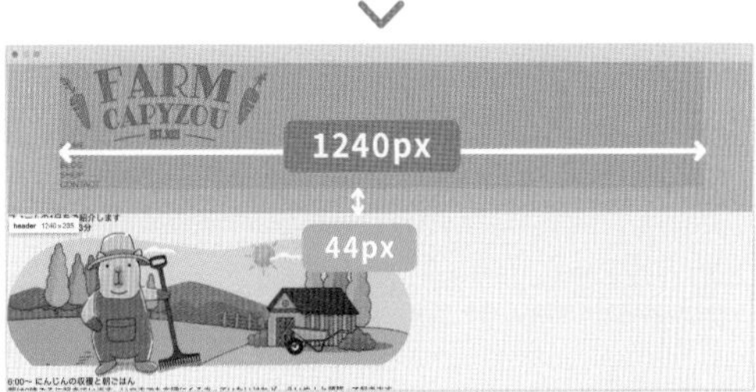

デベロッパーツールで見るとヘッダーエリアの大きさが固定され、中央に寄っています。
※オレンジ色の部分がmarginです。

STEP 2 ロゴを中央寄せにして、余白をつけよう

ロゴのimg要素はインラインなので、親要素である h1 要素に text-align:center; を指定し中央寄せにしましょう。
上下の余白も paddingでつけましょう。

```
13 h1 {
14  text-align: center;
15  padding: 20px 0px 16px;
16 }
```

6章/step/02/css/02_header_step2.css

ロゴが中央に寄り、上下に余白がつきました。
※ピンク色の部分がpaddingです。

「グローバルナビゲーション」のCSSを書こう

STEP 1 ナビゲーション項目を横並びにして中央寄せにしよう

縦に並んでいるli要素を横並びにします。親要素であるul要素にdisplay:flex;を指定しましょう。

```
17 header nav ul {
18  display: flex;
19 }
```

6章/step/02/css/03_global-navigation_step1.css

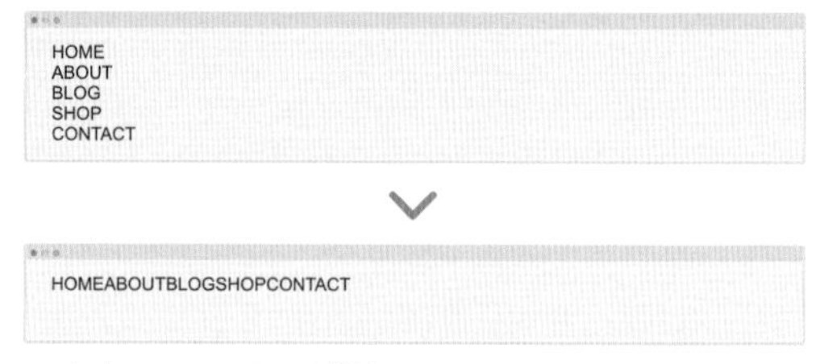

ナビゲーション項目が横並びになりました。

「header nav ul」という書き方は子孫セレクタと呼びます。めくった次のページで詳しく解説しています。

STEP 2 ナビゲーション項目を中央寄せにしよう

フレックスアイテムとなったli要素を中央に寄せるため、ulにjustify-content:center;を指定しましょう（⇒P114）。

```
17 header nav ul {
18  display: flex;
19  justify-content: center;
20 }
```

6章/step/02/css/03_global-navigation_step2.css

ナビゲーション項目が中央寄せになりました。

STEP 3 ナビゲーションの装飾をしよう

ul要素の装飾をします。上下に線を引き、余白をつけ、背景色を指定しましょう。背景色は透明度を指定したいのでRGBA指定にします。

```
17 header nav ul {
18 display: flex;
19 justify-content: center;
20 border-top: 2px solid #7c5d48;
21 border-bottom: 2px solid #7c5d48;
22 background-color: rgba(255,255,255,0.42);
23 padding: 12px 0px 10px;
24 }
```

6章/step/02/css/03_global-navigation_step3.css

ナビゲーションが装飾されました。

STEP 4 ナビゲーション項目の余白をつけよう

ナビゲーション項目ごとの間隔が詰まりすぎているので、項目の間隔をmarginであけましょう。

```
25 header nav ul li {
26  margin: 0 20px;
27 }
```

6章/step/02/css/03_global-navigation_step4.css

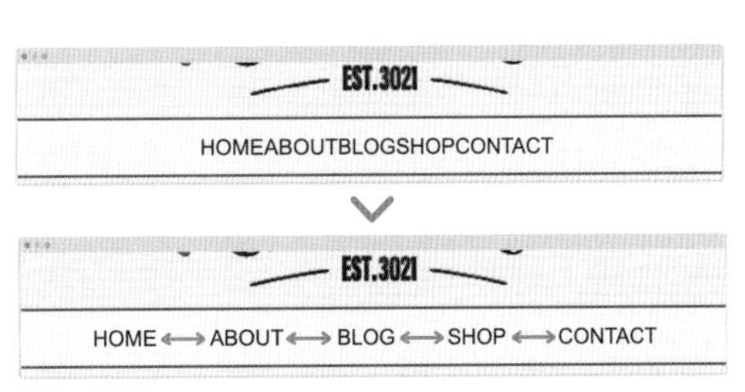

ナビゲーション項目の間隔(ピンクの矢印部分)が開きました。

STEP 5 ナビゲーション項目の文字を装飾しよう

ナビゲーション項目の文字のサイズ、太さ、色をデザインに合わせて調整しましょう。

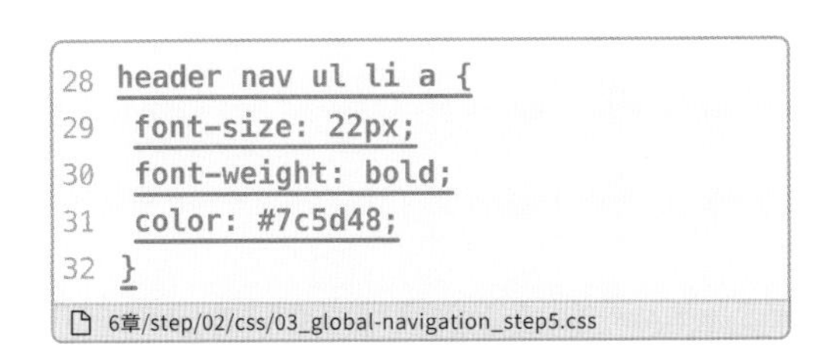

```
28 header nav ul li a {
29  font-size: 22px;
30  font-weight: bold;
31  color: #7c5d48;
32 }
```

6章/step/02/css/03_global-navigation_step5.css

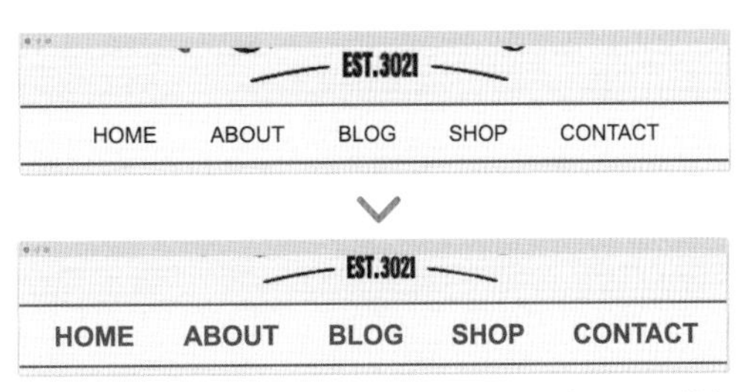

ナビゲーション項目の文字のサイズが大きく太くなり、茶色になりました。

ここはおさえる LEARNING

さまざまなセレクタの書き方

「**header nav ul**」という書き方をはじめて見ました！　これはなんでしょう？

「h1」や「ul」など単体で指定するセレクタを「タイプセレクタ」と呼び、「header nav ul」のようなセレクタを「子孫セレクタ」と呼びます。

タイプセレクタ

ul { ～ }

すべてのul要素に同じスタイルが適用される

子孫セレクタ

header nav ul { ～ }

「header内のnav内のul要素のみ」という意味

特定のul要素のみにスタイルが適用される

本章のHTMLには**ul要素が複数あり、それぞれに違うCSSを適用したいので子孫セレクタを使っています。**他にも便利なセレクタがたくさんあるのでご紹介します。

名称	書き方	説明
タイプセレクタ	A {～}	すべてのA要素に適用されます。適用範囲が広く、実務ではあまり使用しません。
子孫セレクタ	A B {～}	A要素に内包されるB要素すべてに適用されます。
子セレクタ	A > B {～}	A要素の直下の子要素であるB要素にだけ適用されます。
疑似クラス	A:hover {～}	特定の状態のA要素にだけ適用されます。この例ではhover（マウスオーバー）状態のA要素に適用されます。他にもさまざまな状態の指定方法があります。
隣接セレクタ	A + B {～}	A要素の直後に隣接しているB要素にのみ適用されます。
属性セレクタ	A[C] {～}	Cという属性を持ったA要素にだけ適用されます。
classセレクタ	.class名 {～}	class名というclass属性を持った要素にだけ適用されます。
idセレクタ	#id名 {～}	id名というid属性を持った要素にだけ適用されます。

なんだかたくさんあって、難しそうです！！

まずはセレクタの書き方にはたくさんの種類があるというのを理解すれば大丈夫です。よく使うものはワーク内で実際に使用していきます。

マウスカーソルをあてた時の装飾をつけよう

STEP 1 マウスカーソルをあてた時の装飾を変えよう

テキストの傍線を一括指定するプロパティ

テキスト・デコレーション
text-decoration: 〜 ;

値には位置・線の種類・色指定・線の太さが入ります。

リンクなどユーザーがアクションできる要素には、マウスカーソルをあてた時（マウスオーバー）に見た目の変化があると親切です。
カーソルをあてた時の指定は:hoverという疑似クラスを使います（前ページの表を参照）。
ここでは下に二重線が出る指定をしましょう。

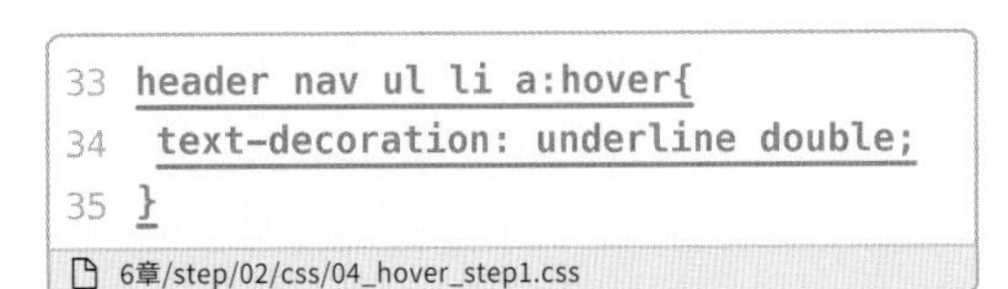

```
33 header nav ul li a:hover{
34  text-decoration: underline double;
35 }
```

6章/step/02/css/04_hover_step1.css

マウスオーバーで下線が出るようになりました。

ここはおさえる LEARNING text-decorationのショートハンドの書き方をおぼえよう

text-decorationはテキストに適用する傍線の位置・種類・色を一括で指定できます。

ショートハンドの書き方

text-decoration: underline double #ed7a92 2px ;

・値は半角スペースで区切ります
・順番は自由です

線の位置に指定できる値

値	例
underline	カピぞう 下線
overline	カピぞう 上線
line-through	カピぞう 取り消し線
none	カピぞう 線なし

線の種類に指定できる値

値	例
solid	カピぞう 実線
double	カピぞう 二重線
dotted	カピぞう 点線
dashed	カピぞう 破線
wavy	カピぞう 波線

線の位置以外は省略可能です。
省略すると、種類はsolid（実線）
色は文字色と同じになり
太さはブラウザ依存になります。

「メインエリア」と「サイドバー」のCSSを書こう

「メインエリア」と「サイドバー」を横並びにしよう

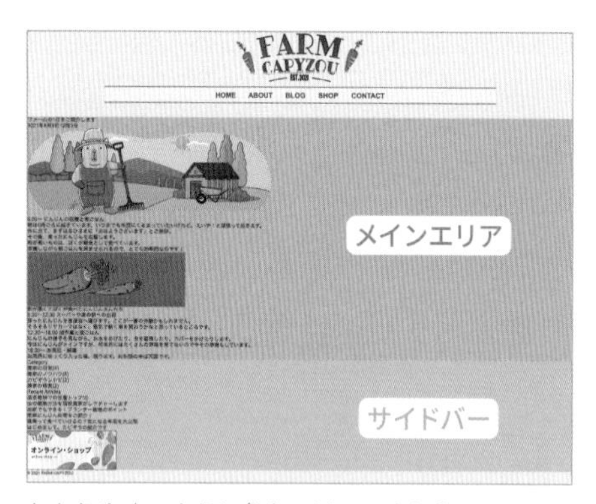

わかりやすいように色をつけてみました。

ピンクがメインエリア（main要素）で青緑色がサイドバー（aside要素）です。この2つが横並びになるようにdisplay:flex;を適用できそうなタグを探してみましょう。

main要素とaside要素の親要素を探しましたがbody要素でした。body要素にflexを適用すればいいのでしょうか？

body要素にflexを指定してしまうと、body要素の他の子要素（header要素とfooter要素）にも影響が出てしまいますね。このような時は**影響範囲を限定するために意味を持たないタグを追加する**方法があります。

ここはおさえる LEARNING 意味を持たない<div>タグと<span>タグ

マークアップしたタグだけではCSSを適用するための要素が足りない場合があります。
そんな時に使うのが以下のような意味を持たないタグです。

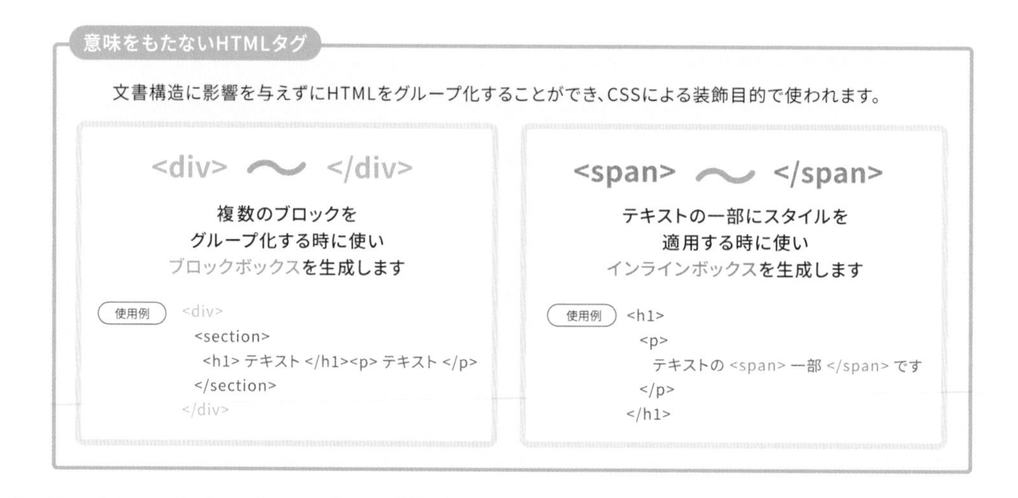

意味をもたないHTMLタグ
文書構造に影響を与えずにHTMLをグループ化することができ、CSSによる装飾目的で使われます。
<div> ～ </div>
複数のブロックを
グループ化する時に使い
ブロックボックスを生成します
使用例
<div>
<section>
<h1> テキスト </h1><p> テキスト </p>
</section>
</div>
<span> ～ </span>
テキストの一部にスタイルを
適用する時に使い
インラインボックスを生成します
使用例
<h1>
<p>
テキストの <span> 一部 </span> です
</p>
</h1>

STEP 1 HTMLに<div>タグを追加しよう

6章/作業/index.htmlをVSコードで開きましょう。
main要素とaside要素をFlexboxで横並びにしたいので、この2つの要素が子要素になるように親要素として<div>タグを追加しましょう。

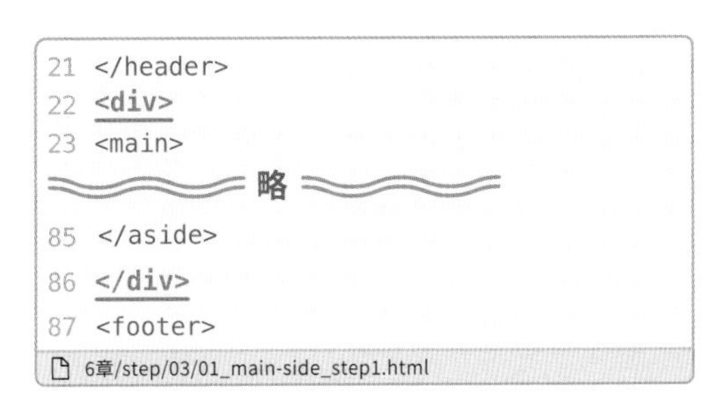

```
21 </header>
22 <div>
23 <main>
～～～ 略 ～～～
85 </aside>
86 </div>
87 <footer>
```

6章/step/03/01_main-side_step1.html

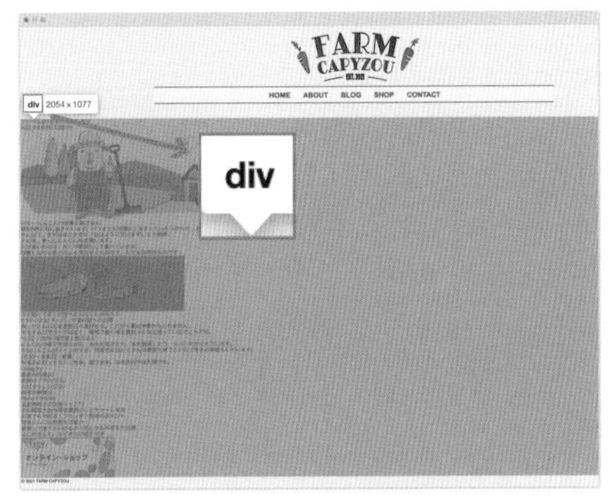

見た目は変わりませんが、header要素の下からfooter要素手前までのエリアが<div>タグで囲まれました。

STEP 2 <div>エリアをヘッダーエリアに合わせよう

横並びにする前に<div>エリアの横幅をヘッダーエリアとそろえて中央寄せにします。
再び**style.css**に戻り、下記のようにCSSを記述しましょう。

```
36 div {
37  width: 1240px;
38  margin: 0 auto 50px;
39 }
```

6章/step/03/css/01_main-side_step2.css

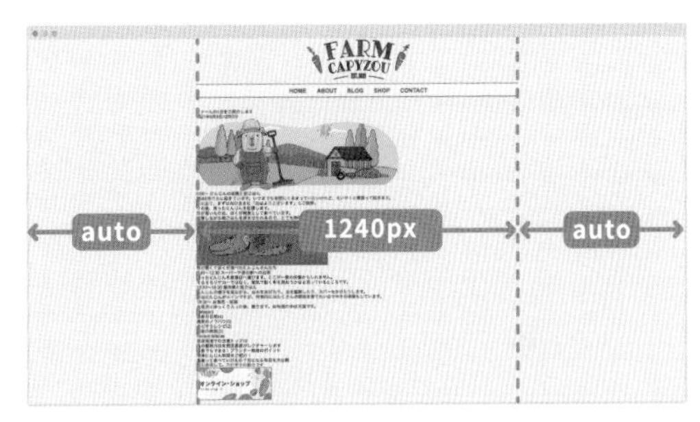

<div>エリアが中央に寄りました。

STEP 3 メインエリアとサイドバーを横並びにしよう

メインエリアとサイドバーを横並びにしたいので、divにdisplay:flex;を指定しましょう。

```
36 div {
37  width: 1240px;
38  margin: 0 auto 50px;
39  display: flex;
40 }
```

6章/step/03/css/01_main-side_step3.css

メインエリアとサイドバーが横並びになりました。

STEP 4 メインエリアとサイドバーの横幅を指定しよう

メインエリアとサイドバーの横幅をそれぞれflex-basisで指定しましょう（⇒P115）。あとの作業がわかりやすいようにメインエリアには背景色も指定します。

```
41 main {
42   flex-basis: 920px;
43   background-color: #ffffff;
44 }
45 aside {
46   flex-basis: 284px;
47 }
```

6章/step/03/css/01_main-side_step4.css

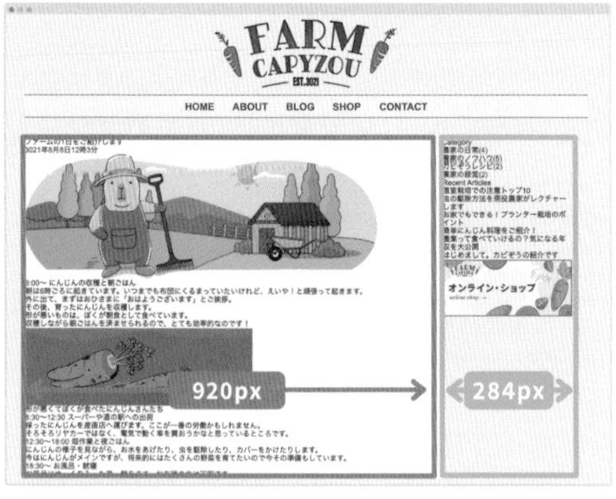

幅広いメインエリアと細いサイドバーになりました。

STEP 5 メインエリアとサイドバーの間に余白をつけよう

Flexbox関連プロパティのjustify-contentを使用して均等配置にすることで、メインエリアとサイドバーの間に余白を作りましょう。

```
36 div {
37   width: 1240px;
38   margin: 0 auto 50px;
39   display: flex;
40   justify-content: space-between;
41 }
```

6章/step/03/css/01_main-side_step5.css

メインエリアとサイドバーが左右に寄ることで間があきました。

横幅1240pxのdiv要素の中に「920pxのメインエリア」と「284pxのサイドバー」が入っているので、間が1240px－(920px＋284px)＝36pxあくことになります。

他にもメインエリアの右、もしくはサイドバーの左にmarginをつける方法もあります。

ひとつの表現をするのにも色々なCSSの書き方があるんですね！

「メインエリア」と「サイドバー」のボックスを装飾しよう

ボックスの影を指定するプロパティ

box-shadow: ～ ;（ボックス・シャドウ）

値には影の位置・ぼかしの量・広がりの量・色などが入ります。

STEP 1 メインエリアのボックスを装飾しよう

main要素の枠は角を丸くして余白を設定します。外側には影もつけます。角丸はborder-radius、余白はpaddingで指定しましょう。

影はbox-shadowを使います。ここでは「広がりの量」は省略し、色はRGBA値で透明度［**0.16**］も指定しています。

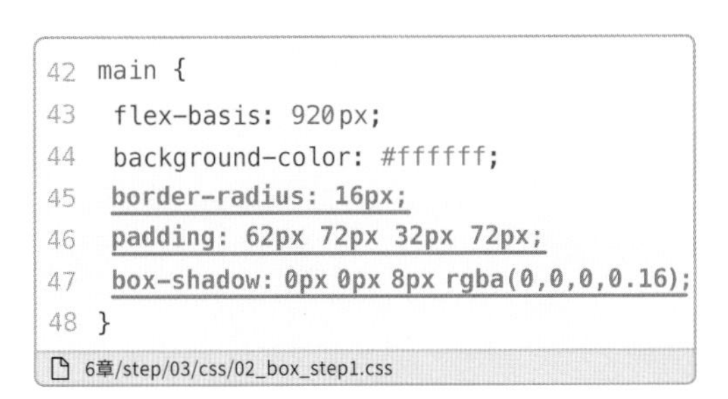

```
42 main {
43   flex-basis: 920px;
44   background-color: #ffffff;
45   border-radius: 16px;
46   padding: 62px 72px 32px 72px;
47   box-shadow: 0px 0px 8px rgba(0,0,0,0.16);
48 }
```

6章/step/03/css/02_box_step1.css

メインエリアのボックスが角丸になり影がつきました。また、内側の余白も反映されています。

ここはおさえる LEARNING box-shadowの書き方

X軸とY軸の数値は必須で正の値を入れると右下方向に影がつきます。左もしくは上方向に影をつけたい場合は負の値を入れます。ぼかしをつけるとより影らしくなります。
,（カンマ）で区切って指定することで複数の影をつけることもできます。

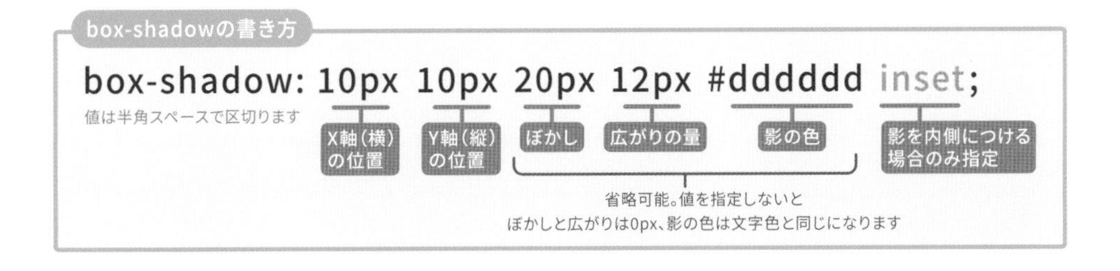

STEP 2 サイドバーの装飾をしよう

main要素と同じ角丸と白背景の装飾をサイドバーのナビゲーションにも指定しましょう。

各ナビゲーションの下に余白をつけたいので、margin-bottomもつけましょう。

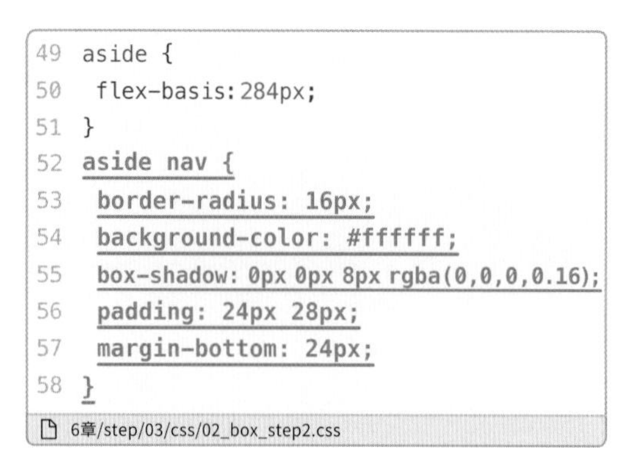

```
49 aside {
50   flex-basis:284px;
51 }
52 aside nav {
53   border-radius: 16px;
54   background-color: #ffffff;
55   box-shadow: 0px 0px 8px rgba(0,0,0,0.16);
56   padding: 24px 28px;
57   margin-bottom: 24px;
58 }
```

6章/step/03/css/02_box_step2.css

メインエリアと同じ装飾がサイドバーのナビゲーションにもつきました。

サイドバーの共通部分を装飾しよう

2つのローカルナビゲーションにはデザインが同じ箇所（見出しなど）があります。このデザインが共通している部分のCSSを書いていきましょう。

STEP 1 ローカルナビゲーションの見出しを装飾しよう

セレクタを「aside nav h2」とすると、両方のナビゲーションのh2要素にCSSを指定できます。見出しの大きさ、太さ、色、下の余白を指定しましょう。

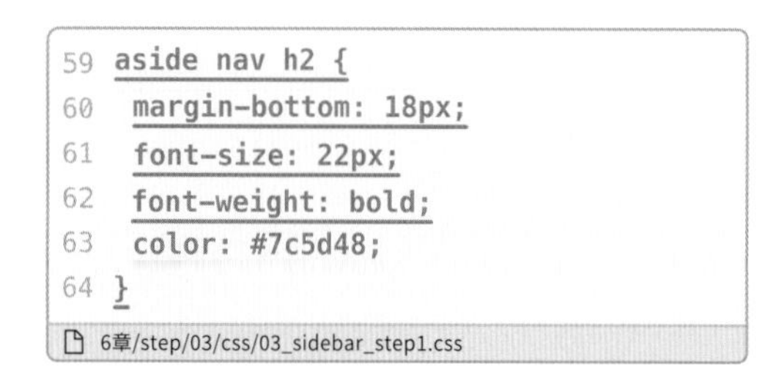

```
59 aside nav h2 {
60   margin-bottom: 18px;
61   font-size: 22px;
62   font-weight: bold;
63   color: #7c5d48;
64 }
```

6章/step/03/css/03_sidebar_step1.css

両方のナビゲーションの見出しに同じ装飾がされました。

STEP 2 ローカルナビゲーションの文字サイズを変えよう

前のSTEPと同じように「aside nav ul」というセレクタで両方のul要素にCSSを適用できます。ローカルナビゲーションの文字サイズは、ページ全体の文字サイズに比べて小さいため、14pxを指定しましょう。

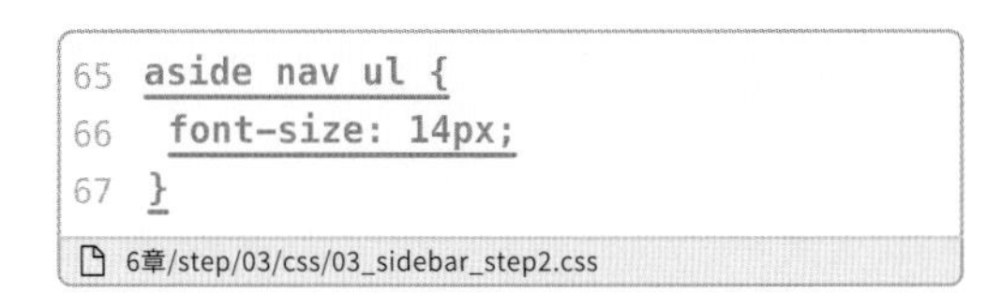

```
65 aside nav ul {
66   font-size: 14px;
67 }
```

6章/step/03/css/03_sidebar_step2.css

両方のリストの文字サイズが小さくなりました。

「Category」ナビゲーションを装飾しよう

次はサイドバーの上にある「Category」ナビゲーションの装飾ですね！
セレクタは「**aside nav ul**」のままでいいのでしょうか？

「Category」ナビゲーションだけにCSSを適用させたいのですがセレクタが「**aside nav ul**」のままだと「Recent Articles」ナビゲーションにもCSSが適用されてしまいます。それぞれに別のCSSを適用させるためにはclassセレクタというものを使います。

STEP 1 HTMLにclass属性を追加しよう

「Category」と「Recent Articles」を区別するためにclass属性をつけます。
index.htmlをVSコードで開き、それぞれの<nav>タグにclass属性と値を追加しましょう。
この値をclass名と呼びます。

```
61 <aside>
62   <nav class="categoryNav">
63     <h2>Category</h2>
```

```
70   </nav>
71   <nav class="recentNav">
72     <h2>Recent Articles</h2>
```

6章/step/03/04_category_step1.html

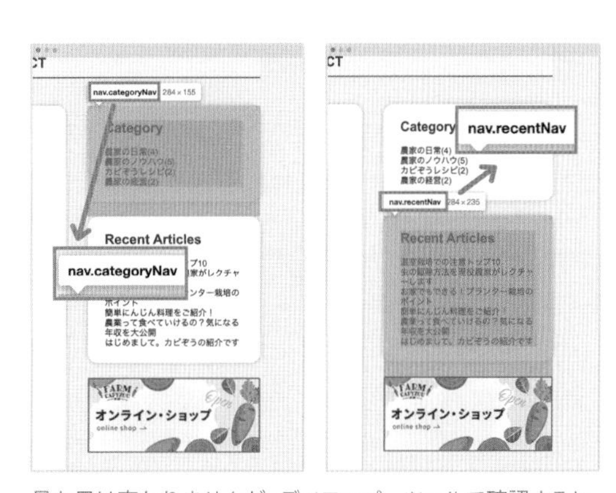

見た目は変わりませんが、デベロッパーツールで確認すると、それぞれのナビゲーションにclass名が付与されていることがわかります。

ここはおさえる LEARNING classセレクタとidセレクタ

HTMLのタグにclass属性を追加することで、自分でセレクタを作ることができます。同じような働きをするものにid属性があります。class名やid名は好きな名前をつけられます。

class（クラス）	id（アイディー）
共通の性質を持ったものの集まりを示す	ユニーク（1つだけ）であることを示す
✔ 同じclass名を複数のタグにつけられる ✔ 1つのタグに複数のclass名をつけられる	✔ ページ内では同じid名は使えない ✔ 1つのタグに1つのidのみ
属性の書き方	**属性の書き方**
<h1 class="name">テキスト</h1>	<h1 id="name">テキスト</h1>
複数つける場合 <h1 class="name1 name2">テキスト</h1> 名前の間に半角スペースをあけます	複数つける場合 複数つけられない
セレクタの書き方	**セレクタの書き方**
.name {color:pink;} 頭に.（ドット）をつけます	#name {color:pink;} 頭に#（ハッシュ）をつけます

classとidはどう使い分けるのでしょうか？

idはページ内リンクやJavaScriptなどで使用することがありますので、CSSではclassを使うようにするのがいいでしょう。ページ内リンクは次の章で実践します。

▶ classとidに名前をつける時の注意点と工夫

先頭の文字を数字から始めることはできません。記号や日本語などの使用も可能ですが、互換性を考慮すると半角の英数字と -（ハイフン）と _（アンダースコア）を使うことをオススメします。2つの単語をつなぐ場合の代表的な名前のつけ方には以下のようなものがあります。これに限らず、一定のルールで名前をつけることで誰が読んでもわかりやすいCSSになります。

キャメルケース	スネークケース	ケバブケース
categoryNav つなげる単語の先頭だけを大文字にする	category_nav アンダースコアで単語をつなげる	category-nav ハイフンで単語をつなげる

STEP 2 リスト項目にマーカーをつけて余白を調整しよう

リスト項目のマーカーを指定するプロパティ

リスト・スタイル・タイプ **list-style-type: 〜 ;**	箇条書きの前につく記号のことをマーカーと呼びます。 値にはマーカーの種類をあらわすキーワードが入ります。

よく使うマーカーの種類

disc ※ulの初期値	circle	square	decimal ※olの初期値	none
• カピぞう • カピ子 黒丸	∘ カピぞう ∘ カピ子 白丸	▪ カピぞう ▪ カピ子 黒四角	1. カピぞう 2. カピ子 算用数字	カピぞう カピ子 マーカーなし

style.cssに戻ります。Categoryナビゲーションだけに CSS を適用させたいので、STEP1で作ったclassセレクタ（.categoryNav）を使います。

リストのマーカーはreset.cssで非表示になっているので、表示させるためにsquare（四角）を指定しましょう。マーカーに色をつけ、項目間の余白もmarginで調整します。

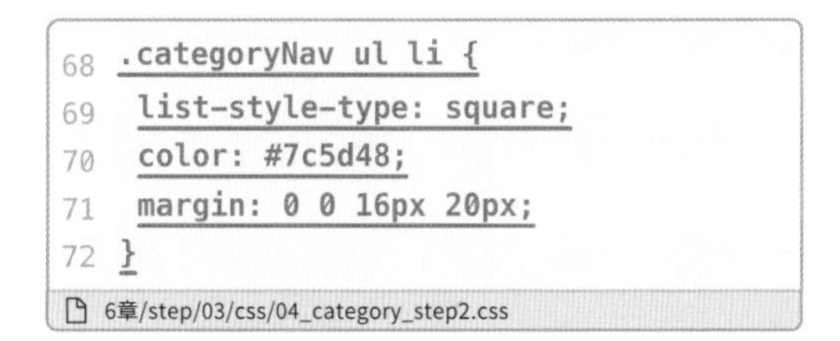

```
68 .categoryNav ul li {
69   list-style-type: square;
70   color: #7c5d48;
71   margin: 0 0 16px 20px;
72 }
```

6章/step/03/css/04_category_step2.css

Category
- 農家の日常(4)
- 農家のノウハウ(5)
- カピぞうレシピ(2)
- 農家の経営(2)

茶色の四角マーカーが表示されました。

リセットCSSでマーカーを非表示にしていない場合、ulの初期値である黒丸のマーカーが表示されます。

STEP 3 文字色を黒色に戻そう

前のSTEPで文字色も茶色になってしまったので<a>タグに文字色を指定して黒色に戻しましょう。

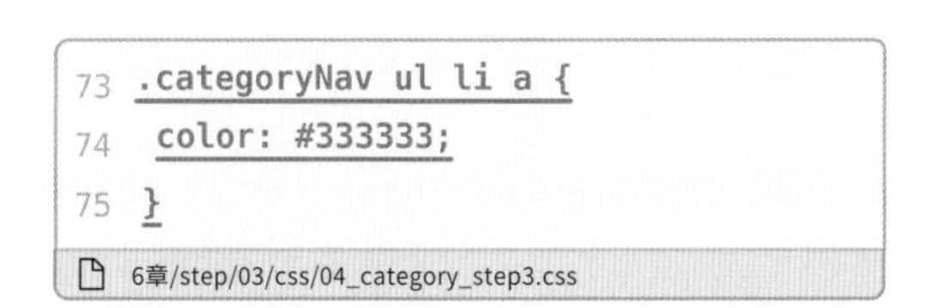

```
73 .categoryNav ul li a {
74   color: #333333;
75 }
```

6章/step/03/css/04_category_step3.css

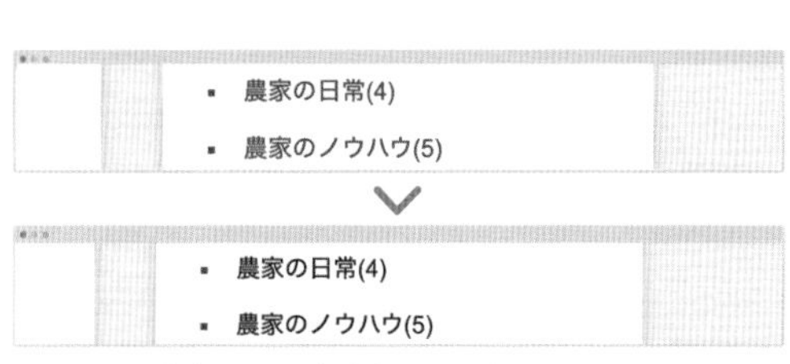

マーカーは茶色のまま文字色だけ黒色になりました。

「Recent Articles」ナビゲーションを装飾しよう

STEP 1 ボーダーと余白の調整をしよう

「Recent Articles」にのみCSSを適用したいので、今度は.recentNavをセレクタに使います。
各項目に下線をつけるためborder-bottomを指定します。下に内側と外側の余白をつけたいので余白の指定もしましょう。

```
76 .recentNav ul li {
77   border-bottom: 1px solid #7c5d48;
78   padding-bottom: 10px;
79   margin-bottom: 22px;
80 }
```

6章/step/03/css/05_recent_step1.css

下線がつき、余白が調整されました。

よみとばしOK RANK UP セレクタはどう書くのが正解？

前のSTEPで「.recentNav ul li」という子孫セレクタを使っていますが「.recentNav li」という書き方でも同じ結果になります。

「.recentNav li」だと困るのは<nav class="recentNav">の中に<ol>タグがあった場合、その中の<li>にも同じCSSが適用されてしまうことです。

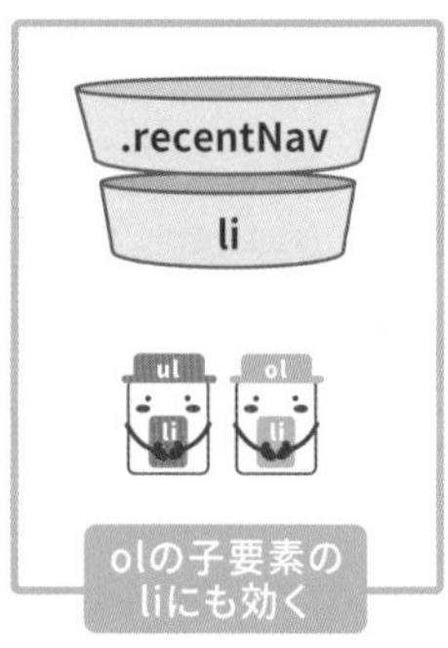

このように子孫セレクタを使用する場合、
書き方によってCSSの適用範囲をコントロールできるのが特長であり面白いところです。

ページやマークアップの内容によって効率のよいセレクタの書き方は変わりますので決まった正解はありません。自由な発想でclassセレクタや子孫セレクタ、その他のセレクタも組み合わせて最適な書き方を模索しましょう。

本書ではわかりやすさを重視して子孫セレクタを細かく書くようにしています。

STEP 2 コンテンツの表示方法を変更しよう

要素の高さを指定するプロパティ

height（ハイト）: ～ ; ｜ 値には単位を伴う数値が入ります。

収まらないコンテンツの表示方法を指定するプロパティ

overflow（オーバーフロー）: ～ ; ｜ 値には表示方法をあらわすキーワードが入ります。

縦に長くなってしまった「Recent Articles」の縦幅を縮めるためスクロールできるようにします。ul要素の高さを決め、縦方向のoverflowプロパティの値にscrollを指定すると、指定の高さを超える部分はスクロールで見えるようになります。

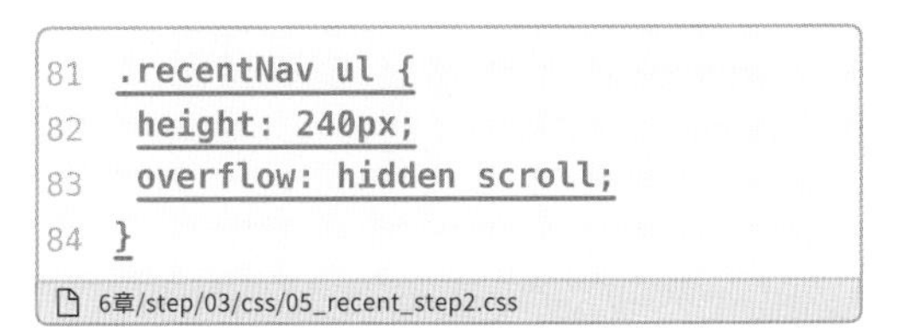

```
81 .recentNav ul {
82   height: 240px;
83   overflow: hidden scroll;
84 }
```

6章/step/03/css/05_recent_step2.css

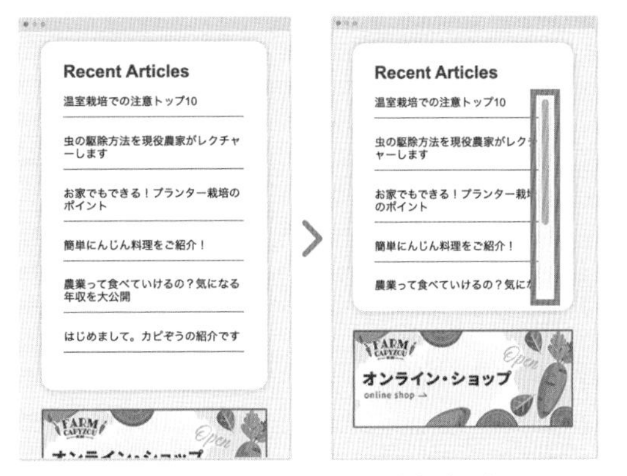

コンテンツをスクロールできるようになりました。

ここはおさえる LEARNING 「あふれたコンテンツをどうするか？」を指定するoverflow

widthやheightで大きさを指定した要素からコンテンツがあふれてしまう時にどのように表示するかを指定するのがoverflowプロパティです。

overflowの書き方

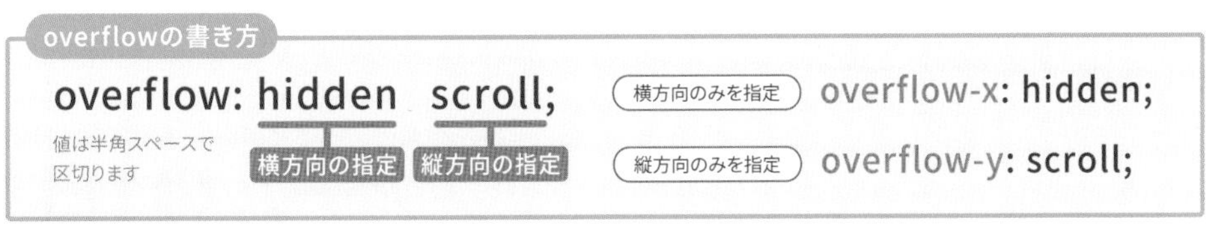

overflow: hidden scroll;
値は半角スペースで区切ります
横方向の指定
縦方向の指定
横方向のみを指定
overflow-x: hidden;
縦方向のみを指定
overflow-y: scroll;

主に使用する値

visible ※初期値	hidden	scroll	auto
はみ出して表示される	非表示になる	スクロールできるようになる	ブラウザに依存した表示になる
あふれたコンテンツをどうするかを決めるのがoverflowプロパティです	あふれたコンテンツをどうするかを決めるのが	あふれたコンテンツをどうするかを決めるのが	あふれたコンテンツをどうする ※多くの場合、スクロールになる

「記事エリア」と「フッター」のCSSを書こう

記事タイトルを装飾しよう

STEP 1 タイトルの文字を大きくしよう

記事タイトル（h2要素）のfont-sizeを40pxに指定しましょう。サイドバーのh2要素には影響を与えないようにセレクタは「article h2」とします。 font-weightで文字を太くし、下の余白をあけるためmargin-bottomも指定しましょう。

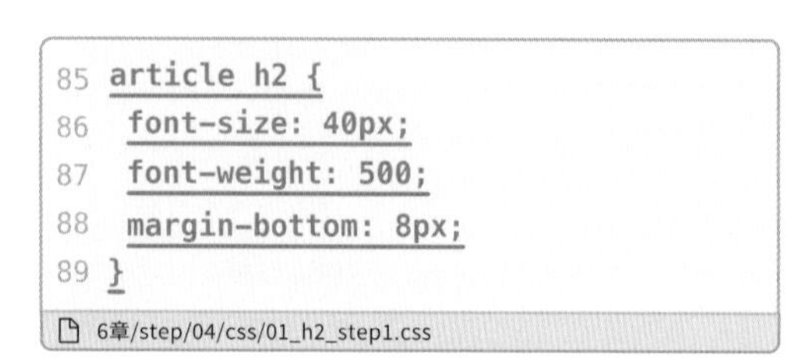

```
85 article h2 {
86   font-size: 40px;
87   font-weight: 500;
88   margin-bottom: 8px;
89 }
```

6章/step/04/css/01_h2_step1.css

文字が大きく太くなり、下に余白がつきました。

font-weightは数値でも指定ができ、400がnormalで700がboldと同じ意味です。細かくウェイトを指定したい時は数値を使いましょう。Windowsの人はメイリオが指定されており、このフォントにはウェイト500に値する太さがないので表示が変わりません。

投稿日時を装飾しよう

STEP 1 文字と背景の装飾をしよう

投稿日時を装飾するために背景色、角丸、文字の装飾をしましょう。border-radiusは4つの角を別々に指定する書き方です（⇒P92）。

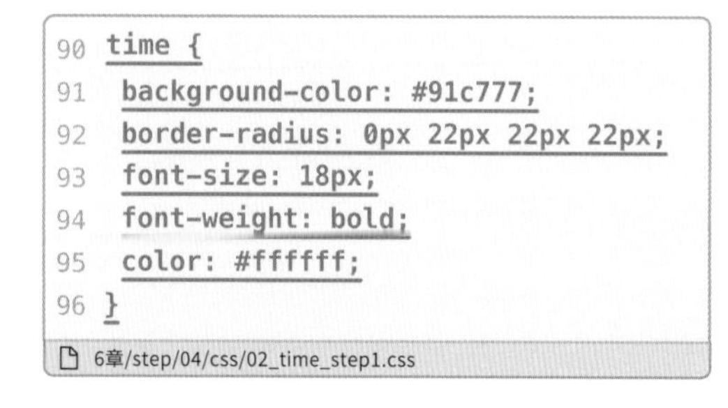

```
90 time {
91   background-color: #91c777;
92   border-radius: 0px 22px 22px 22px;
93   font-size: 18px;
94   font-weight: bold;
95   color: #ffffff;
96 }
```

6章/step/04/css/02_time_step1.css

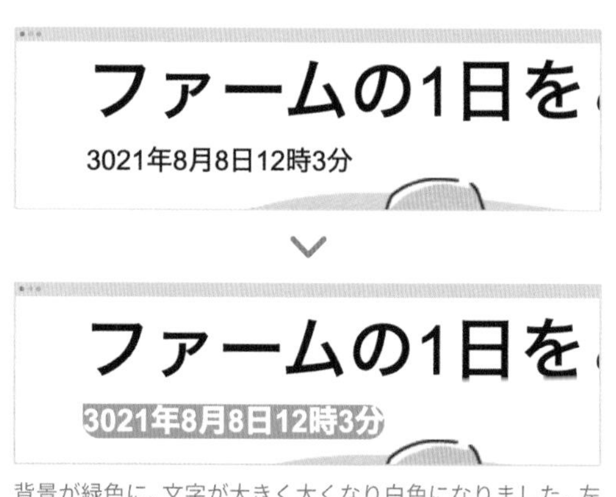

背景が緑色に、文字が大きく太くなり白色になりました。左上以外の角が丸くなりました。

STEP 2 内側の余白と形の装飾をしよう

内側に余白をつけるためpaddingをつけると、表示がおかしい状態になります（右図の上）。
これはtime要素がインラインボックスだからです。インラインボックスはpaddingがついたように表示されますが、要素の持つ高さ自体は変化しません。
これを解消するためにdisplayプロパティの値をinline-blockにします。

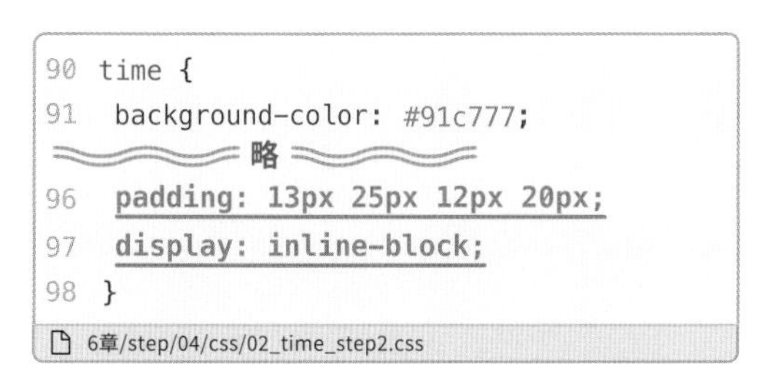

```
90 time {
91  background-color: #91c777;
     略
96  padding: 13px 25px 12px 20px;
97  display: inline-block;
98 }
```

6章/step/04/css/02_time_step2.css

display:inline-block;を指定しないでpaddingだけ指定した状態。実際には高さがないので後続する画像が重なってしまっています。

display:inline-block;を指定すると高さがでます。

ここはおさえる LEARNING display:inline-block;の特徴

マークアップされた要素はblockとinlineに分類されることは学びました（⇒P77）。
inline-blockはこれら2つの性質をあわせ持ったものになります。

	block	inline	inline-block
並び方	横いっぱいに広がり、積み重なる	インラインボックス 横に並ぶ	inline と同じ性質
幅と高さ指定	width height widthとheightの指定ができる	カピぞう カピぞう カピ子 要素の中身によって変化する（指定不可）	inline と block を合わせ持った性質
余白の指定	margin margin padding margin margin marginとpaddingを四方に指定できる	margin padding margin marginとpaddingは左右のみ指定できる	block と同じ性質

display:inline-block;はブロックボックスのように上下の余白を指定でき、インラインボックスのように要素の中身によって大きさが変化します。

インラインブロックの使いどころ

前のSTEPでdisplay:inline-block;を指定した箇所は「ブログの投稿日」です。本来、投稿日は記事ごとに変わるので「1月1日」と「12月31日」では文字の長さが変わります。
このような**テキストの長さが変わる可能性がある箇所**でもinline-blockなら自動でテキストの長さにフィットしてくれます。

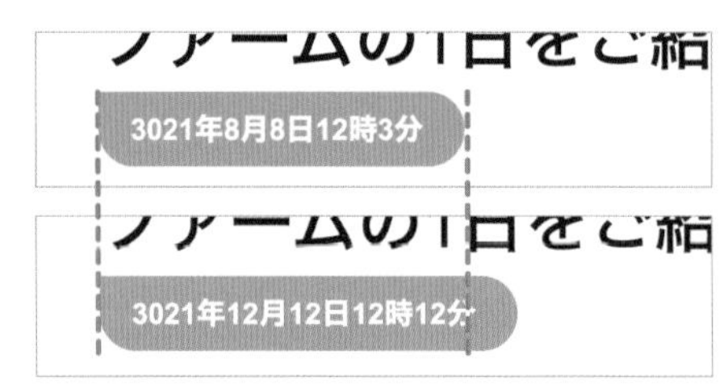

インラインブロックは長さが変わっても自動で背景が伸縮します。

STEP 3 class属性を追加して余白を調整しよう

投稿日時とアイキャッチ画像の間に余白をつけましょう。

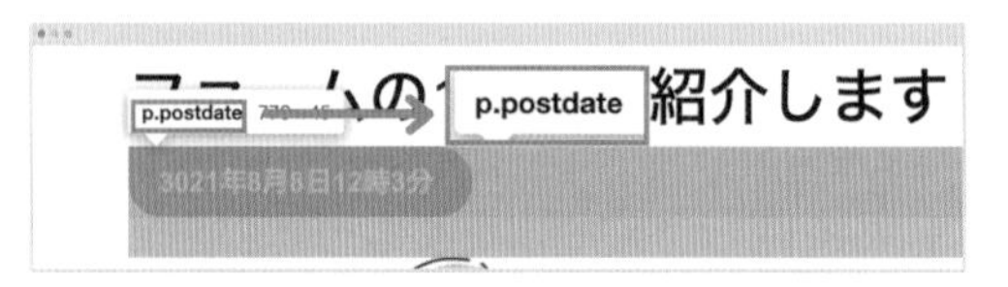

デベロッパーツールで確認するとp要素にclass名「postdate」が付与されていることがわかります。

time要素の親要素であるp要素にmargin-bottomを指定したいのですが、p要素が複数あります。他のp要素と区別するためにclass属性を付与しましょう。
index.htmlを開いてtime要素の親要素のp要素にclass="postdate"を追加します。

```
26 <p class="postdate">
27  <time datetime="3021-08-08T12:03">
```
6章/step/04/02_time_step3.html

style.cssに戻り、classセレクタを使ってmargin-bottomで余白の調整をしましょう。

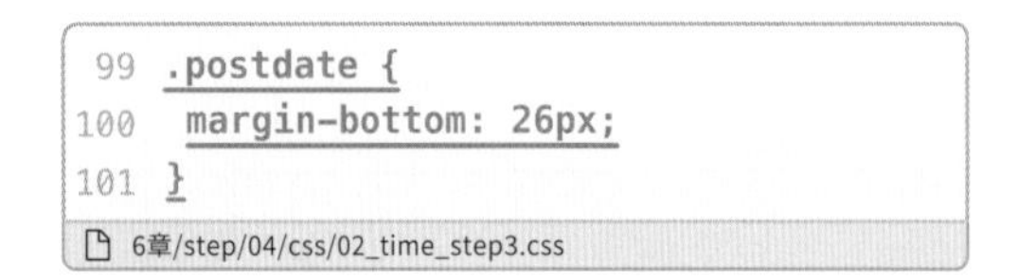

```
 99 .postdate {
100   margin-bottom: 26px;
101 }
```
6章/step/04/css/02_time_step3.css

投稿日とアイキャッチ画像の間隔があきました。

こうやってclassをつけることで好きな要素だけにCSSを適用させることができるんですね。

アイキャッチ画像を装飾しよう

STEP 1 class属性を追加して余白を調整しよう

前のSTEPと同じ手順でアイキャッチ画像の下に余白をつけます。

他のp要素と区別するため**index.html**を開いてp要素にclass="eyecatch"を追加します。

```
31 <p class="eyecatch">
32   <img src="images/eyecatch.png" alt="カ
```
6章/step/04/03_eycatch_step1.html

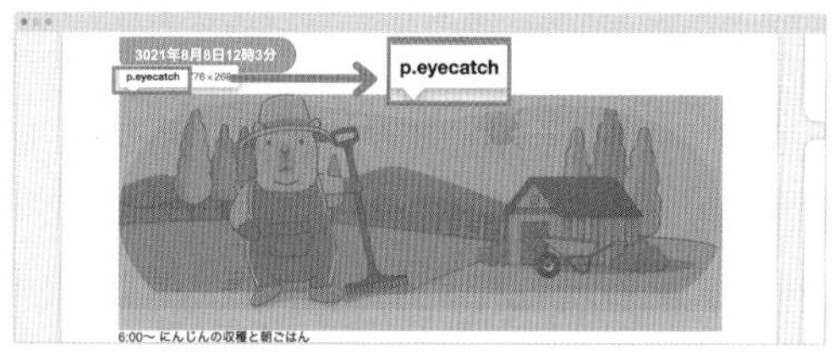

デベロッパーツールで確認するとp要素にclass名「eyecatch」が付与されていることがわかります。

style.cssに戻り、classセレクタを使ってmargin-bottomで余白の調整をしましょう。

```
102 .eyecatch {
103   margin-bottom: 26px;
104 }
```
6章/step/04/css/03_eycatch_step1.css

アイキャッチ画像の下に余白がつきました。

記事の見出しを装飾しよう

STEP 1 見出しを調整しよう

見出しの文字をデザインと合わせましょう。ボーダー、下の余白、文字のサイズ、文字の太さを指定します。

```
105 article h3 {
106   border-bottom: 2px solid #6ab547;
107   margin-bottom: 20px;
108   font-size: 28px;
109   font-weight: 600;
110 }
```
6章/step/04/css/04_h3_step1.css

下線が引かれ、文字が太く大きくなり、下の余白があきました。

STEP 2 見出しの先頭にアイコンをつけよう

背景画像の繰り返し方法を指定するプロパティ

バックグラウンド・リピート
background-repeat: 〜 ; | 値には繰り返し方法をあらわすキーワードが入ります。

主に使用する値

repeat ※初期値	repeat-x	repeat-y	no-repeat
指定したエリア内で繰り返される 収まりきらない部分は切り取られる	X方向（横）にのみ 繰り返される	Y方向（縦）にのみ 繰り返される	繰り返さない

背景画像の位置を指定するプロパティ

バックグラウンド・ポジション
background-position: 〜 ; | 値には単位を伴う数値や位置をあらわすキーワードが入ります。

見出しの先頭にアイコンをつけるためbackground-imageで背景画像として画像を表示します。
画像の位置と繰り返し方法を調整するため、background-repeatとbackground-positionを使います。
アイコンを表示するための余白をpaddingで作り、文字とアイコンが重ならないように左側の余白は大きめにあけましょう。

```
105 article h3 {
106   border-bottom: 2px solid #6ab547;
107   margin-bottom: 20px;
108   font-size: 28px;
109   font-weight: 600;
110   background-image: url(../images/h2_icon.png);
111   background-repeat: no-repeat;
112   background-position: left bottom;
113   padding: 20px 10px 10px 48px;
114 }
```

6章/step/04/css/05_h3_step1.css

6:00〜 にんじんの収穫と朝ごは ＞  6:00〜 にんじんの収穫と朝

木のアイコンが表示され、テキストのまわりに余白ができました。

ここはおさえる LEARNING background-positionの値について

背景画像の配置は横位置（left・center・right）と、縦位置（top・center・bottom）のキーワードの組み合わせを指定します。

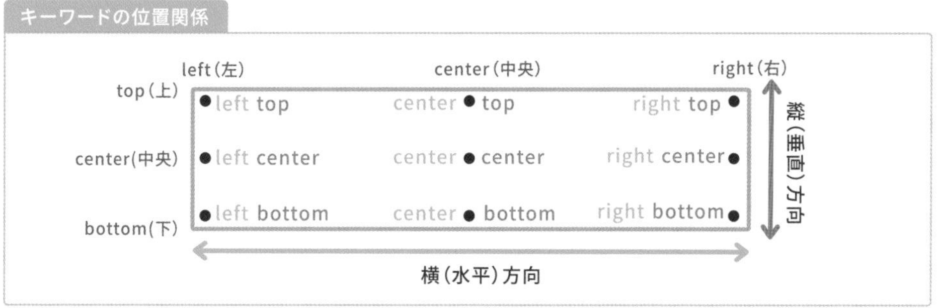

文章(本文)を装飾しよう

行の高さを指定するプロパティ

line-height: ～ ;（ライン・ハイト）

行間を調整するために使用します。
値には高さをあらわす数値が入ります。

STEP 1 行間を調節しよう

行間が狭く、本文が読みにくいので行間（line-height）を調整しましょう。
marginで段落の間隔もあけましょう。

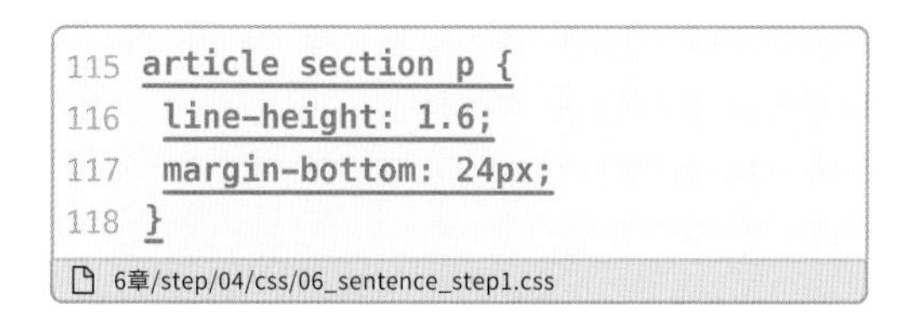

```
115 article section p {
116   line-height: 1.6;
117   margin-bottom: 24px;
118 }
```

6章/step/04/css/06_sentence_step1.css

朝は6時ごろに起きています。いつまでも布団にくるまっていたいけれど、外に出て、まずはおひさまに「おはようございます」とご挨拶。
その後、育ったにんじんを収穫します。
形が悪いものは、ぼくが朝食として食べています。
収穫しながら朝ごはんを済ませられるので、とても効率的なのです！

朝は6時ごろに起きています。いつまでも布団にくるまっていたいけれど、外に出て、まずはおひさまに「おはようございます」とご挨拶。

margin-bottom:24px;

その後、育ったにんじんを収穫します。
形が悪いものは、ぼくが朝食として食べています。

行間と段落ごとの間があいて読みやすくなりました。

ここはおさえる LEARNING line-heightはどこの高さのこと？

line-heightは「文字の高さ」と「上下の余白」を合わせた**行の高さ**のことを示します。line-heightの値は文字の高さの何倍を「行の高さ」にするかを指定しています。

複数行の場合、1行目の下の余白と2行目の上の余白を合わせたものが**行間**となります。

line-height: 1.5 ;

カピぞうはお散歩がすき。 文字の高さ ×1.5

ここが行間として認識される

お昼寝もだ〜いすきです。 文字の高さ ×1.5

▶ 具体例

フォントサイズが30pxでline-heightが1.5の場合、行の高さは30pxの1.5倍の45pxになります。フォントサイズが30pxなので上下の余白が7.5pxずつあくことになります。

line-heightの値は**単位なしでの指定**が推奨されています。
初期値はおおよそ1.2ですが日本語の場合は少し狭いので1.5〜1.8がオススメです。

line-heightをつけると文章がとっても読みやすくなりますね！

STEP 2 セクションの余白を調整しよう

セクションの間隔が狭いので、section要素の下の余白をつけて調整しましょう。

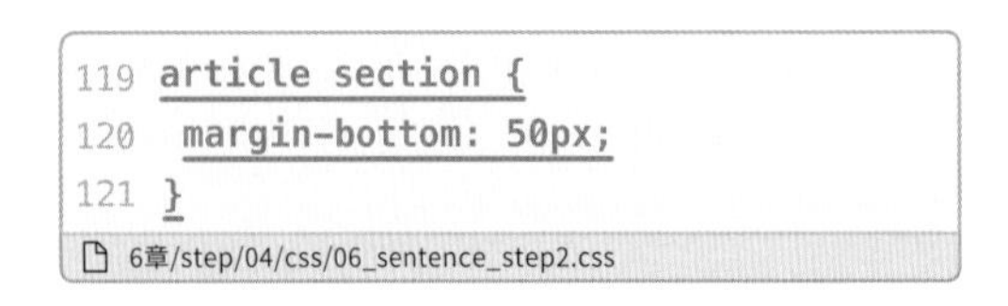

```
119 article section {
120   margin-bottom: 50px;
121 }
```

6章/step/04/css/06_sentence_step2.css

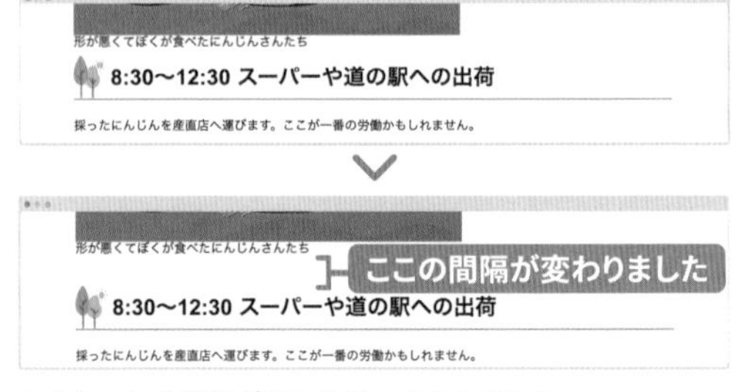

セクションの間隔があいてスッキリしました。

フッターエリアを装飾しよう

STEP 1 フッターエリアを装飾しよう

背景色、文字色をつけてテキストを中央にし、内側の余白を指定します。すべてのプロパティがこれまで学習してきたものなので、まとめて指定してみましょう。

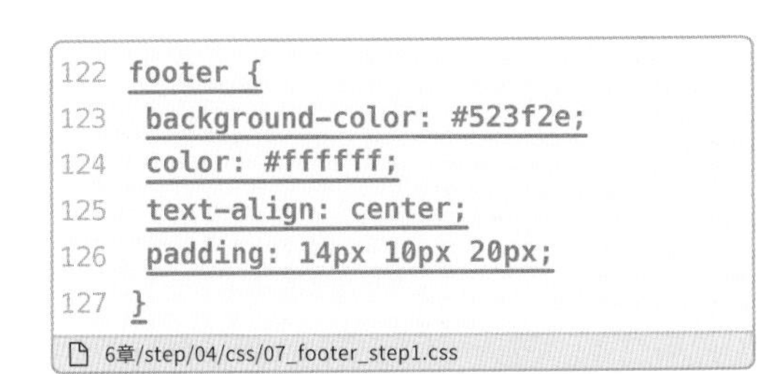

```
122 footer {
123   background-color: #523f2e;
124   color: #ffffff;
125   text-align: center;
126   padding: 14px 10px 20px;
127 }
```

6章/step/04/css/07_footer_step1.css

フッターが完成形のデザインと同じになりました。

これでブログサイトは完成です。

わ〜い、完成だ〜！ これからブログの更新をがんばります！

プロパティを書く順番に正解はある？

ここまでのワークで色々な種類のCSSプロパティを紹介してきましたが書く順番についてはとくに触れてきませんでした。それはCSSのプロパティは書く順番に決まりがないからです。

marginとpaddingのどちらを先に書いても構いませんし、font-sizeの後にcolorを書かなければいけないといった決まりもありませんので自由な順番で書いて問題ありません。

abc順やボックスモデルの外側から書くといった手法はありますが、慣れてくると自分なりの順番が確立されてきますので少しずつ意識してみましょう。

本書では1行ずつプロパティを書いてブラウザで確認した時に変化がわかりやすいような順番にしているので、あまり統一感はありません。

Part 4

1カラムページを作ってみよう

1年後
オイショ
実は・・・カピ子さんと
結婚することになりました！
わー！おめでとう！

ブログも話題になってファームの
経営もバッチリです
商売
安泰
お2人のおかげです！
それで、、、
またお願いが
あります
結婚パーティーの
招待サイトをつくりたいのです！
こんな
かんじのを…

可能でしたら・・・
スマートフォンで見れたり、
動いたり、、、みなさんがパーティーに来たくなるような
素敵なサイトを作りたいのですが…
モジモジ…
まかせて～！！

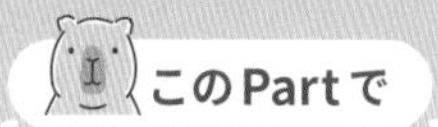

作れるようになるサイト

1カラムレイアウトのサイト

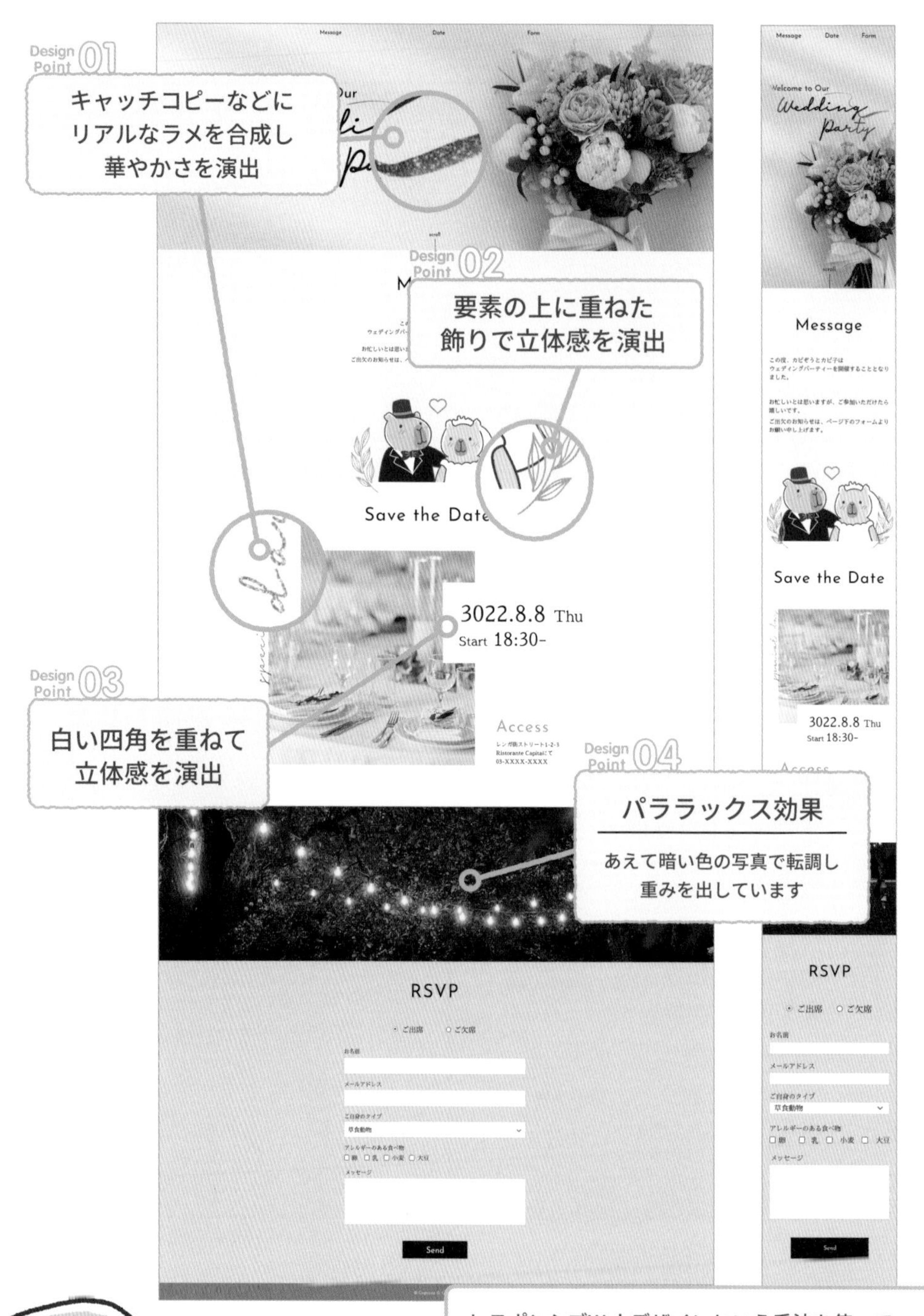

スマートフォン用サイトは
どうやって作るんですか

レスポンシブWebデザインという手法を使って
スマートフォン用に最適化していきます。
このPartではパソコンからスマホへ、
次のPartではスマホからパソコンへという順番で
やってみましょう。

学べる POINT

Webフォントの使い方

表現の幅がぐっと広がるWebフォントの使い方を学びます。

CSSアニメーション

CSSで実現できる2種類のアニメーションを学び、表現の幅を広げましょう。

レスポンシブウェブデザイン

PC版のWebサイトをスマートフォン版へ最適化する手順をわかりやすく解説します。

デザイン POINT

1カラムレイアウト

著者のサイト

1カラムレイアウトは縦に長い1ページだけのサイトでよく使われます。
ユーザーは上から順にコンテンツを見るため、順番をよく考えて情報設計をすることが大切です。2カラムレイアウトと比べ、視線移動も少ないのでコンテンツへの注視度も高くなります。

PC版とスマートフォン版のレイアウトのギャップも少ないため、レスポンシブWebデザインと相性のよいレイアウトです。

デザインコンセプトは…
大人カワイイ

ウェディングパーティーの招待状サイトはお友達から仕事関係の人まで閲覧することを想定し、フォーマルさも意識した大人っぽく落ち着いた雰囲気に。

ポイントにハートや葉のエレメントを使うことでカワイイ要素もプラスしました。

メインビジュアルの文字や部分的にリアルなラメを加えることでパーティーの華やかさも演出しています。

PART 4

07 章

Web招待状サイトのHTMLを書いてみよう

フォームを作るためのHTMLタグを学んでいきます
ページ内リンクの方法も習得しましょう

フォームとは、ユーザーがお問い合わせなどをする機能です。

名前を入力したりするアレですね！

SECTION 1 HTMLの構造を把握しよう

これまでのマークアップを復習したい方はセルフワークから始めてみてください。

先に進みたい方はセルフワークは飛ばしてもOKですよ。

HTMLのマークアップに挑戦してみよう

7章/セルフワーク/作業/index.htmlをVSコードで開きましょう。このファイルには「HTMLの基本要素」と「テキストのみ」が書いてあります。

7章/デザイン/design.pngを見ながら、今まで習ったHTMLタグを使ってマークアップをしてみましょう。

終わったら**7章/セルフワーク/完成/index.html**と見比べて答え合わせをしましょう。

ファイルの確認をしよう

7章/作業/index.htmlをVSコードで開きましょう。このファイルは学習済みのHTMLタグでのマークアップは済んでいる状態です。

完成形のデザイン（**7章/デザイン/design.png**）を見ながら進めましょう。

HTMLの構造を理解しよう

index.htmlとdesign.pngを並べてみました。デザインと照らし合わせながらマークアップの内容を把握しましょう。「ページ内リンク」と「フォームのマークアップ」については本章で学びます。

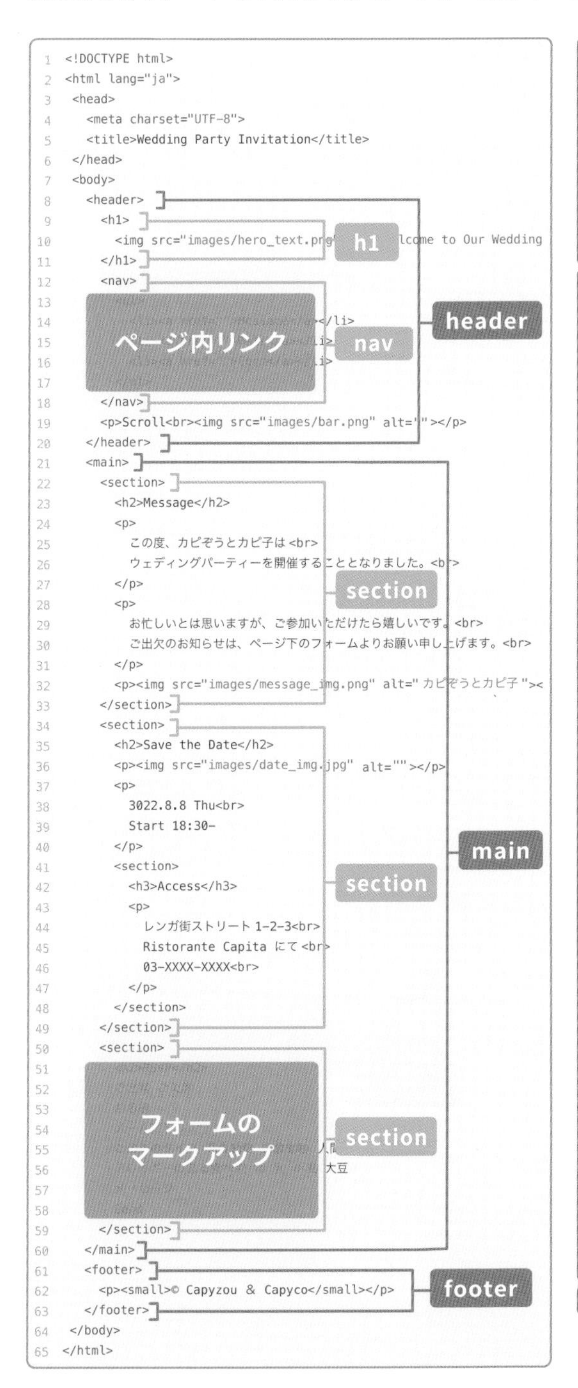

```
1  <!DOCTYPE html>
2  <html lang="ja">
3   <head>
4     <meta charset="UTF-8">
5     <title>Wedding Party Invitation</title>
6   </head>
7   <body>
8     <header>
9       <h1>
10        <img src="images/hero_text.png  ...  lcome to Our Wedding
11      </h1>
12      <nav>
13
14                                     </li>
15                                     i>
16                                     i>
17
18      </nav>
19      <p>Scroll<br><img src="images/bar.png" alt=""></p>
20    </header>
21    <main>
22      <section>
23        <h2>Message</h2>
24        <p>
25          この度、カピぞうとカピ子は<br>
26          ウェディングパーティーを開催することとなりました。<br>
27        </p>
28        <p>
29          お忙しいとは思いますが、ご参加いただけたら嬉しいです。<br>
30          ご出欠のお知らせは、ページ下のフォームよりお願い申し上げます。<br>
31        </p>
32        <p><img src="images/message_img.png" alt="カピぞうとカピ子"><
33      </section>
34      <section>
35        <h2>Save the Date</h2>
36        <p><img src="images/date_img.jpg" alt=""></p>
37        <p>
38          3022.8.8 Thu<br>
39          Start 18:30-
40        </p>
41        <section>
42          <h3>Access</h3>
43          <p>
44            レンガ街ストリート 1-2-3<br>
45            Ristorante Capita にて<br>
46            03-XXXX-XXXX<br>
47          </p>
48        </section>
49      </section>
50      <section>
51
52
53
54
55                                     人
56                                     大豆
57
58
59      </section>
60    </main>
61    <footer>
62      <p><small>© Capyzou & Capyco</small></p>
63    </footer>
64  </body>
65 </html>
```

Part 4
07
08
09
10

ページ内リンクを設置しよう

本章のデザインはグローバルナビゲーションのボタンをクリックすると、ページ内の指定した箇所に飛ぶことを想定しています。これを**ページ内リンク**といいます。
さっそくページ内リンクの方法を学んでいきましょう。2ステップで簡単です。

STEP 1 リンク先にid属性を指定しよう

ページ内リンクの飛び先となる要素にid属性を指定します。飛び先である3つのsectionにid属性を指定しましょう。

```
21 <main>
22 <section id="msgArea">
23   <h2>Message</h2>
```

7章/step/02/01_page-link_step1.html

```
33 </section>
34 <section id="dateArea">
35   <h2>Save the Date</h2>
```

```
49 </section>
50 <section id="formArea">
51   <h2>RSVP</h2>
```

STEP 2 ページ内リンクを指定しよう

ページ内リンクをするには<a>タグのhref属性に、前STEPでつけたid属性の値を #id名と指定します。

```
13 <ul>
14  <li><a href="#msgArea">Message</a></li>
15  <li><a href="#dateArea">Date</a></li>
16  <li><a href="#formArea">Form</a></li>
17 </ul>
```

7章/step/02/01_page-link_step2.html

「Message」をクリックするとMessageのセクションまで飛びます。index.htmlをブラウザで開いて確認してみましょう。

フォームのマークアップをしよう

フォームをマークアップしよう

フォームをあらわすタグ

フォーム <form> 〜 </form>	このタグ内のフォーム部品に入力された値が送信されます。 action属性でデータの送信先を指定し、 method属性でデータの送信方式を指定します。

STEP 1 「フォームエリア」を作ろう

フォームになる箇所を<form>タグで囲みましょう。action属性とmethod属性は空にしておきます。

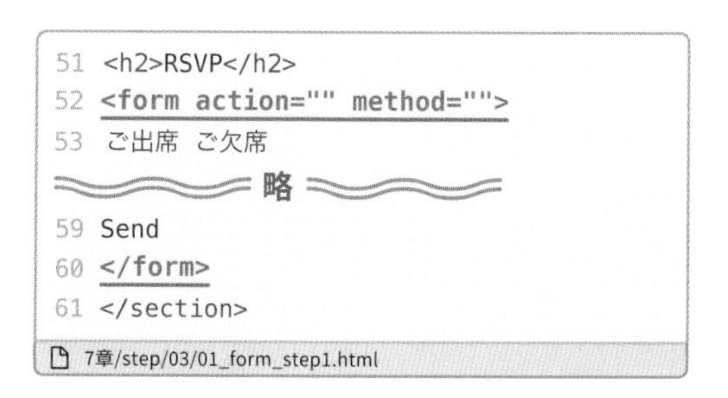

```
51 <h2>RSVP</h2>
52 <form action="" method="">
53 ご出席　ご欠席
　　　　略
59 Send
60 </form>
61 </section>
```

7章/step/03/01_form_step1.html

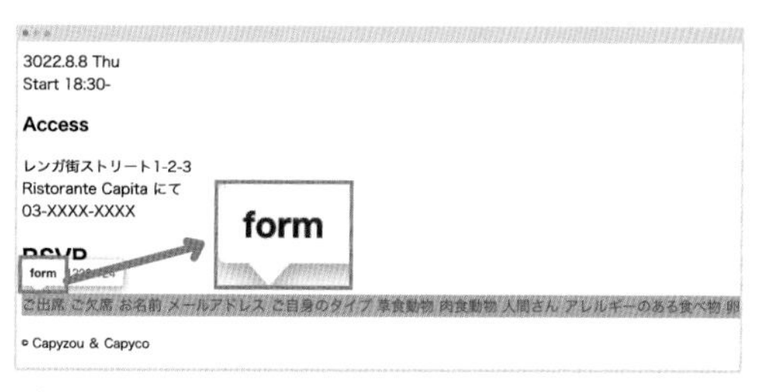

デベロッパーツールで確認すると、マークアップした箇所がformエリアになっています。

本来、action属性にはデータの送信先を、method属性には送信方式を指定する必要がありますが、本書では見た目のコーディングまでの説明になるため値は空にしています。

STEP 2 設問ごとに段落を作ろう

各設問を段落とみなし<p>タグでマークアップをします。

```
52 <form action="" method="">
53 <p>ご出席　ご欠席</p>
54 <p>お名前</p>
55 <p>メールアドレス</p>
56 <p>ご自身のタイプ　草食動物　肉食動物　人間さん</p>
57 <p>アレルギーのある食べ物　卵　乳　小麦　大豆</p>
58 <p>メッセージ</p>
59 <p>Send</p>
60 </form>
```

7章/step/03/01_form_step2.html

RSVP
ご出席 ご欠席
お名前
メールアドレス
ご自身のタイプ 草食動物 肉食動物 人間さん
アレルギーのある食べ物 卵 乳 小麦 大豆
メッセージ
Send

設問がそれぞれ段落になりました。

ラジオボタンを作ろう

入力欄を表示するタグ

インプット <input>	type属性で入力欄の種類を指定し、name属性で入力欄の名前を指定します。開始・終了タグを使わずに単独で使います。

STEP 1 出席・欠席を選べるようにしよう

複数の選択肢から1つのみを選択できるフォーム部品のことを「ラジオボタン」といいます。
「ご出席」「ご欠席」はどちらか1つを選択してほしいため、ラジオボタンを使用します。
type属性にはradioを指定し、同じグループであることを示すためにname属性に同じ値を指定します。
value属性にはプログラムに送る値を記入します。

```
53 <p>
54   <input type="radio" name="attend" value="ご出席">ご出席
55   <input type="radio" name="attend" value="ご欠席">ご欠席
56 </p>
```

7章/step/03/02_radio_step1.html

RSVP

○ご出席 ○ご欠席

ラジオボタンが表示されました。

STEP 2 「ご出席」を選択状態にしておこう

checked属性にcheckedを指定すると、最初から選択状態にしておく項目を指定できます。
「ご出席」の方にchecked属性を追加しましょう。

```
53 <p>
54   <input type="radio" name="attend" value="ご出席" checked="checked">ご出席
55   <input type="radio" name="attend" value="ご欠席">ご欠席
56 </p>
```

7章/step/03/02_radio_step2.html

◉ご出席 ○ご欠席

「ご出席」が最初から選択された状態になりました。

ここはおさえる LEARNING

type属性の値によって変わる入力欄

<input>タグはtype属性で指定した値によって入力欄の種類が変わります。

type属性の値	出力結果	
radio	○未選択 ◉選択	複数の選択肢から1個を選択できます
checkbox	☐A ☑B ☑C	複数の選択肢から0～複数個を選択できます
text	［　　　　］	1行のテキスト入力欄です
email	［　　　　］	メールアドレス入力欄です ブラウザによっては入力値の検証がおこなわれます
url	［　　　　］	URL入力欄です ブラウザによっては入力値の検証がおこなわれます
submit	［送信］	フォームの内容を送信するボタンです

同じ<input>タグでもtype属性の値によって表示されるパーツが変わるんですね。

name属性とvalue属性の役割

name属性とvalue属性は任意の値を指定でき、それぞれ下記のような役割があります。

▶ name属性

プログラムがデータを受け取る際にどの欄に入力されたデータなのかを判別するために使われます。

判別のために入力欄ごとに違う名前をつける必要がありますが、ラジオボタンとチェックボックスは、ひとまとまりの設問であることを示すために同じ名前にすることもあります。

▶ value属性

プログラムに送信するデータを指定します。 type="text"などの自由入力形式の場合は、ユーザーが入力したデータが送信されるのでvalueの設定は不要です。

1行のテキスト入力欄を作ろう

STEP 1 「名前」の入力欄を作ろう

1行のテキスト入力欄を作るにはtype属性にtextを指定し、name属性をつけます。

```
56 </p>
57 <p>お名前 <input type="text" name="user_name"></p>
58 <p>メールアドレス </p>
```

7章/step/03/03_text_step1.html

お名前

1行のテキスト入力欄が表示されました。

STEP 2 「メールアドレス」の入力欄を作ろう

メールアドレスの入力欄を作ります。type属性にemailを指定すると、ブラウザによっては入力された値がメールアドレス形式になっているかを簡易的にチェックしてくれます。

```
57 <p>お名前 <input type="text" name="user_name"></p>
58 <p>メールアドレス <input type="email" name="user_mail"></p>
59 <p>ご自身のタイプ 草食動物 肉食動物 人間さん </p>
```

7章/step/03/03_text_step2.html

メールアドレス

メールアドレスの入力欄が表示されました。

セレクトボックスを作ろう

セレクトボックスを表示するタグ

```
<select>
  <option> 〜 </option>
  <option> 〜 </option>
</select>
```

（セレクト / オプション）

全体を<select>〜</select>で囲み、
項目ひとつひとつを<option>〜</option>で囲みます。
name属性は<select>タグに指定し、
value属性は<option>タグに指定します。
multiple属性を付与することで複数選択にすることもできます。

STEP 1 **「ご自身のタイプ」を選べるようにしよう**

ドロップダウン形式で選択肢を提示できるフォーム部品のことを「セレクトボックス」といいます。全体を<select>タグで、選択肢を<option>タグで囲みます。name属性は<select>タグに、value属性は<option>タグにつけましょう。

```
59 <p>
60   ご自身のタイプ
61   <select name="user_type">
62     <option value="草食動物"> 草食動物 </option>
63     <option value="肉食動物"> 肉食動物 </option>
64     <option value="人間さん"> 人間さん </option>
65   </select>
66 </p>
```

7章/step/03/04_select_step1.html

ご自身のタイプ 草食動物

セレクトボックスは省スペースで多くの選択肢を提示できます。

チェックボックスを作ろう

STEP 1 **「アレルギーのある食べ物」を選べるようにしよう**

複数選択ができるフォーム部品のことを「チェックボックス」といいます。<input>タグのtype属性にcheckboxを指定し、同じグループであることを示すためにname属性に同じ値を指定します。

```
67 <p>
68   アレルギーのある食べ物
69   <input type="checkbox" name="allergy" value="卵"> 卵
70   <input type="checkbox" name="allergy" value="乳"> 乳
71   <input type="checkbox" name="allergy" value="小麦"> 小麦
72   <input type="checkbox" name="allergy" value="大豆"> 大豆
73 </p>
```

7章/step/03/05_check_step1.html

アレルギーのある食べ物 ☐卵 ☐乳 ☐小麦 ☐大豆

複数選択ができるチェックボックスが表示されました。

複数行のテキスト入力欄を作ろう

複数行の入力欄を表示するタグ

テキストエリア <textarea> </textarea>	開始タグと閉じタグの間に書かれた文字列は 初期入力値として入力されるので通常は空にしておきます。

STEP 1 「メッセージ」入力欄を作ろう

複数行のテキスト入力欄を作るには<textarea>タグを使います。name属性もつけましょう。

```
73 </p>
74 <p> メッセージ <textarea name="message"></textarea></p>
75 <p> Send</p>
```

7章/step/03/06_textarea_step1.html

メッセージ

複数行のテキスト入力欄が表示されました。

ボタンを作ろう

STEP 1 送信ボタンを作ろう

送信ボタンを作るには<input>タグのtype属性にsubmitを指定します。value属性の値がボタンのテキストとして表示されます。submitボタンが複数ある場合は、どのボタンが押されたのかを識別するためにname属性をつけますが今回は1つなので、つけていません。

```
74 <p> メッセージ<textarea name="message" ></textarea></p>
75 <p> <input type="submit" value="Send"></p>
76 </form>
```

7章/step/03/07_submit_step1.html

Send

「Send」という表記の送信ボタンが表示されました。

ユーザビリティを高めよう

ユーザビリティとは「使いやすさ」を示す言葉です。ラジオボタンをクリックできる領域を広げ、ユーザビリティを高めましょう。

項目名と入力欄を関連付けるタグ

<label>（ラベル） 〜 </label>

このタグで囲まれた項目名と入力欄は関連付けられるため項目名のクリックで選択肢や入力欄をアクティブにできます。

STEP 1 項目名の文字とラジオボタンを連動させよう

項目名をクリックした時にもラジオボタンが反応するように、<label>タグで項目名とradioボタンをマークアップします。

```
53 <p>
54 <label> <input type="radio" name ="attend" value ="ご出席"  checked ="checked" > ご出席 </label>
55 <label> <input type="radio" name ="attend" value ="ご欠席" > ご欠席 </label>
56 </p>
```

7章/step/03/08_label_step1.html

◉ご出席 ○ご欠席 ＞ ○ご出席 ◉ご欠席

項目名「ご欠席」にカーソルをあててクリックするとラジオボタンが選択状態になります。

labelについてワークをするのはここまでですが、「アレルギーのある食べ物」も<label>でマークアップしてみましょう。完成ファイルは **7章/完成/index.html** にありますので確認してみてください。

ここに注意！ POINT　HTMLとCSSだけではフォームは送信できない

フォームに送信機能をつけるにはプログラミングが必要になりますが、HTMLやCSSはプログラミング言語ではないためフォーム送信機能を作ることはできません。

自分でプログラムを書かなくても手軽にフォーム機能をつけられるGoogleフォームなどのWebサービスもあります。

PART 4

08 章

Web招待状サイトのCSSを書いてみよう

positionプロパティや疑似要素など新しいCSSプロパティを学び
CSSでの表現の幅を広げましょう

すこしレベルアップしていきますよ。
焦らずゆっくり進めましょう。

ひぃ〜！！！
お菓子を用意します……。

CSSを書く手順を確認しよう

作業ファイルを確認しよう

8章/作業/css/style.cssをVSコードで開きましょう。**8章/作業/index.html**をブラウザで開き、CSSが反映されているかを確認しながら進めましょう。

完成形のデザイン（**8章/デザイン/design.png**）を見ながら進めましょう。

8章/作業/index.htmlには**class属性があらかじめ記述されています**。本来class属性の付与などはHTMLとCSSを行き来しながら書きますが、本章では手順を省略しています。

前章で使用したHTMLにはclass属性は書かれておらず、本章のCSSを書いても反映されませんので**必ず8章の作業ファイルでワークを開始してくださいね。**

は〜い、わかりました！

CSSを書く手順を確認しよう

次のページから書いていく「CSSの手順」と「追加されたclass名」を確認しましょう。

1.フォントの設定

2種類のWebフォントを利用していますので
はじめにWebフォントの使い方を学びます

2.レイアウトの設定

幅や余白の設定など大枠のレイアウトを組みます

3.共通部分の設定

デザインが共通している箇所の設定をおこないます

4.各セクションのCSSを書く

以下の順番でCSSを書いていきます

1. header
2. msgセクション(.msgSec)
3. dateセクション(.dateSec)
4. formセクション(.formSec)
5. footer&パララックス効果

ブルーの箇所がHTMLに
新しく追加したclass属性です

この図には書いていませんが
ffJosefinというclass属性を
付与している箇所も
複数あります

Webフォントを使ってみよう

Webフォントとは？

デバイスにインストールされていないフォントは表示することができません（⇒P81）。
どのデバイスでも同じフォントを表示させる方法の1つとして、インターネット上のフォントデータを読み込む方法があります。このフォントのことを**「Webフォント」**と呼びます。

この「Webフォント」を使えば、みんな同じフォントでサイトが見られるんだね。

Webフォント使用時の注意点

Webフォントは Webサイトを表示する最初の読み込み時にフォントデータをダウンロードする必要があるため、ページの表示が遅くなるというデメリットがあります。

とくに日本語フォントは文字数が多くデータ容量が大きいため、使用する種類やウェイト（太さ）を限定するといった工夫が必要です。

「Google Fonts」を使ってみよう

Webフォントを提供するサービスは色々ありますが無料で利用できる**「Google Fonts」**が有名です。Google Fontsの汎用的な使用手順を見ていきましょう。

「Google Fonts」のページへアクセスしよう

「https://fonts.google.com/」にアクセスしてフォントを選択します。
（※ここでは、サンプルデザインでは使用していないフォントを選択しています）

注）執筆時のWebサイトキャプチャのため、見た目が異なる可能性があります。

STEP 2 フォントのウェイトを選択しよう

フォント一覧から使いたいウェイトを「+Select this style」で選択します。右側に「Selected family」のウィンドウが出てきます。

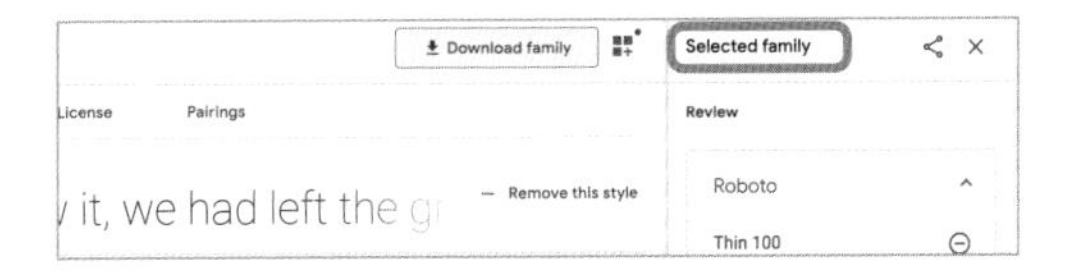

STEP 3 コードをコピー&ペーストしよう

「Selected family」のウィンドウ内のコードをHTMLファイルとCSSファイルにそれぞれコピー&ペーストします。

図のピンク部分のコードをHTMLの<head>タグ内に貼り付けます。**この時、reset.cssよりも後ろ、style.cssよりも前に貼り付けましょう。**

ブルー部分のフォントファミリ名をCSSで指定すると、フォントが適用されます。

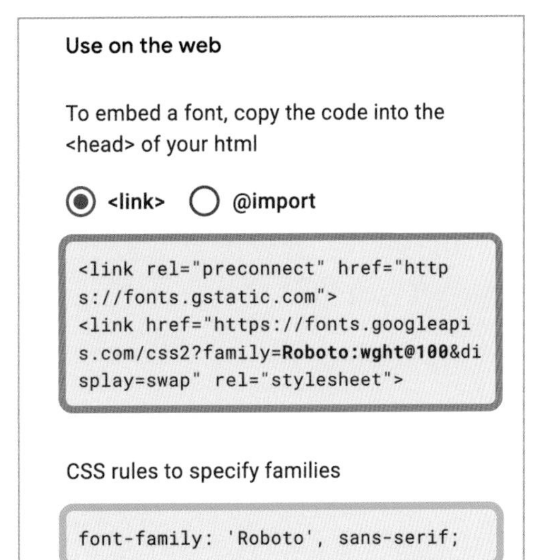

読み込み用のタグはGoogle Fontsのサービスの仕様変更により、キャプチャとは違う可能性があります。

本章のサンプルデザインで使用しているWebフォントの読み込みタグはすでにHTMLファイルに記述してあります。「Sawarabi Mincho」という日本語フォントと「Josefin Sans」という英語フォントを使用していて、ウェイトはどちらもRegularのみです。

▼コード該当箇所

3 <head>
4 <meta charset="UTF-8">
5 <link rel="stylesheet" href="css/reset.css">
6 <link rel="preconnect" href="https://fonts.gstatic.com">
7 <link rel="stylesheet" href="https://fonts.googleapis.com/css2?family=Josefin+Sans&family=Sawarabi+Mincho&display=swap" >
8 <link rel="stylesheet" href="css/style.css">
9 <title>Wedding Party Invitation</title>
10 </head>
8章/作業/index.html
Webフォント読み込み用タグ
このタグはフォントの読み込みを速くするためのタグなので、なくてもWebフォントは使えます
※Google Fontsの仕様変更で、なくなったり増えたりする可能性があります

フォントのCSSを書こう

ベースのフォントをWebフォントで指定しよう

STEP 1 本文のフォントを設定しよう

ベースのフォントをWebフォントの「Sawarabi Mincho」に指定します。
前ページで説明したように、すでに<head>タグ内にGoogleフォントの読み込みタグは書いてあるため、bodyにfont-familyの指定をすればWebフォントが適用されます。Webフォントが使えない環境用に総称ファミリ名も指定します。フォントサイズと色も指定しましょう。

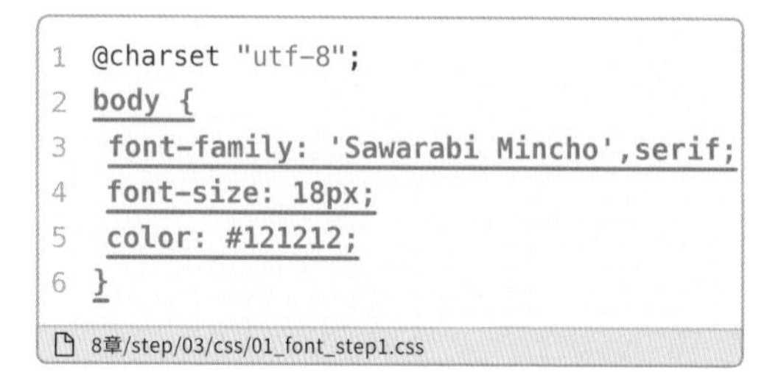

```
1 @charset "utf-8";
2 body {
3   font-family: 'Sawarabi Mincho',serif;
4   font-size: 18px;
5   color: #121212;
6 }
```

8章/step/03/css/01_font_step1.css

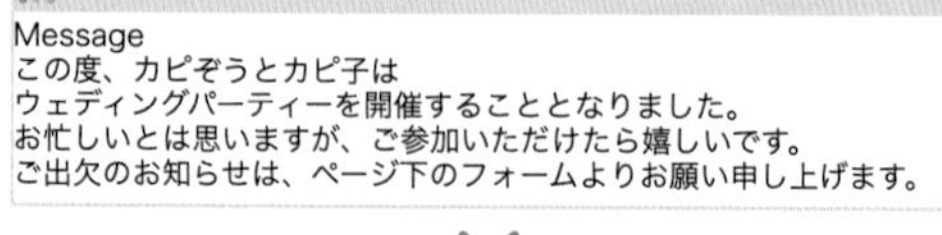

Webフォントが適用されました。

STEP 2 ナビゲーションや見出しなどのフォントを設定しよう

見出しなど一部の英字にはWebフォントの「Josefin Sans」を適用します。適用する箇所には「class="ffJosefin"」を付与してありますので、このclassに対してfont-familyを指定しましょう。

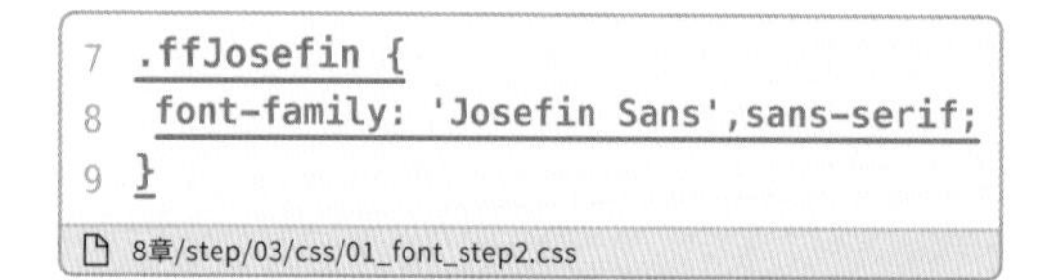

```
7 .ffJosefin {
8   font-family: 'Josefin Sans',sans-serif;
9 }
```

8章/step/03/css/01_font_step2.css

ナビゲーションや見出しなどのフォントが変化しました。

これまでのようにフォントを適用したい箇所にそれぞれfont-familyを指定してもよいのですが、指定したい箇所が多い場合は適用箇所にclass属性を付与するとセレクタをまとめられて便利です。

レイアウトに関するCSSを書こう

CSSを書く前にレイアウトの確認をして、どのようにCSSを書いていくのかを考えます。
はじめのうちは難しいかもしれませんが、最初に大きなレイアウトの組み方を考えておくと無駄の少ないCSSを書けます。

レイアウトを確認しよう

sectionごとにコンテンツ幅を確認します。
右図を見ると、コンテンツ幅（ピンク色の横幅）は特定の幅で中央寄せになっていて、msgセクション・formセクションは背景色が画面いっぱいに広がっています。

このようなデザインを実現させるには、「コンテンツを特定の横幅で中央寄せするためのボックス」と「背景が画面いっぱいに広がるボックス」の2つが必要になります。

現状ではボックスが1つしかないので、次のページではレイアウト用の<div>タグをHTMLに記述し、ボックスを増やすことから始めます。

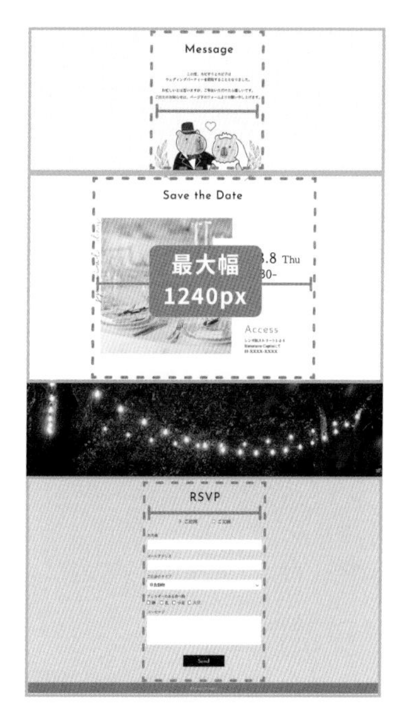

sectionごとにコンテンツ幅が異なりますが、挿入する<div>タグは横幅をそろえるとレイアウトが組みやすいです。その際は一番大きな幅に合わせましょう。
ここではdateセクションの幅が一番大きいので、1240pxになります。

複数カラムのレイアウトになっている箇所もチェックしておくといいですよ。

STEP 1 レイアウト用の<div>タグを追加しよう

前のページで説明したようにheader要素とsection要素内にレイアウト用の<div>タグを追加します。**index.html**の以下の4箇所に<div>タグを追加して共通のクラス名（innerWrap）をつけておきます。

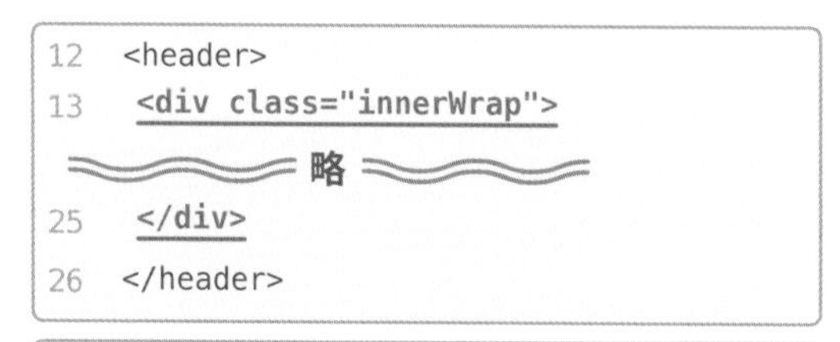

```
12 <header>
13  <div class="innerWrap">
     略
25  </div>
26 </header>
```

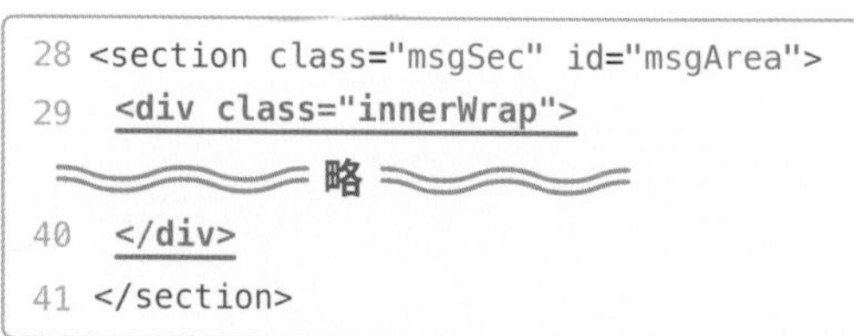

```
28 <section class="msgSec" id="msgArea">
29  <div class="innerWrap">
     略
40  </div>
41 </section>
```

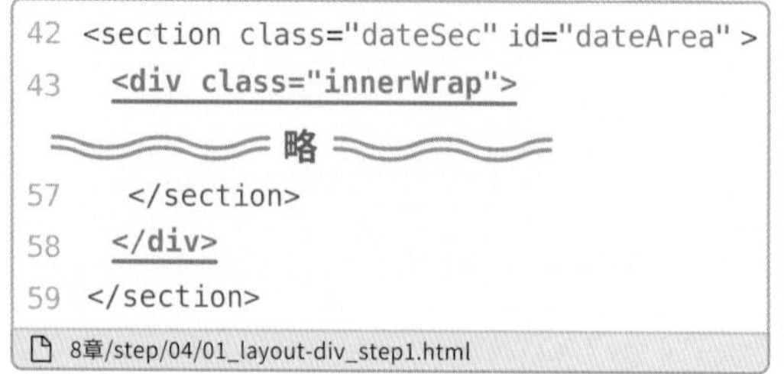

```
42 <section class="dateSec" id="dateArea" >
43  <div class="innerWrap">
     略
57    </section>
58  </div>
59 </section>
```

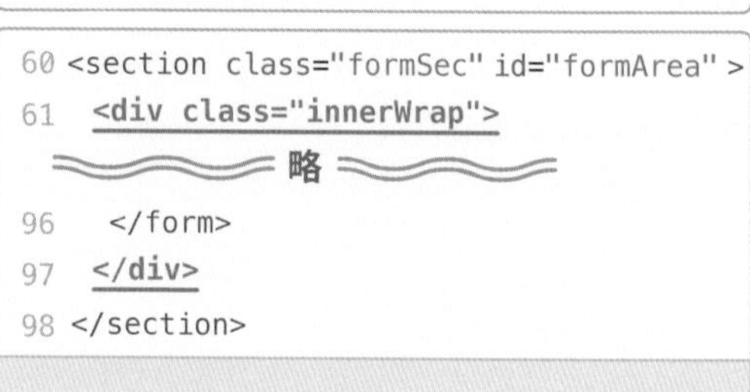

```
60 <section class="formSec" id="formArea" >
61  <div class="innerWrap">
     略
96   </form>
97  </div>
98 </section>
```

8章/step/04/01_layout-div_step1.html

STEP 2 補助用のボーダーを引こう

style.cssに戻り、レイアウトを視覚的にわかりやすくするためのborderを一時的に引きます。

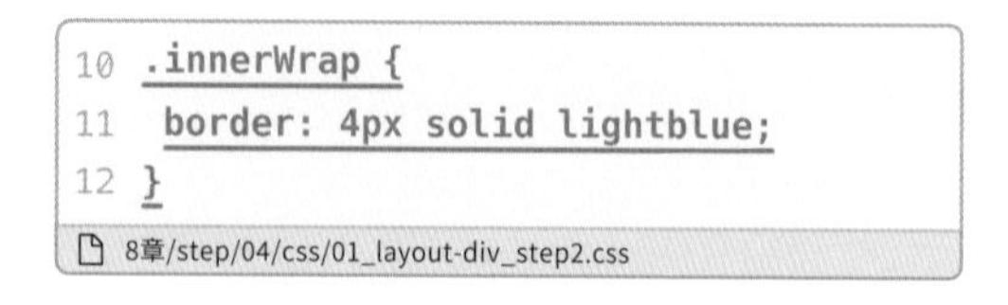

```
10 .innerWrap {
11  border: 4px solid lightblue;
12 }
```

8章/step/04/css/01_layout-div_step2.css

補助線がつきました。この補助線は後で消します。

STEP 3 コンテンツ部分を中央寄せにしよう

横幅を1240pxに設定して中央寄せにします。paddingもつけましょう。

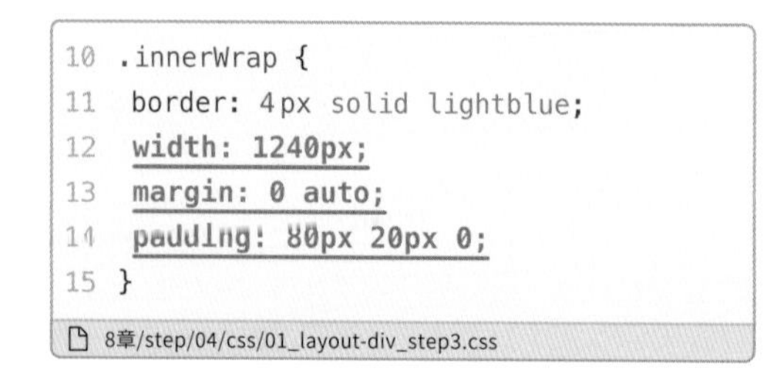

```
10 .innerWrap {
11  border: 4px solid lightblue;
12  width: 1240px;
13  margin: 0 auto;
14  padding: 80px 20px 0;
15 }
```

8章/step/04/css/01_layout-div_step3.css

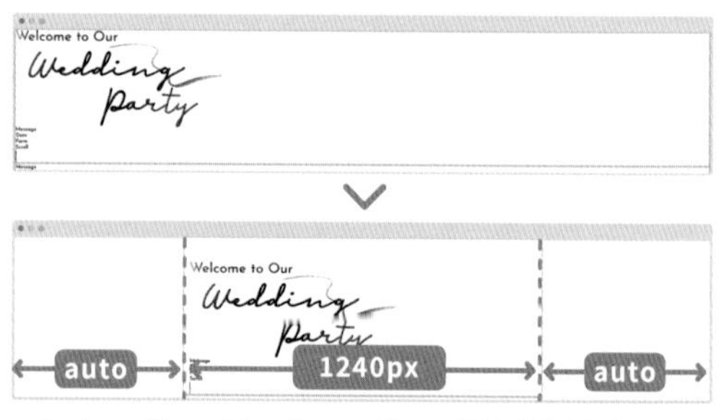

<div class="innerWrap">～</div>で囲んだ箇所が1240pxの横幅になり、中央寄せになりました。

共通部分のCSSを書こう

各セクションの見出しを設定しよう

STEP 1 見出しを装飾しよう

文字の間隔を指定するプロパティ

letter-spacing: 〜 ;（レター・スペーシング）

値には単位を伴う数値が入ります。
正の値だと間隔が広がり、負の値だと詰まります。

<h2>タグの中にあるテキストはインラインなので、親要素であるh2要素にtext-align:center;を指定して中央寄せにしましょう。

文字の間隔を調整するためにletter-spacingを0.05emと指定します。一の位が「0」の時は「0」を省略して書きます。文字のサイズと余白も調整しましょう。

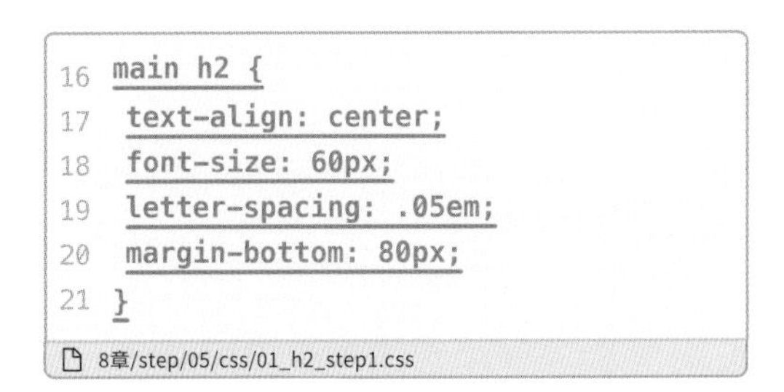

```
16 main h2 {
17   text-align: center;
18   font-size: 60px;
19   letter-spacing: .05em;
20   margin-bottom: 80px;
21 }
```

8章/step/05/css/01_h2_step1.css

見出しが大きくなって中央寄せになりました。

letter-spacingの値は何がいい？

letter-spacingの単位は文字の大きさに応じて相対的に変化するemが便利です。1em＝「文字の高さ」なので、0.5emだと「文字の高さの半分」が文字間隔になります。

私は、0.04~0.12emくらいで設定することが多いです。

ヘッダーのCSSを書こう

Before

Welcome to Our
Wedding
Party
Message
Date
Form
Scroll

After

メインビジュアルを指定しよう

STEP 1 背景に花束の画像を表示しよう

背景を一括指定するプロパティ

バックグラウンド
background: ～ ;

背景に関する8つのプロパティを一括で指定できます。
値には半角スペースをあけて各プロパティを指定します。

背景画像の表示サイズを指定するプロパティ

バックグラウンド・サイズ
background-size: ～ ;

値にはcover（エリア全体を覆う）、contain（画像の全体を表示）といったキーワードや単位を伴う数値が入ります。

メインビジュアルはCSSで背景画像として指定します。コードをシンプルにするためにbackgroundプロパティを使ってショートハンドで書いてみましょう。
メインビジュアルはブラウザの大きさを変えてもheaderエリア全体を覆うように表示したいため、background-sizeの値をcoverにします。

```
22 header {
23  background: url(../images/hero.jpg) no-repeat right center/cover;
24 }
```

8章/step/06/css/01_header_step1.css

メインビジュアルが表示されました。

ここはおさえる LEARNING 種類が豊富な「背景」に関するプロパティ

▶ backgroundプロパティの書き方

backgroundプロパティは背景に関する8種類のCSSプロパティを一括で指定できます。

backgroundの書き方

```
background: url(ファイルパス) no-repeat right center/cover ;
```

url(ファイルパス): background-image
no-repeat: background-repeat
right center: background-position
cover: background-size

・値は半角スペースで区切ります
・順番は自由です

background-sizeは**background-positionの値の後に/（スラッシュ）をつけて指定**する必要があります。

他にもbackground-color・background-attachment・background-clip・background-originを加えた全部で8つのプロパティをまとめて指定できます。

▶ background-sizeのキーワード

background-sizeの値には「cover」や「contain」といったキーワードをよく使いますので、2つの違いを理解しておきましょう。

cover

- 指定した要素の背景全体を覆うように
縦横比を維持したまま可能な限り大きく表示されます
- はみ出す部分は切り取られます

contain

- 画像の全体が表示されるように
縦横比を維持したまま拡大縮小して表示されます

キーワード以外にも「50%」といった単位を伴う数値での指定もできます。

STEP 2 ヘッダーの高さを指定しよう

完成形のデザインと比べるとヘッダーエリアの高さが足りないので、<header>タグ内の<div class="innerWrap">に高さを指定しましょう。

```
25 header .innerWrap {
26  height: 720px;
27 }
```

8章/step/06/css/01_header_step2.css

ヘッダーエリアの高さが変わりました。

<header>タグに高さを指定してはダメなんですか？

カピぞうさんが言うように<header>タグに高さを指定しても同じ表示になります。同じ表現でも色々なCSSの書き方がありますよ。

今回のケースでは<header>タグに高さを指定すると、後の工程でスクロールマークの配置がうまくできなくなるので、ここではinnerWrapに高さを指定する方法を選んでいます。

STEP 3 キャッチコピーの位置を整えよう

キャッチコピーの位置を調整するために、h1要素に上の余白をつけます。padding-topを指定しましょう。

```
28 header h1 {
29  padding-top: 120px;
30 }
```

8章/step/06/css/01_header_step3.css

キャッチコピーの位置が変わりました。

スクロールマークを配置しよう

スクロールマークはheader要素の最下部に固定配置したいので、positionプロパティを使って配置してみましょう。

要素の配置方法を指定するプロパティ

ポジション
position: 〜 ;

値にはstatic・relative・absolute・fixed・stickyのいずれかが入ります。

位置を指定するプロパティ

レフト
left: 〜 ;
ライト
right: 〜 ;
トップ
top: 〜 ;
ボトム
bottom: 〜 ;

位置指定要素(positionプロパティでstatic以外の値が指定された要素)にのみ効果があります。
値には位置を指定するための単位を伴う数値が入ります。

STEP 1 スクロールマークを好きな位置に配置しよう

positionプロパティについては次のページで詳しく解説していますので、まずは実際にどんなことができるのかワークを実践してみましょう。

要素をpositionで配置するには基点が必要になります。header .innerWrapにposition:relative;を指定し、要素を動かす基点を決めます。次に、動かしたい要素にposition:absolute;を指定します。ここではスクロールマークを動かしたいのでheader .scrollにposition:absolute;を指定しましょう。
leftとbottomで具体的な位置を指定すると、好きな位置にスクロールマークを配置できます。

```
25 header .innerWrap {
26  height: 720px;
27  position: relative;
28 }
```

```
32 header .scroll {
33  position: absolute;
34  left: 0;
35  bottom: 0;
36 }
```

8章/step/06/css/02_scroll_step1.css

スクロールマークの位置が変わりました。

ここはおさえる
LEARNING
positionレイアウト

positionプロパティを使ったレイアウトは自由に位置指定ができるため、レイアウトの自由度が高まります。

positionプロパティを使うと要素を重ねて表示するなど、基本の配置ルール（static）ではできない表現が可能になります。各値の特徴を理解して使っていきましょう。

static（初期値）

- positionを指定しない要素はこの値になっています
- leftやtopなどで位置指定をしても動きません

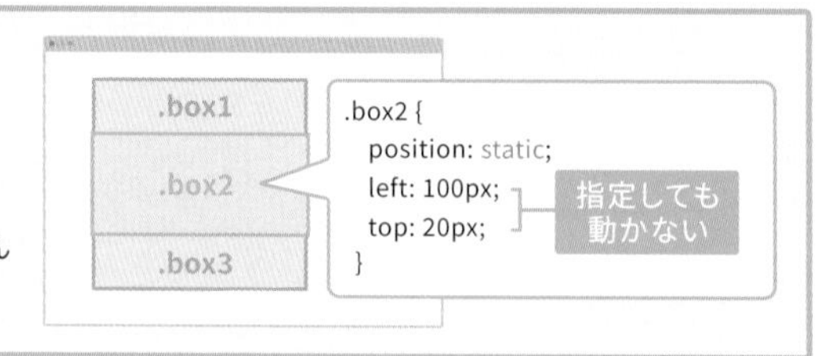
.box1
.box2
.box3
.box2 {
position: static;
left: 100px;
top: 20px;
}
指定しても動かない

relative

- left・right・top・bottomを使って配置したい位置を具体的に指定できます
- 基点は元の位置の左上です
- 後続の要素（.box3）の位置は変わりません

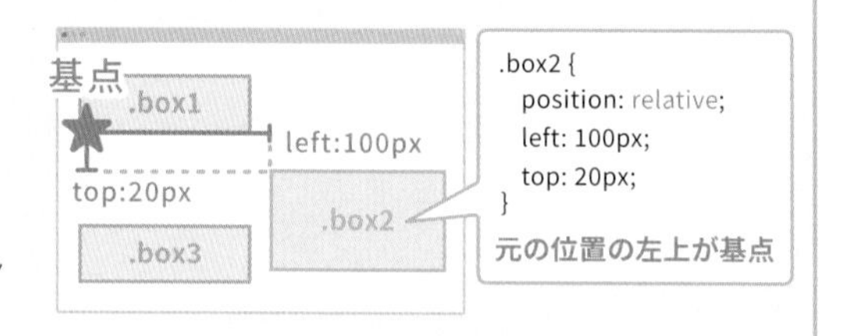
基点
.box1
left:100px
top:20px
.box2
.box3
.box2 {
position: relative;
left: 100px;
top: 20px;
}
元の位置の左上が基点

absolute

- left・right・top・bottomを使って配置したい位置を具体的に指定できます
- 基点はウィンドウの左上です
- 後続の要素（.box3）の位置が詰まります
- ブロックボックスの「可能な限り横幅いっぱいの領域をとる」という性質を失います

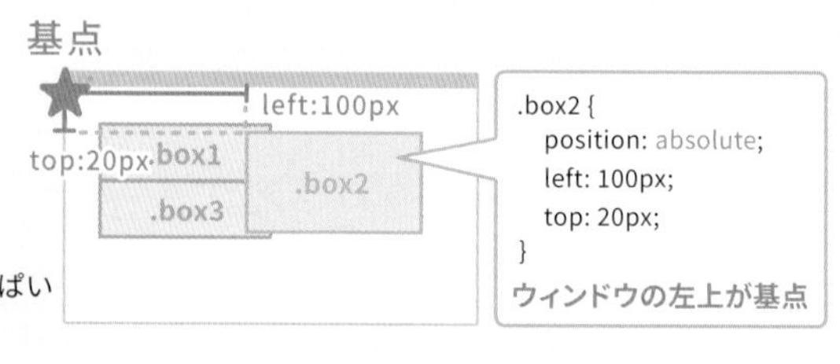
基点
left:100px
top:20px
.box1
.box2
.box3
.box2 {
position: absolute;
left: 100px;
top: 20px;
}
ウィンドウの左上が基点

relativeとabsoluteで基点が異なるんですね！

absoluteはウィンドウの左上が基点になりますが、このままでは使いにくいので多くの場合は基点を親要素に変更して使用します。

▶ absoluteの基点を親要素に変更するには

absoluteの基点を変更する

❶ 親要素にstatic以外の値を指定します
ほとんどの場合relativeを指定します
これで、基点が親要素の左上になります

❷ 動かしたい要素にabsoluteを指定します

❸ left・right・top・bottomを使って
配置したい位置の指定をします

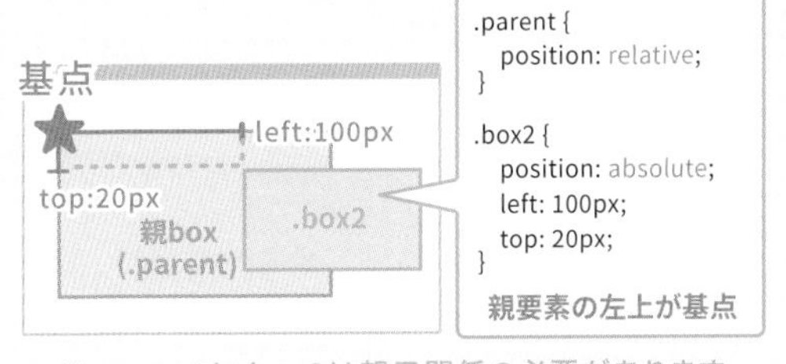

※.parentと.box2は親子関係の必要があります

positionレイアウトは最初は難しく感じやすいプロパティです。理解を深めるためにP.162のQRコードから動画を見るのもオススメです。

STEP 2 スクロールマークを中央寄せにして微調整をしよう

前のSTEPでスクロールマークのpositionの値をabsoluteにした影響でp要素(.scroll)が横幅いっぱいの領域ではなくなっている状態です。このp要素を横幅いっぱいにすれば、スクロールマークをtext-align:center;で中央寄せにできるのでwidthを100%にしましょう。

font-sizeも指定し、「Scroll」のテキストと下にある画像（縦線）の間をあけるためにmargin-topも指定します。

```
32 header .scroll {
33   position: absolute;
34   left: 0;
35   bottom: 0;
36   width: 100%;
37   text-align: center;
38   font-size: 16px;
39 }
40 header .scroll img {
41   margin-top: 8px;
42 }
```

8章/step/06/css/02_scroll_step2.css

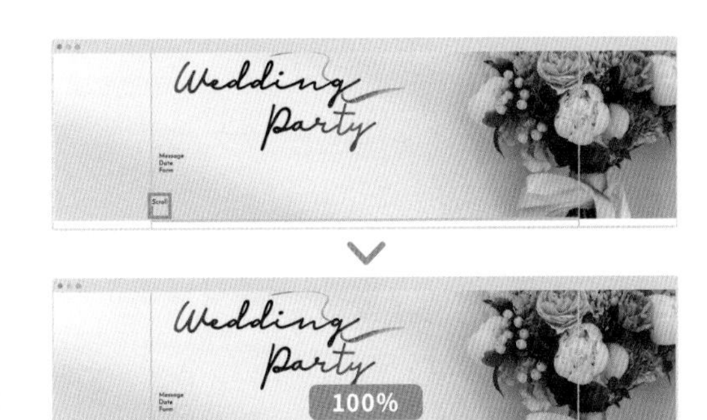

スクロールマークが中央に寄りました。

Part 4
07
08
09
10

グローバルナビゲーションを作ろう

スクロールをしてもナビゲーションが上に固定されるようにしましょう。
position:fixed; を指定すると固定配置ができます。

STEP 1 グローバルナビゲーションを固定配置しよう

header nav に position:fixed; を指定して、top と left で位置を指定します。
また、値を fixed にすると absolute の時と同じように要素の横幅がいっぱいにならなくなるため、width:100%; も指定しましょう。

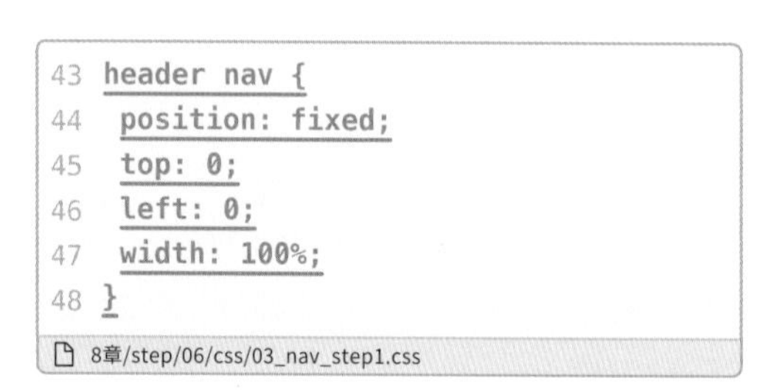

```
43 header nav {
44  position: fixed;
45  top: 0;
46  left: 0;
47  width: 100%;
48 }
```

8章/step/06/css/03_nav_step1.css

ナビゲーションが上に移動しました。

ここに注意！ POINT **position:fixed; の特徴**

position:fixed; はスクロールをしても要素がその場所に固定されるというのが特徴です。
また、配置の際の基点はウィンドウの左上になります。

STEP 2 ナビゲーション項目を横並びにしよう

ナビゲーション項目を横並びにしたいので、ul 要素に display:flex; を指定しましょう。

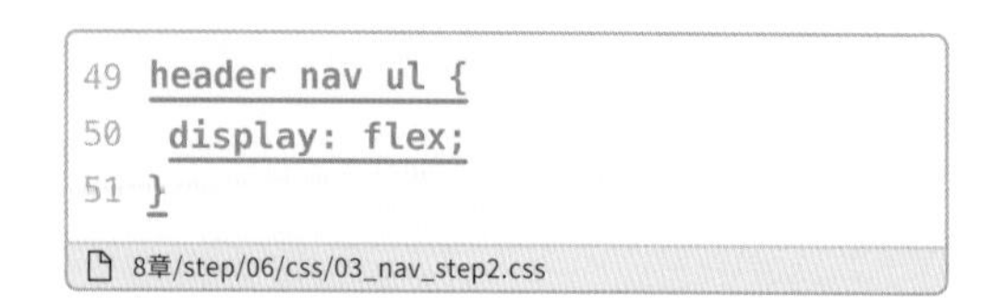

```
49 header nav ul {
50  display: flex;
51 }
```

8章/step/06/css/03_nav_step2.css

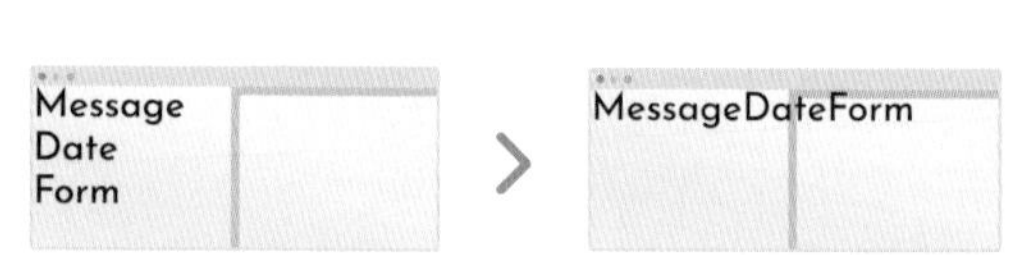

ナビゲーション項目が横並びになりました。

横並びには flex ですね！

STEP 3 位置を調整しよう

nav要素の中でul要素を中央寄せにします。paddingで余白の調整もしておきましょう。

```
49 header nav ul {
50   display: flex;
51   width: 1240px;
52   margin: 0 auto;
53   padding: 10px 20px;
54 }
```

8章/step/06/css/03_nav_step3.css

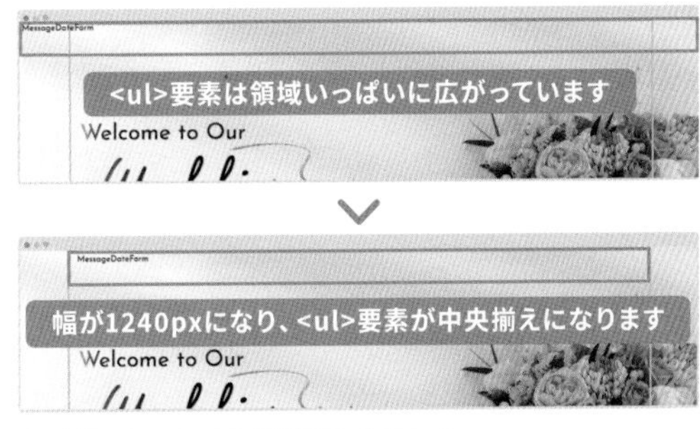

ナビゲーションの位置が変わりました。

STEP 4 均等配置させよう

項目同士の間隔をあけるため、Flexbox関連プロパティのjustify-content（⇒P114）で要素を均等配置にします。

```
49 header nav ul {
50   display: flex;
51   justify-content: space-around;
52   width: 1240px;
53   margin: 0 auto;
54   padding: 10px 20px;
55 }
```

8章/step/06/css/03_nav_step4.css

ナビゲーションが等間隔に配置されました。

STEP 5 マウスオーバーした時の指定をしよう

リンクにマウスオーバーした時に下線を表示させたいので、疑似クラスを使ってtext-decoration:underline;を指定します。

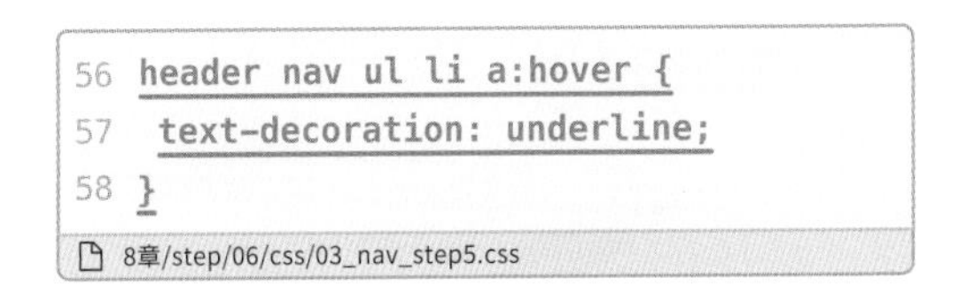

```
56 header nav ul li a:hover {
57   text-decoration: underline;
58 }
```

8章/step/06/css/03_nav_step5.css

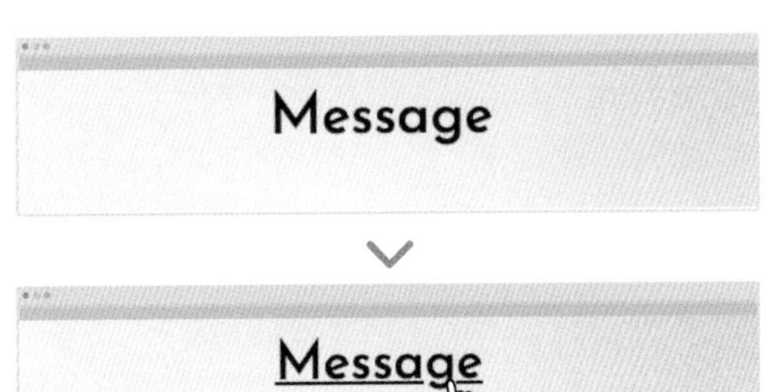

マウスオーバーした時に下線が表示されるようになりました。

STEP 6 重なり方を指定しよう

要素の重なり順を指定するプロパティ

ゼット・インデックス
z-index: ～ ;

値には整数が入ります。
数値が大きくなるほど上に重ねられ、負の値も指定できます。

position指定をした要素同士の重なり方が意図しない順番になることがあります。
ナビゲーションが常に手前に表示されるように、z-indexを指定しておきましょう。

```
43 header nav {
44  position: fixed;
45  top: 0;
46  left: 0;
47  width: 100%;
48  z-index: 100;
49 }
```

8章/step/06/css/03_nav_step6.css

画面上での変化はありませんが、これで完成です！

やったー！ ヘッダーが完成したよ！

ここはおさえる LEARNING z-indexとは？

HTMLの要素には、X軸（横）とY軸（縦）の他にZ軸（奥行き）という概念があります。何も指定をしないと要素は机に散りばめた紙のように同じ層（レイヤー）に存在しています。

z-indexはこのZ軸（奥行き）を指定し、重なり順を決めるプロパティです。
z-indexはpositionなどを指定した状態の要素（位置指定要素といいます）にのみ効果が発揮されます。

前のSTEPではグローバルメニューをz-index: 100;にすることで右図のように「通常のZ軸の配置よりも上に表示する」という指定をしています。

値を大きい数値にしておくと重ねたい要素が増えた時に調整できるので便利です。

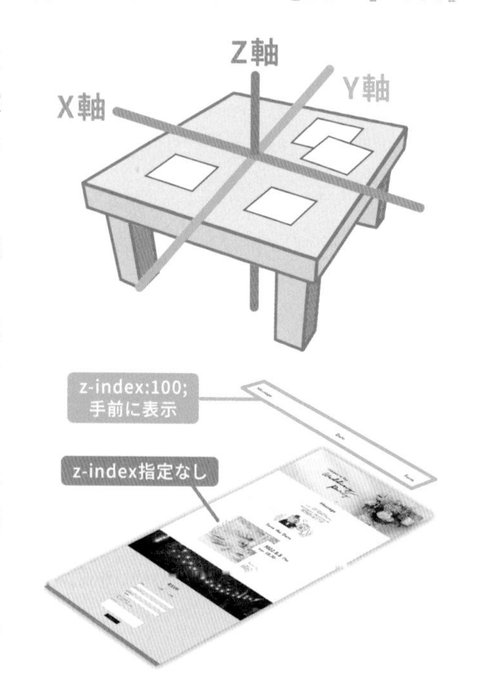

msgセクションのCSSを書こう

Before

After

次はclass名がmsgSecのエリアをコーディングしていきましょう。

上図のAfterで補助線の上に葉っぱの画像が重なっています。このようにボックスからはみ出している要素はpositionプロパティを使うと簡単に配置できます。

文章とイラストを配置しよう

STEP 1 背景色とコンテンツの位置を調整しよう

背景色を指定してコンテンツを中央寄せにしましょう。テキストと画像はインラインなのでtext-align:center;で中央寄せにできます。
文章の行間が狭いのでline-heightプロパティで調整し、段落間もmargin-bottomで余白をつけましょう。

```
60 .msgSec {
61   background-color: #fbfaf7;
62 }
63 .msgSec p {
64   text-align: center;
65   line-height: 1.75;
66   margin-bottom: 40px;
67 }
```

8章/step/07/css/01_message_step1.css

背景色がついて、コンテンツが中央に寄りました。

STEP 2 文章とイラストの余白を調整しよう

イラストの上の余白をもう少し広げたいのでイラストのp要素（.illust）にmargin-topで余白をつけます。
前のSTEPでp要素にmargin-bottom:40px;をつけたことでイラストの下にも余白がついてしまったので、下の余白を0pxにしましょう。

```
68 .msgSec p.illust {
69   margin-top: 80px;
70   margin-bottom: 0;
71 }
```

8章/step/07/css/01_message_step2.css

イラストの上の余白が広がり、下の余白がなくなりました。

「p.illust」というセレクタは「illustというclass名がついたp要素」の意味です。

CSSの上書きと優先順位

余白をなくすために指定したmargin-bottom:0;は、STEP1で指定したmargin-bottom:40px;を上書きしています。このようにCSSには後に書いたものが優先されるというルールがあります。

▶ セレクタの詳細度

CSSの優先順位は書かれた順番だけで決まるわけではありません。詳細度というルールがあり、セレクタの書き方によって優先順位が決まります。

詳細度が高ければ優先順位は高くなり、書かれた順序に関係なくCSSが適用されます。

詳細度
優先順位 高
HTMLに直接かかれたstyle属性
例）<p style="color:red;">text</p>
idセレクタ
例）#text{color:red;}
classセレクタ・属性セレクタ
例）.text{color:red;} 例）[type="radio"]{color:red;}
タイプセレクタ
例）p{color:red;}
優先順位 低

もっとも強い上書き
!importantを使った書き方
例）p{color:red!important;}

!importantは通常の上書きルールが崩れてしまうため、どうしても必要な時以外は使用を控えましょう。

ここに注意！POINT margin の相殺に注意

STEP1で指定したmargin-bottom:40px;とSTEP2で指定したmargin-top:80px;は同じ場所に対してmarginを指定していますが 40px + 80px = 120pxのmarginとはなりません。

これは隣接する要素に縦方向のmarginを指定すると起こる現象で**マージンの相殺**といいます。
マージンの相殺が発生した時は大きい方の値が採用されます。

余白（ブルーの部分）は大きい方の値の80pxになります。

STEP 3 葉っぱの飾り（左）をつけよう

要素を生成するプロパティ

content: 〜 ;（コンテント）

値には画像のパスやテキストなどが入ります。
::beforeと::afterと組み合わせて使うことが多いです。

葉っぱの飾りは装飾目的の画像なのでimgタグではなく、::beforeとcontentで疑似的に要素を作り、表示させます。 この飾りは下のエリアに重なっているので、positionで配置しましょう。

```
68 .msgSec p.illust {
69  margin-top: 80px;
70  margin-bottom: 0;
71  position: relative;
72 }
73 .msgSec p.illust::before {
74  content: url(../images/deco_left.png);
75  position: absolute;
76  left: 320px;
77  bottom: -30px;
78 }
```

8章/step/07/css/01_message_step3.css

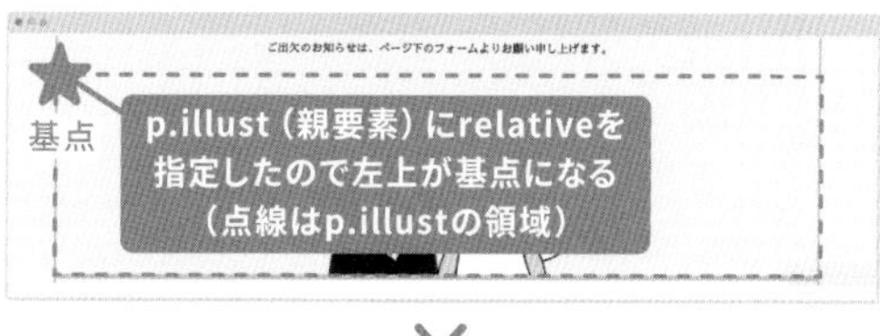

葉っぱの飾り（左）が表示されました。

疑似要素（::before）については次のページで詳しく解説しています。

Part 4
07
08
09
10

STEP 4 葉っぱの飾り（右）をつけよう

右側にも葉っぱの飾りをつけたいので::afterで疑似要素を作り、前のSTEPと同様に指定しましょう。
位置指定でleftだった箇所がrightになっている点に注意しましょう。

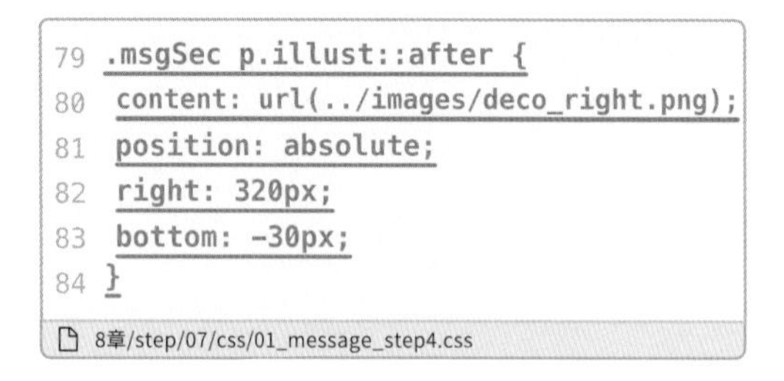

```
79 .msgSec p.illust::after {
80  content: url(../images/deco_right.png);
81  position: absolute;
82  right: 320px;
83  bottom: -30px;
84 }
```

8章/step/07/css/01_message_step4.css

Message

葉っぱの飾り（右）が表示されたら、msgセクションは完成です！

ここはおさえる LEARNING 疑似要素の::beforeと::after

疑似要素の::beforeと::afterは、HTMLを追加することなく疑似的な要素を生成できます。
::beforeは「開始タグの直後」に、::afterは「終了タグの直前」に要素を生成します。

::beforeと::afterの書き方

:(コロン)を2つ並べる

セレクタ名::before(after){content:～;}

::beforeや::afterだけでは内容がないため何も表示されません
そのためcontentプロパティと併せて使用されます

p::before {
content:"☆";
}
p::after {
content:"★";
}
HTML
<p>Wedding Party</p>
HTMLには☆と★の記述はない
☆Wedding Party★
疑似要素で☆と★を表示

STEP3～4では.illustの<p>タグの「開始タグの直後」に左側の葉っぱを、「終了タグの直前」に右側の葉っぱの画像を配置していました。

ワークではcontentプロパティに画像を指定していますが、画像のサイズを調整したい場合はcontent:"";と値を空にし、画像をbackground-imageプロパティで指定するテクニックをよく使います。13章で実践します。

dateセクションのCSSを書こう

Before

After

dateセクションの背景色と余白を設定しよう

STEP 1 補助線を消して、背景と余白の調整をしよう

補助線を残したままだとレイアウト崩れを起こす可能性があるため、ここで消しておきます。.dateSecに背景色と余白の指定をしましょう。

```
10 .innerWrap {
11   border: 4px solid lightblue; ←消します
12   width: 1240px;
```

```
84 .dateSec {
85   background-color: #ffffff;
86   padding-bottom: 120px;
87 }
```

8章/step/08/css/01_date_step1.css

補助線が消え、コンテンツの下に余白ができました。背景色はもともと白色なので変化はありません。

補助線を消した影響でコードの行数が変わりますので注意してください。上のソースコードの終わり（87行目）とそろっていれば大丈夫です。

要素の位置や大きさがデベロッパーツールだけではわかりにくい場合はその都度、補助線をつけるようにすると理解しやすくなります。

Flexboxで横並びのレイアウトを組もう

STEP 1 HTMLに<div>タグを追加しよう

「画像」と「テキスト情報の塊（日付から電話番号まで）」を横並びにしたいので、**index.html**を開き、フレックスコンテナ用の<div class="layoutWrap">を追加します。また、「テキスト情報の塊」をグルーピングするための<div>タグも追加しましょう（⇒P122）。

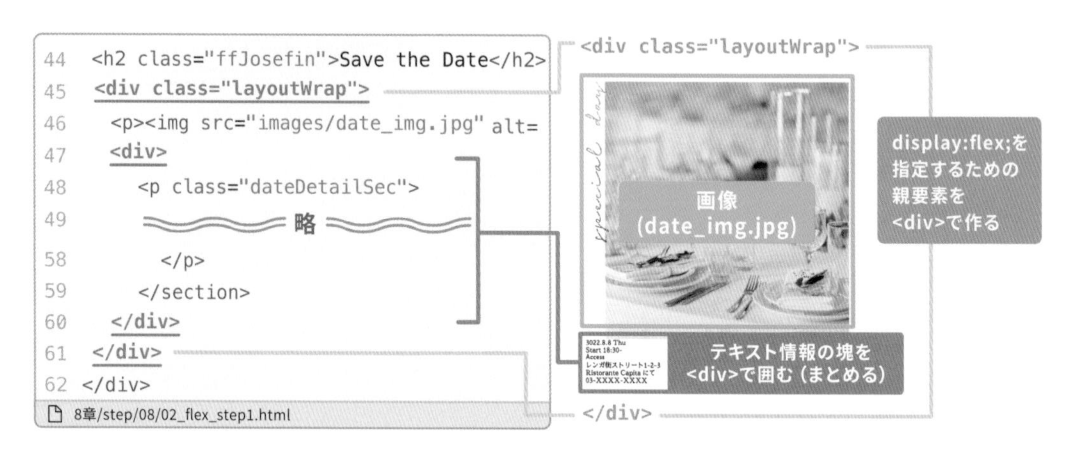

44 <h2 class="ffJosefin">Save the Date</h2>
45 <div class="layoutWrap">
46 <p><img src="images/date_img.jpg" alt=
47 <div>
48 <p class="dateDetailSec">
49 略
58 </p>
59 </section>
60 </div>
61 </div>
62 </div>
8章/step/08/02_flex_step1.html
<div class="layoutWrap">
display:flex;を指定するための親要素を<div>で作る
画像 (date_img.jpg)
テキスト情報の塊を<div>で囲む（まとめる）
</div>

STEP 2 Flexboxで横並びにしよう

横並びにするために<div class="layoutWrap">にdisplay:flex;を指定しましょう。
横並びになった左右のカラムの横幅を調整するために、flex-basisで大きさの指定もします。

```
88 .dateSec .layoutWrap {
89   display: flex;
90 }
91 .dateSec .layoutWrap > p {
92   flex-basis: 735px;
93 }
94 .dateSec .layoutWrap > div {
95   flex-basis: 465px;
96 }
```

8章/step/08/css/02_flex_step2.css

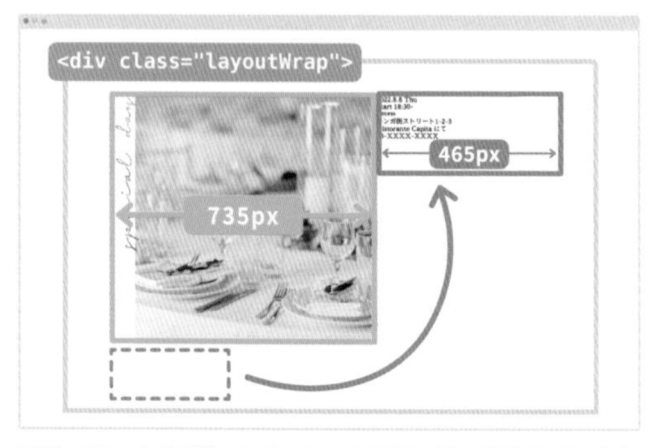

<div class="layoutWrap">
465px
735px

縦並びだった「画像」と「テキスト情報の塊」が横並びになりました。

「.dateSec .layoutWrap > p」は**子セレクタ**と呼び、.layoutWrapの直下のp要素だけに適用されます（⇒P120）。つまり子要素の中の要素（孫要素と呼びます）には効きません。

日付部分を整えよう

STEP 1 日付部分を装飾しよう

「テキスト情報の塊」をグルーピングするためにつけた<div>タグにpadding-topで余白をつけます。日付部分には.deteDetailSecというクラス名をつけてあるので、このセレクタに対してfont-sizeを指定して文字を大きくしましょう。また、配置を左にズラして画像に重なるようにするため左側のmarginにマイナスの値を指定します。背景色、余白、行間も調整しましょう。

```
94  .dateSec .layoutWrap > div {
95    flex-basis: 465px;
96    padding-top: 100px;
97  }
```

```
98  .dateSec .dateDetailSec {
99    font-size: 72px;
100   margin: 0 0 170px -100px;
101   background-color: #ffffff;
102   padding: 40px 64px;
103   line-height: 1.2;
104 }
```

8章/step/08/css/03_datedetail_step1.css

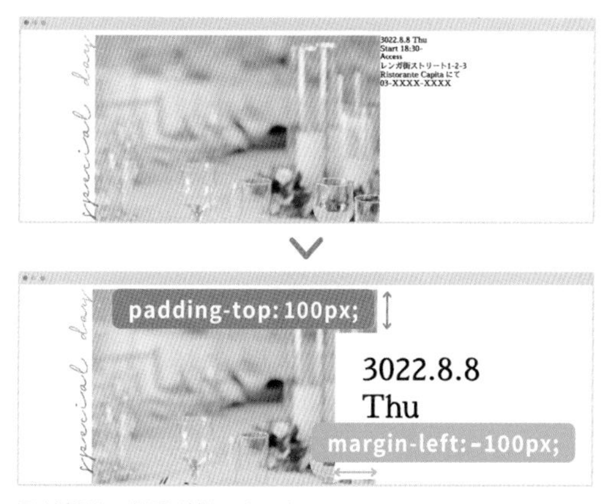

日付部分の位置が整いました。

STEP 2 HTMLに<span>タグを追加しよう

完成形のデザインでは「Thu」「Start」「18:30-」の文字の大きさが異なっているので、**index.html**に<span>タグを追加してCSSを指定できるようにしましょう。

```
48 <p class="dateDetailSec">
49   3022.8.8␣<span class="word1">Thu</span><br>
50   <span class="word2">Start</span>␣<span class="word3">18:30-</span>
51 </p>
```

半角スペースはそのまま残す

8章/step/08/03_datedetail_step2.html

表示に変化はありません。

このSTEPのように文字サイズを変更したいだけで、意味づけを必要としない場合は意味を持たない<div>タグや<span>タグを使います。ここはテキストの一部（インライン）にスタイルを適用したいので<span>タグを使います（⇒P122）。

STEP 3 font-sizeを指定しよう

前のSTEPでつけたclassに対してそれぞれfont-sizeを指定しましょう。
類似のセレクタでプロパティが同じ場合は1行で書くと可読性が高まります。

```
105 .word1 {font-size: 50px;}
106 .word2 {font-size: 40px;}
107 .word3 {font-size: 60px;}
```

8章/step/08/css/03_datedetail_step3.css

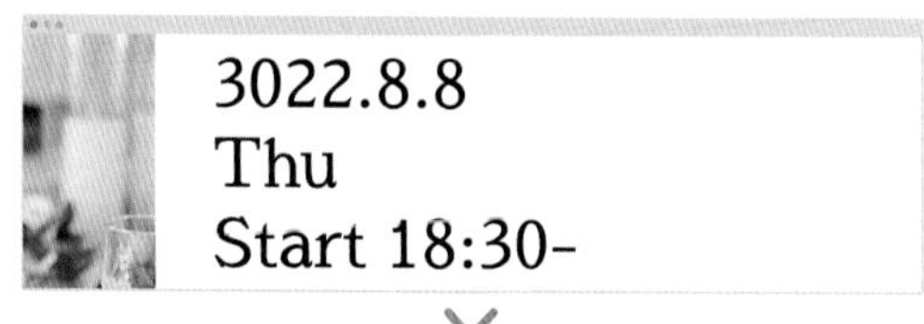

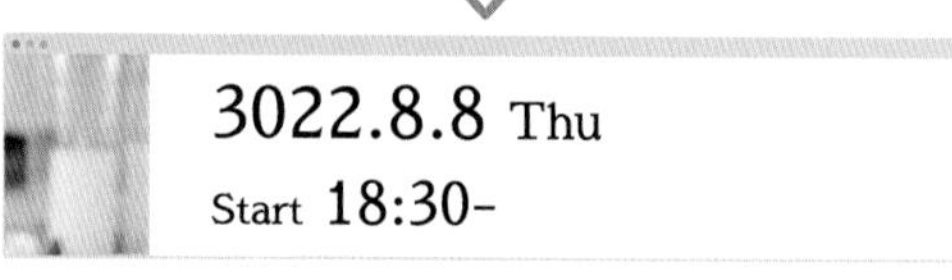

それぞれの文字サイズが変わりました。

アクセス部分を整えよう

STEP 1 アクセス部分を今まで習ったプロパティで調整しよう

アクセス部分（.accessSec）の文字色や大きさなどを調整します。今まで習ったプロパティで調整してみましょう。

```
108 .accessSec {
109  margin-left: 48px;
110 }
111 .accessSec h3 {
112  color: #cfafa3;
113  font-size: 55px;
114  letter-spacing: .05em;
115  margin-bottom: 8px;
116 }
117 .accessSec p {
118  line-height: 1.6;
119 }
```

8章/step/08/css/04_access_step1.css

ふぅ。なんとか完成しましたが、なかなか難しくて全部は理解しきれていないかもしれません。ここまでやりきっている皆さんはすごいです！

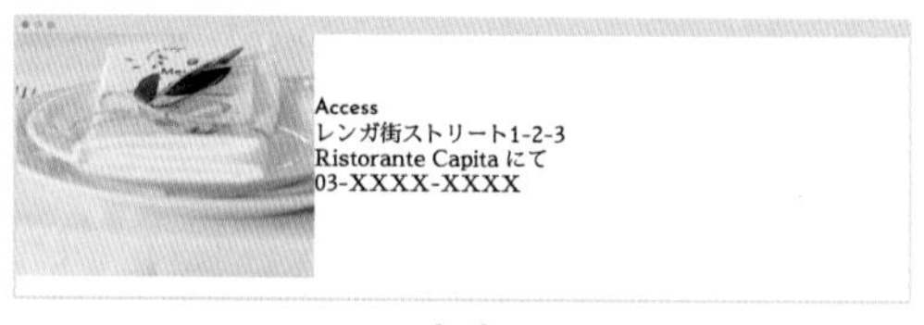

これでdateセクションは完成です！

formセクションのCSSを書こう

Before

RSVP

After

上図のBeforeの状態では7章でマークアップしたフォーム部品が見えなくなっていますが、これはリセットCSSの影響です。これからCSSで部品に装飾をしていくので開始時はこの表示で問題ありません。

formセクションの背景色と余白を設定しよう

STEP 1 背景色と余白を設定しよう

.formSecに背景色（#efe8d9）と余白の指定をします。
フォームの横幅（600px）を指定して中央寄せにしましょう。

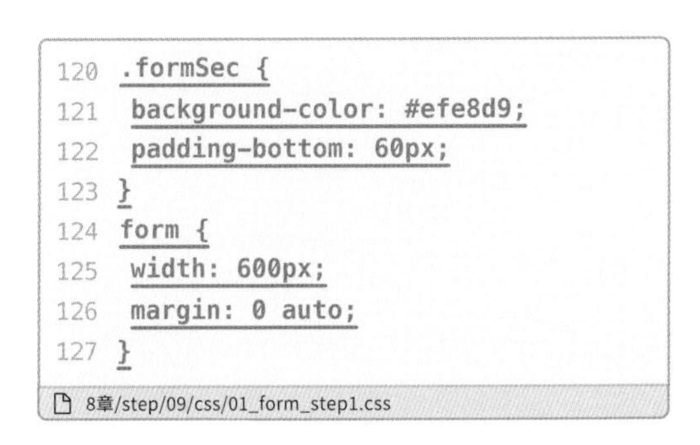

```
120 .formSec {
121   background-color: #efe8d9;
122   padding-bottom: 60px;
123 }
124 form {
125   width: 600px;
126   margin: 0 auto;
127 }
```

8章/step/09/css/01_form_step1.css

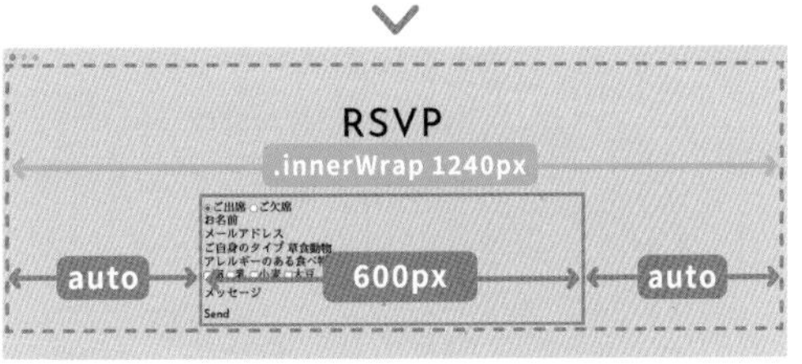

背景色がついてフォームが中央寄せになりました。

STEP 2 見た目が同じフォーム部品を装飾する

入力欄の背景色と境界線を指定しましょう。
横幅を100%に広げ、余白も調整します。
入力欄は共通のデザインなので,(カンマ)で区切って複数のセレクタを指定します。

```
128 input[type="text"],
129 input[type="email"],
130 select,
131 textarea {
132  border: 1px solid #cccccc;
133  background-color: #ffffff;
134  width: 100%;
135  margin-top: 5px;
136  padding: 4px 8px;
137 }
```

8章/step/09/css/01_form_step2.css

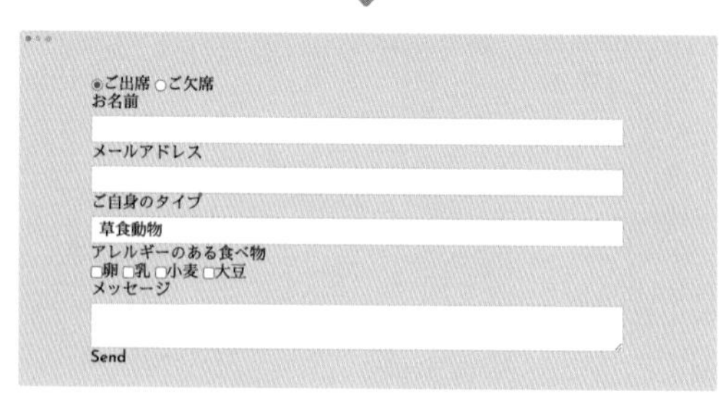

白いボックスの共通デザインが装飾できました。

このwidth:100%;は「親要素に対して」なのでform要素と同じ600pxになります。

ここはおさえる LEARNING 属性セレクタについて

STEP2のinput[type="text"]のようなセレクタを属性セレクタといいます(⇒P120)。

属性セレクタの書き方

セレクタ名[属性名]
(セレクタ名は省略可能)

具体例

input[type]	type属性を伴うinput要素が対象
input[type="text"]	属性の値まで一致するinput要素が対象
[type="text"]	属性にtype="text"が指定されているすべての要素が対象

なんで属性セレクタを使うのですか?

input要素が並ぶフォームでは、属性セレクタを使うことでHTMLに余計なclassを追加しなくて済むので効率的なのです。

STEP 3 ラジオボタンとチェックボックスの調整をしよう［選択欄］

縦方向の整列方法を指定するプロパティ

ヴァーティカル・アライン
vertical-align: ～ ;

displayプロパティの値がインライン・インラインブロック・表セルの要素に対して指定できます。
値には単位を伴った数値やキーワードが入ります。

よく使うキーワード

baseline	★カピぞう	middle	★カピぞう
top	★カピぞう	bottom	★カピぞう

テーブルセル要素に適用した場合

top	middle	bottom

ラジオボタンとチェックボックスの部品が少し下にあり、項目名とズレているので縦方向の位置をそろえます。widthとheightで部品の大きさを指定し、vertical-alignでそろえます。部品と項目名の間の余白もmargin-rightでつけましょう。

```
138 input[type="radio"],
139 input[type="checkbox"] {
140   width: 16px;
141   height: 16px;
142   vertical-align: baseline;
143   margin-right: 4px;
144 }
```

8章/step/09/css/01_form_step3.css

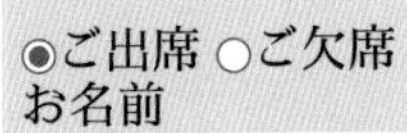

ボタンと項目名の位置が調整されました。

vertical-alignはフォントの種類などによっては、値をmiddleにしても縦位置が中央にそろわないことがあります。今回の例でもbaselineの方がきれいにそろいます。どうしてもそろわない時は、pxでの指定やmarginなどを使って微調整しましょう。

vertical-alignを適用する要素に注意

vertical-alignは適用させたい要素に直接指定します。text-alignと名前が似ていますが「親要素に指定し、子要素を中央寄せにする」という方法ではないので注意しましょう。

また、ブロックボックスに対してインラインボックスの縦位置を調整するものではなく、インライン同士での縦位置の調整になります。

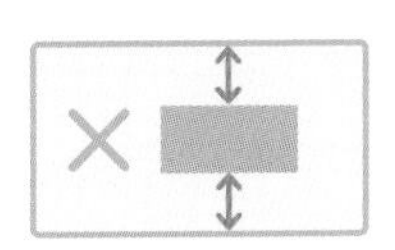

ブロック内での縦位置を揃えるのではない

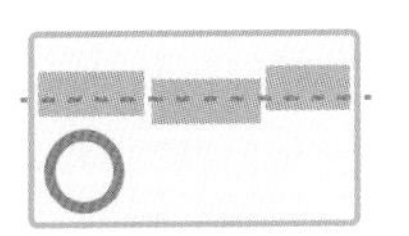

インライン同士の縦位置を揃える

※テーブルセル要素に適用の場合をのぞく

STEP 4 ラジオボタンとチェックボックスの調整をしよう［項目名］

「ご出席・ご欠席」選択欄の位置を整えます。選択欄は.attendRadioというclass名なので、これをtext-alignで中央寄せにし、margin-bottomで余白をつけましょう。
項目名同士の距離もあけたいので、label要素に左右のmarginを指定します。フォントサイズも24pxにしましょう。

「アレルギーのある食べ物（.allergyCheck）」の選択肢同士のlabel要素の余白も調整します。

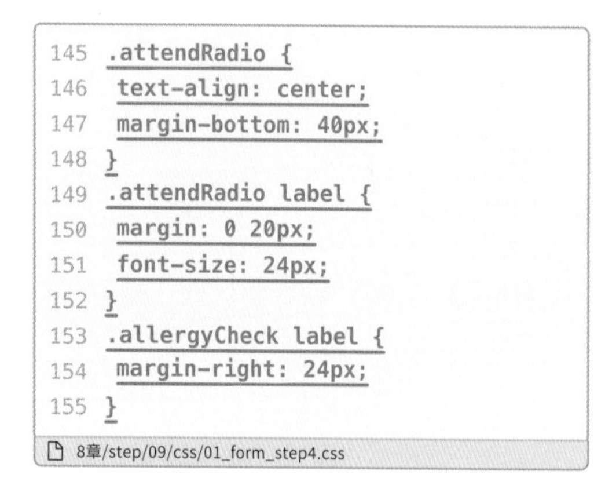

```
145 .attendRadio {
146   text-align: center;
147   margin-bottom: 40px;
148 }
149 .attendRadio label {
150   margin: 0 20px;
151   font-size: 24px;
152 }
153 .allergyCheck label {
154   margin-right: 24px;
155 }
```

8章/step/09/css/01_form_step4.css

ラジオボタンと項目名の位置が調整されました。

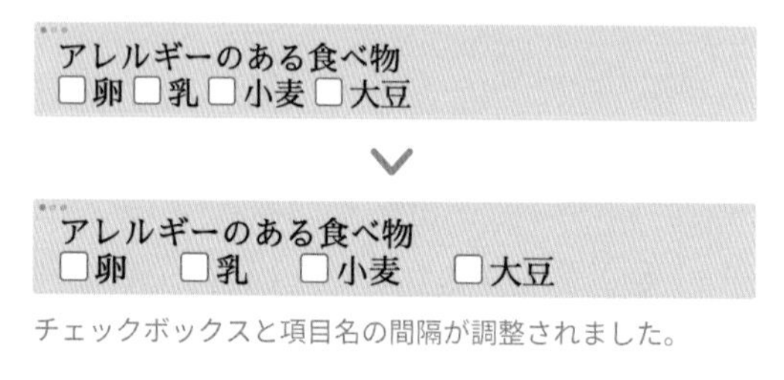

チェックボックスと項目名の間隔が調整されました。

STEP 5 セレクトボックスのマークを表示させよう

セレクトボックスのマーク（▼）を表示させたいので、backgroundプロパティで画像を指定します。

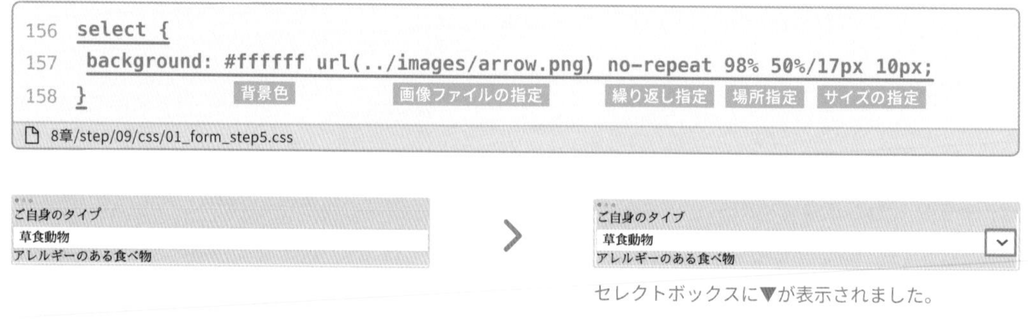

```
156 select {
157   background: #ffffff url(../images/arrow.png) no-repeat 98% 50%/17px 10px;
158 }
```


セレクトボックスに▼が表示されました。

セレクトボックスのマークもreset.cssで非表示になっているんですね。

STEP 6 メッセージ入力欄の高さと全体の余白を調整しよう

メッセージ入力欄の高さをつけるためtextarea要素にheightを指定しましょう。Sendボタンとの余白もつけます。

設問同士が詰まっているため、項目名と入力欄をまとめている<p>タグにline-heightとmargin-bottomを指定して余白を調整しましょう。

```
159 textarea {
160  height: 148px;
161  margin-bottom: 30px;
162 }
163 form > p {
164  line-height: 1.4;
165  margin-bottom: 20px;
166 }
```

8章/step/09/css/01_form_step6.css

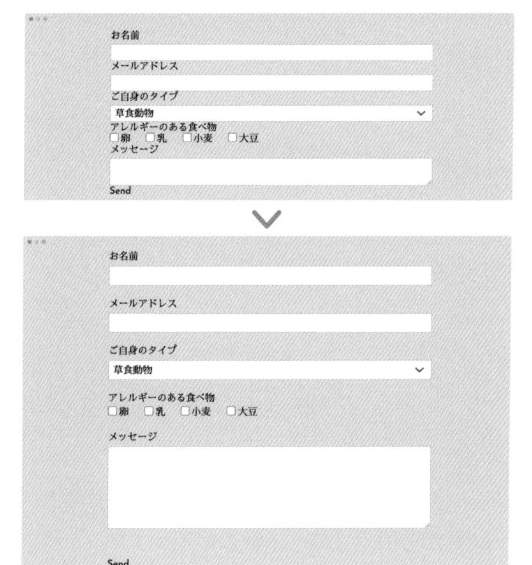

テキストエリアが広がり、設問同士の詰まっていた余白が調整されました。

STEP 7 Sendボタンの装飾をしよう

Sendボタン（input要素）はインラインブロックのため、親要素であるp要素（.submitBtn）にtext-align:center;を指定し中央寄せにしましょう。タイプセレクタを使ってボタンに背景色、文字色、余白をつけましょう。

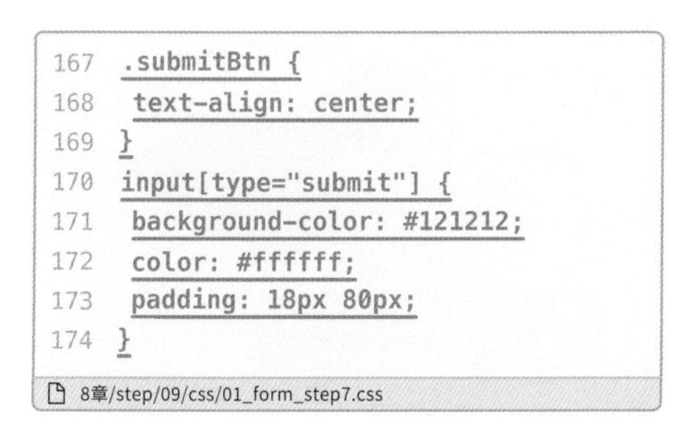

```
167 .submitBtn {
168  text-align: center;
169 }
170 input[type="submit"] {
171  background-color: #121212;
172  color: #ffffff;
173  padding: 18px 80px;
174 }
```

8章/step/09/css/01_form_step7.css

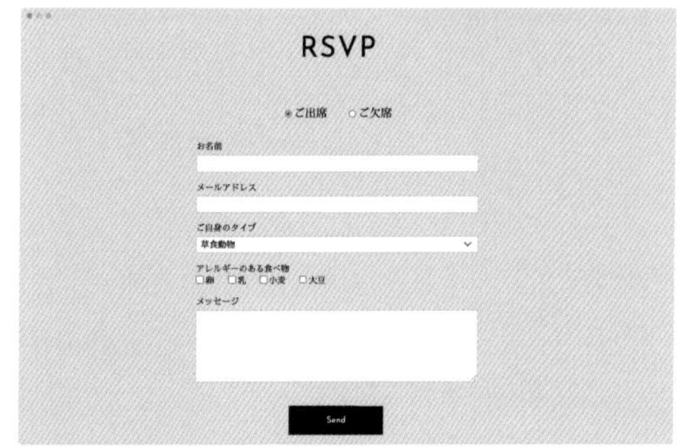

これでformセクションは完成です！

footerとパララックス効果のCSSを書こう

footerセクションの装飾をしよう

STEP 1 フッターを完成させよう

footerに背景色、文字色、余白を指定しましょう。テキストもtext-alignで中央寄せにします。

```
175 footer {
176  background-color: #c7887f;
177  color: #f3e9e5;
178  padding: 14px 10px 20px;
179  text-align: center;
180 }
```

8章/step/10/css/01_footer_step1.css

フッターが完成デザインと同じになりました。

ここまでくると、だんだんおなじみになってきたCSSプロパティばかりですね！

パララックス効果を追加しよう

パララックスとは「視差」という意味です。層になっている要素をスクロールする際に異なるスピードで動かすことにより、奥行き感を演出することができる表現方法です。

本章のサイトでは背景画像を固定し、前面コンテンツとスクロールの差を出すことで視差効果を生んでいます。

層や動かすオブジェクトを増やしたり、スピードの差を増やすことでより強い視差効果を出すことが可能です。

コンテンツ部分は
スクロールで動く
背景はposition:fixed;で
固定するので動かない

STEP 1 パララックス効果のためのCSSを追加しよう

dateセクションの下に画像を表示させたいので、画像を表示させたい高さの分だけ.dateSecの下にmargin-bottomで余白をつけます。

.dateSecの疑似要素の背景画像として画像を表示させます。position:fixed;を指定し、widthとheightを100%にすることで画面いっぱいに画像を表示でき、z-indexを-1にするとコンテンツの一番奥（裏）に固定配置されます。

```
181 .dateSec {
182   margin-bottom: 480px;   .dateSecの下に画像が見える余白をつける
183 }
184 .dateSec::after {   疑似要素を作る
185   content: "";   背景画像はbackgroundで指定するのでcontentはカラにする
186   position: fixed;  ┐
187   left: 0;          │
188   top: 0;           ├ 画面いっぱいに固定配置する
189   width: 100%;      │
190   height: 100%;     ┘
191   background: url(../images/bg.jpg) no-repeat center/cover;   背景画像を指定する
192   z-index: -1;   疑似要素を背面に移動
193 }
```

8章/step/10/css/01_parallax_step1.css

実際にスクロールをして動きを確認してみましょう。

背景画像を画面いっぱいに固定表示しています。ブラウザをスクロールしても背景画像は動かず、前面のコンテンツがスクロールすることで視差効果を生んでいます。

固定された背景画像の上をページが滑ってるみたいでおもしろいですね！

PART 4

09章

CSSアニメーションをつけてみよう

「トランジションアニメーション」と「キーフレームアニメーション」という2種類のアニメーション表現を学びます

この章ではCSSのみで実現できるアニメーションを学んでいきます。

動かせるんですか？なんだか楽しそう！

CSSアニメーションの基礎

CSSアニメーションの種類

CSSで表現できるアニメーションには**「トランジションアニメーション」**と**「キーフレームアニメーション」**の2種類があります。

トランジションアニメーション

- 始点と終点の2つの状態を定義する
- アニメーション開始のためのトリガーが必要
- 1回限りの再生のみ

…

間のアニメーションは自動で生成されます

キーフレームアニメーション

- 始点と終点の間に複数のキーフレームを作れる
- トリガーがなくてもアニメーションが開始できる
- ループ回数や再生方法を指定できる

ひとつひとつをキーフレームと呼びます

トランジションアニメーションのトリガー（きっかけ）にはhoverがよく使われます。トリガーを伴う1回限りのシンプルなアニメーションはトランジションアニメーションを使い、細かく複雑な変化が必要な時はキーフレームアニメーションを使いましょう。

完成ファイルでアニメーションを確認しよう

9章/完成/index.htmlをブラウザで開き、スクロールマークが動いていることと、フォームのSendボタンにカーソルをあてた時に動くことを確認しましょう。

作業ファイルを確認しよう

9章/作業/css/style.cssをVSコードで開きましょう。このファイルは8章のワークが反映されています。9章/作業/index.htmlをブラウザで開き、CSSが反映されているかを確認しながら進めましょう。

トランジションアニメーションを使ってみよう

トランジション効果を適用する関連プロパティ

プロパティ	説明
トランジション・プロパティ **transition-property: 〜 ;**	効果を適用するCSSプロパティを指定します。 値には任意のプロパティ名かallが入ります。
トランジション・デュレーション **transition-duration: 〜 ;**	効果の所要時間を指定するプロパティ。 値には秒数またはミリ秒数が入ります。
トランジション・ディレイ **transition-delay: 〜 ;**	効果が始まるまでの待機時間を指定するプロパティ。 値には秒数またはミリ秒数が入ります。
トランジション・タイミング・ファンクション **transition-timing-function: 〜 ;**	変化の仕方を指定するプロパティ。 値にはキーワードや関数型の値が入ります。

STEP 1 フォームのボタンにアニメーションをつけよう

セレクタは属性セレクタと疑似クラスを組み合わせたinput[type="submit"]:hoverです。
アニメーション後の状態（背景色が変わり、右にズラす）を指定しましょう。
transitionを適用させたいCSSプロパティ名（background-colorとmargin-left）をtransition-propertyに指定し、その他3つのtransition関連プロパティも指定します。

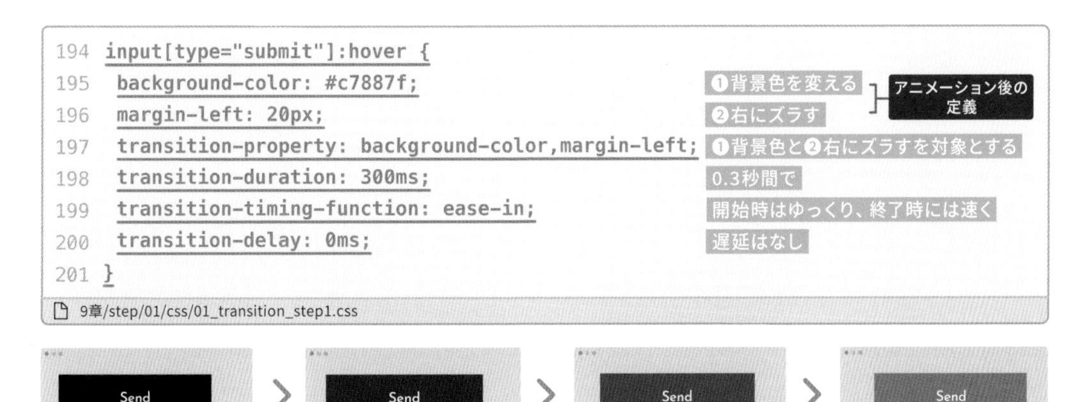

```
194 input[type="submit"]:hover {
195   background-color: #c7887f;
196   margin-left: 20px;
197   transition-property: background-color,margin-left;
198   transition-duration: 300ms;
199   transition-timing-function: ease-in;
200   transition-delay: 0ms;
201 }
```


hoverをすると「300ms」かけて「ease-in」で右にボタンが動き、色が変化します。遅延は「0ms」でなしです。

ここはおさえる LEARNING

トランジションアニメーションの設定方法

STEP1ではtransition関連プロパティをひとつずつ指定しましたが、ショートハンドで一括指定もできます。

ショートハンドの書き方

```
transition: all 300ms ease-in 100ms;
```

(all ❶ / 300ms ❷ / ease-in ❸ / 100ms ❹)

値は順不同ですが
秒数の指定は先に書いた値が
durationとみなされ
2つめの値がdelayとなります

❶ **transition-property**
どのプロパティを動かすか

❷ **transition-duration**
どれくらいの時間で動かすか

❸ **transition-timing-function**
どのように動かすか

❹ **transition-delay**
どれくらい遅らせて開始するか

transition-propertyのallは「すべてのプロパティを対象とする」という意味です。前のSTEPでは「background-color,margin-left」のように動かしたいプロパティを個別に指定しましたが、allに書き換えることもできます。

transition-timing-functionプロパティはアニメーションの変化の仕方を指定でき、ワークで使用した「ease-in」以外にも指定できるキーワードがあります。

transition-timing-functionのキーワード

ease イーズ（初期値）	ゆっくり始まり、ゆっくり終わる
linear リニア	一定速度で変化
ease-in イーズ・イン	ゆっくり始まり、速く終わる
ease-out イーズ・アウト	速く始まり、ゆっくり終わる
ease-in-out イーズ・イン・アウト	ゆっくり始まり、中盤で加速し、ゆっくり終わる

モバイルにhoverという概念はない？

STEP1ではhover時のボタンにアニメーションを指定しましたが、モバイル端末ではhoverとタップがほぼ同時に起こるため、モバイル端末ではうまく確認ができません。

キーフレームアニメーションを使ってみよう

要素を変形するプロパティ

トランスフォーム
transform: 〜 ;

要素を回転・拡大縮小・傾斜・移動させることができます。
値には要素をどのように変形させるかの指定が入ります。

変形の原点を指定するプロパティ

トランスフォーム・オリジン
transform-origin: 〜 ;

transformで変形時の原点の位置を指定するプロパティ。
値には位置をあらわすキーワードや数値が入ります。

STEP 1 キーフレームを設定しよう

キーフレームアニメーションの場合はキーフレームの設定をしてから、動かしたい要素に適用させるという手順です。

「@keyframes animation名」でキーフレームアニメーションの設定をします。
ここでは「scrollAnimation」という名前をつけました。0%（始点）、50%、50.1%、100%（終点）のキーフレームを作り、4つの状態をそれぞれ定義していきましょう。
今回のキーフレームは4つですが、もっと多くのキーフレームを作ることもできます。

```
202 @keyframes scrollAnimation {
203   0% {
204     transform: scaleY(0);
205     transform-origin: top;
206   }
207   50% {
208     transform: scaleY(1);
209     transform-origin: top;
210   }
211   50.1% {
212     transform: scaleY(1);
213     transform-origin: bottom;
214   }
215   100% {
216     transform: scaleY(0);
217     transform-origin: bottom;
218   }
219 }
```

任意のアニメーション名をつける

Scroll
原点

原点をtopに指定

Scroll

上から下に向かって線が伸びていき、アニメーションの半分（50%）でY軸の大きさを1倍（=等倍）に

Scroll
原点の位置変更

原点がtopのままだと下から上方向に戻ろうとするので、ここで原点をbottomに指定

Scroll

上から下に線が消えていく

9章/step/01/css/02_animation_step1.css

キーフレームを設定しただけでは要素に変化はありません。

transformプロパティの概要

transformプロパティは要素を回転・移動・拡大縮小・傾けることができます。

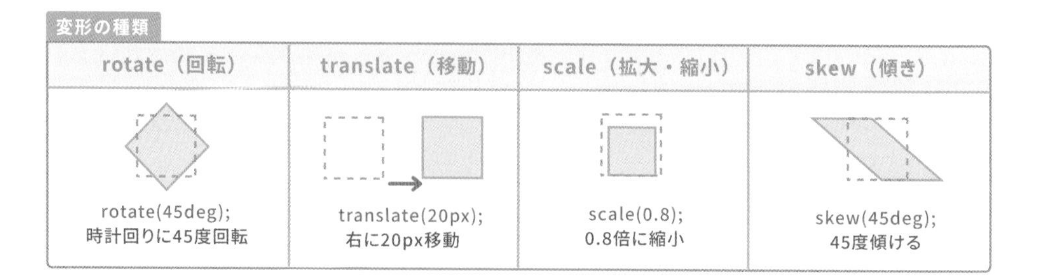

変形の種類
rotate（回転）
translate（移動）
scale（拡大・縮小）
skew（傾き）
rotate(45deg);
時計回りに45度回転
translate(20px);
右に20px移動
scale(0.8);
0.8倍に縮小
skew(45deg);
45度傾ける

X軸とY軸の値を別々に指定することもできます。STEP1ではscaleYプロパティを使うことでY軸に対してのscaleを指定しています。

等倍

scale(1);

X軸に拡大

scaleX(1.2);

Y軸に拡大

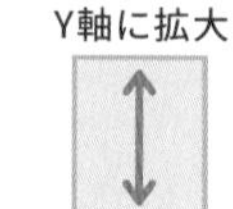

scaleY(1.2);

transformプロパティはアニメーションとの組み合わせで使われることが多いですが、単体でも使えます。

▶ transformで要素を変形させる時の原点を指定するtransform-originプロパティ

transformプロパティで要素の変形をする場合、「変形の原点」を考慮する必要があります。 原点が変わると、同じ値の指定をしても変形の結果が変わります。

正方形を右に45度回転させる場合

center（初期値）	left top	right bottom
原点 ※点線が変形前の図形	原点	原点

ほんとうだ〜！ 原点が変わると、まるで結果が違いますね！

STEP1の「50.1%」のキーフレームでは、このtransform-originの値をbottomに変更して、線が下方向に変形する（消える）ようにしています。

STEP 2 キーフレームアニメーションを適用しよう

アニメーション効果を適用する関連プロパティ

プロパティ	説明
アニメーション・ネーム **animation-name: ～ ;**	効果を適用するアニメーション名を指定するプロパティ。 値にはアニメーション名が入ります。
アニメーション・デュレーション **animation-duration: ～ ;**	効果の所要時間を指定するプロパティ。 値には秒数またはミリ秒数が入ります。
アニメーション・タイミング・ファンクション **animation-timing-function: ～;**	アニメーションの変化の仕方を指定するプロパティ。 値にはキーワードや関数型の値が入ります。
アニメーション・イテレーション・カウント **animation-iteration-count: ～ ;**	アニメーションの実行回数を指定するプロパティ。 値にはinfinite（無限ループ）か数値（回数）が入ります。

STEP1で作ったキーフレームアニメーションをスクロールマーク（img要素）に適用します。「scrollAnimation」というキーフレームアニメーション名をanimation-nameプロパティの値に指定しましょう。その他3つのanimation関連プロパティも指定します。

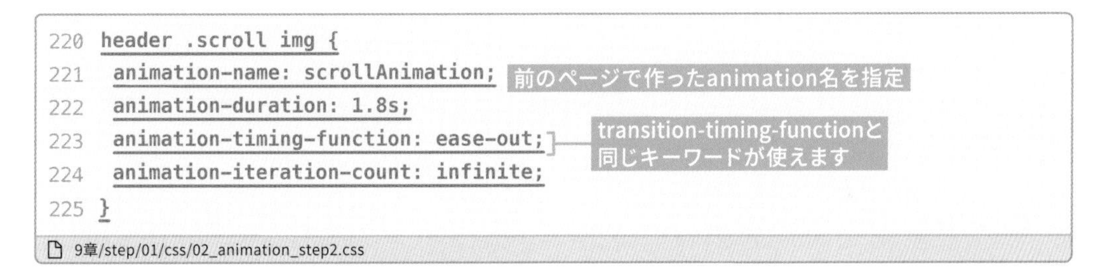

```
220 header .scroll img {
221   animation-name: scrollAnimation;
222   animation-duration: 1.8s;
223   animation-timing-function: ease-out;
224   animation-iteration-count: infinite;
225 }
```


9章/step/01/css/02_animation_step2.css

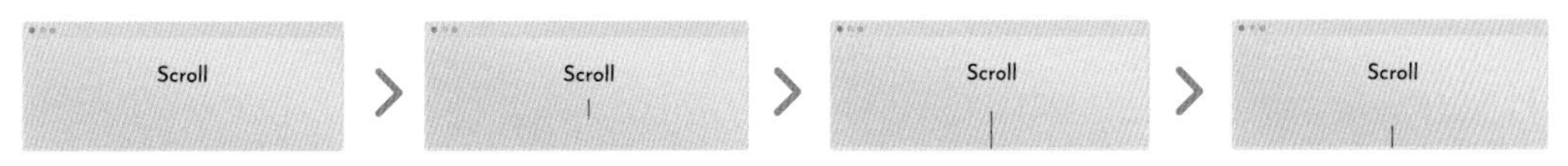

スクロールマークがキーフレームの指定通りに「1.8秒」かけて「ease-out」で動きます。「infinite」なので永続的に繰り返されます。

キーフレームアニメーションには任意のアニメーション名をつけられます。このアニメーション名を指定すればどんな要素にも同じアニメーションをつけられます。また、transformと同じようにanimation関連プロパティもショートハンドでまとめられます。

アニメーションは動画の方がわかりやすい部分もあるので「ちょっと難しいな」と感じた方は動画もチェックしてみてください。

PART 4
10章

レスポンシブウェブデザインに対応させよう

マルチデバイス対応の方法としてレスポンシブウェブデザインについて学び
スマートフォン用のWebサイトを作成します

新しい言葉がたくさん出てきますが
ひとつひとつ理解していきましょう。

横文字は苦手ですが
ついていきます……！

SECTION 1 マルチデバイス対応の基本

マルチデバイス対応ってなんですか……？

Webサイトを閲覧する環境はパソコン・スマートフォン・タブレット・テレビなど色々ありますよね。そんな多様なデバイスに合わせてWebサイトを閲覧しやすくすることです。

本章ではマルチデバイス対応の方法としてレスポンシブウェブデザインを学んでいきます。

レスポンシブウェブデザインとは？

レスポンシブウェブデザインとは、閲覧環境に応じてWebサイトのデザインを変化させる制作手法です。画面サイズに応じて読み込まれるCSSを切り替えることで、デザインを変更します。1つのHTMLファイルで実現できることが特徴です。

デバイスごとに異なるデザインの具体例

本章で制作するスマートフォン用のデザインとPC用のデザインでどのような違いがあるかを見てみましょう。

ヘッダーでは「Welcome to our Wedding Party」の位置が変わっていたり、背景画像の縦横比が変わっています。
「Save the Date」のパートではPC用で写真と日付が重なって横並び（2カラム）になっている箇所が、スマートフォン用では縦並びのレイアウト（1カラム）に変わっています。

このようにPC版とスマートフォン用でデザインを変化させ、見やすいように最適化しています。

PCにはPCの、スマートフォンにはスマートフォンの見やすさがあるんだね。

その他のマルチデバイス対応方法

レスポンシブウェブデザインではなく、デバイス別にページを作成するという方法もあります。それぞれの特徴を見てみましょう。

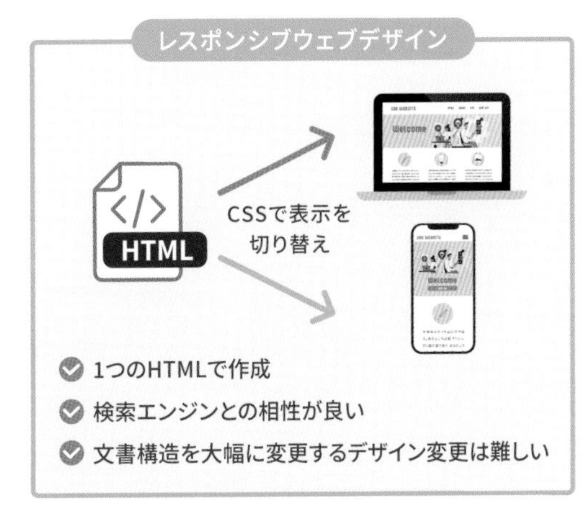

最近ではレスポンシブウェブデザインを採用することがとても増えましたが、それぞれにメリット・デメリットがありますのでプロジェクトによって最適な手法をとりましょう。

レスポンシブウェブデザイン対応の準備をしよう

レスポンシブウェブデザインに対応するための準備は以下の3ステップでおこないます。途中で「難しい」と感じる部分があれば動画の補足解説もチェックしてみてくださいね。

❶ ビューポートを書く → ❷ ブレイクポイントを考える → ❸ メディアクエリを書く

❶ ビューポートを書く	❷ ブレイクポイントを考える	❸ メディアクエリを書く
HTMLにモバイル用の画面サイズ調整タグを書く	画面サイズの切り替えポイントを決める	CSSにモバイル用CSSを書く準備をする

準備だけで3ステップも！？ 横文字ばかりでチンプンカンプンです。

やることはとてもシンプルなので安心してくださいね。

作業ファイルを確認しよう

10章/作業/css/style.cssをVSコードで開きましょう。**10章/作業/index.html**をブラウザで開き、CSSが反映されているかを確認しながら進めましょう。

完成形のデザイン（**10章/デザイン/design.png**）を見ながら進めましょう。

ビューポートの指定をしよう

STEP 1 HTMLにビューポートの指定を書こう

10章/作業/index.htmlをVSコードで開き、<head>タグ内にビューポートの記述をします。ビューポートの指定は<meta>タグで1行書くだけです。

```
4 <meta charset="UTF-8">
5 <meta name="viewport" content="width=device-width,initial-scale=1">
6 <link rel="stylesheet" href="css/reset.css">
```

10章/step/02/01_viewport_step1.html

見た目の変化はありません。

ここはおさえる LEARNING viewport（ビューポート）とは？

モバイルデバイスでWebページを見た際に「**横幅を何pxとして表示するか**」を設定するのがviewportです。

モバイルデバイスのブラウザはviewportを指定しない状態では980px程度の横幅まで見える仕様になっています。ですが、モバイルの小さい画面にPCサイズのページを表示しようとするため、文字や画像がとても小さくなってしまいます。

これを解決するためにviewportのcontent属性にwidth=device-widthを指定します。このようにviewportを指定すると「デバイスのサイズそのままの横幅で表示」となります。

PC用のサイトから先に作っている場合、この状態になると固定幅にした要素や、大きな画像は画面からはみ出てしまうので、これをスマートフォン用に最適化していきます。

ビューポートの概念図

viewportを指定しない

PCサイズの画面を
表示するため見にくい

viewportを指定する

画面より大きな要素が
はみ出す

上図は概念図なので、実際の見え方とは異なります。

▶ initial-scaleは基本的に「1」を指定しよう

initial-scaleは初期の拡大率を意味し、0.5にすると1/2サイズで表示されます。
特別な事情がない限りは、等倍で表示させるためにinitial-scale=1と記述しておきましょう。

widthは「device-width」、initial-scaleは「1」とおぼえてしまえばいいでしょうか？

そうですね。はじめのうちはワークで書いたコードをそのまま入れてOKです。特殊なデバイスへの対応やviewportの仕様の変更がない限りはこのままで大丈夫でしょう。

ブレイクポイントを決めよう

レスポンシブウェブデザインでは、画面の幅によって適用するCSSを切り替えます。この切り替えるポイントのことを「**ブレイクポイント**」と呼びます。

ブレイクポイントに正解はありません。たくさん設定すれば、さまざまな画面サイズに対応できますが、そのぶん実装も大変になります。

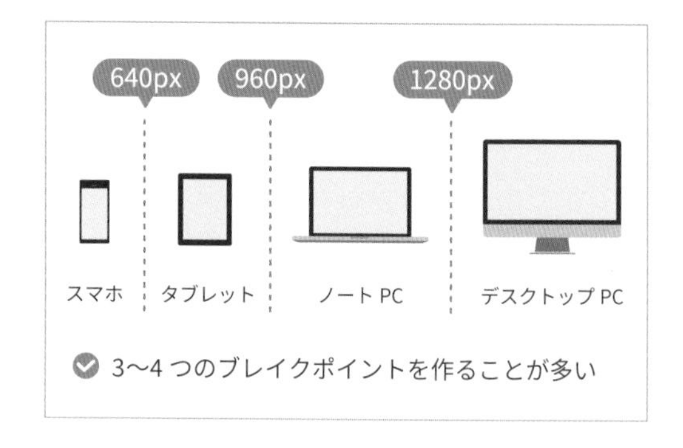

ブレイクポイントの決め方

具体的な数値の決め方は「ディスプレイ解像度のシェア率」を参考にしたり、サイトのリニューアルであれば「既存サイトの訪問者のデバイスデータ」を参考に決めたりします。

本章ではブレイクポイントを640pxで1つだけ指定し、スマートフォン用のCSSを追加していきます。

「statcounter」https://gs.statcounter.com/
国別やデバイス別にディスプレイ解像度の統計データを閲覧できます。

メディアクエリを書こう

STEP 1 メディアクエリをCSSに追加しよう

 **10章/作業/css/style.css**を開き、これまで書いてきたCSSの後（226行目）にメディアクエリの記述を書き足します。
これまで書いてきたCSSはPCとスマートフォンの両方に適用され、このメディアクエリ内に書かれたCSSはスマートフォン（画面幅が640px以内のデバイス）にだけ適用されます。

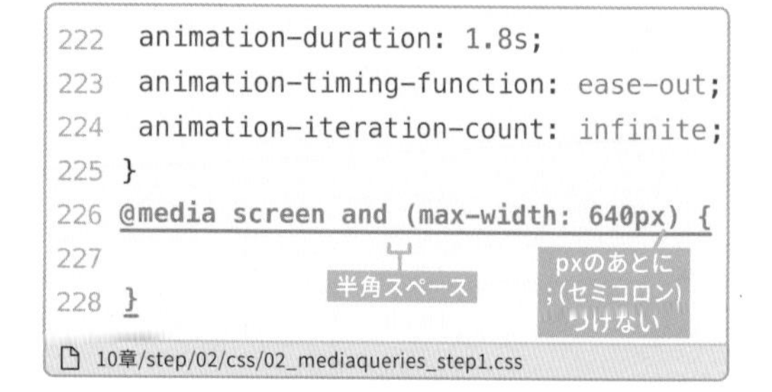

```
222  animation-duration: 1.8s;
223  animation-timing-function: ease-out;
224  animation-iteration-count: infinite;
225 }
226 @media screen and (max-width: 640px) {
227
228 }
```


10章/step/02/css/02_mediaqueries_step1.css

ここはおさえる！ LEARNING

メディアクエリの書き方

条件には「max-width:〇〇px」や「min-width:〇〇px」といった値が入ります。
たとえばmax-width:640pxであれば「画面幅640px**以下**に適用させる」という条件になり、min-width:640px;であれば「画面幅640px**以上**に適用させる」という条件になります。

モバイルデバイスでの見え方を確認しよう

スマートフォンの実機で確認するのが難しいため、デベロッパーツールで疑似的にモバイルデバイスのプレビューをします。

STEP 1 デバイスツールボタンを選択しよう

スマートフォンでの見え方をプレビューするために**index.html**をブラウザで開き、デベロッパーツールを起動したら「Toggle device toolbar」ボタンをクリックしましょう。

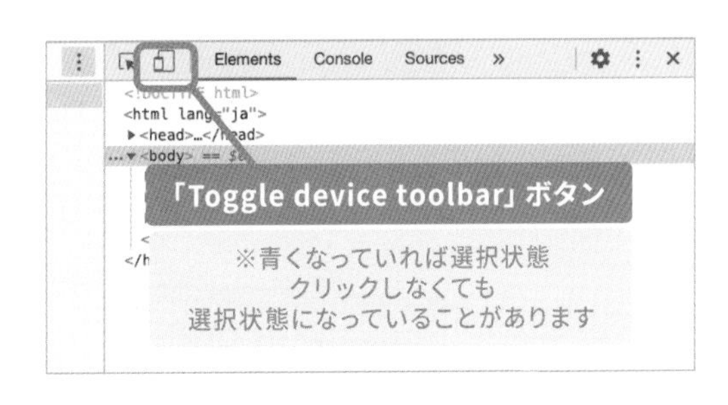

STEP 2 デバイスをiPhone Xに変更しよう

プレビューするデバイスを上部のツールバー（[Responsive▼] のセレクトボックス）で選択します。今回はiPhone Xの見え方を基準にしますのでiPhone Xを選択しましょう。
一覧にiPhone Xがない場合は、機種一覧の最下にある「Edit...」をクリックし、iPhone Xにチェックを入れると追加されます。

マルチデバイス対応の流れ

viewportを書いただけの状態を確認するとこのような状態です。
メディアクエリ内にCSSを書いて、スマートフォン用のデザインに整えていきましょう。

1.パーツを画面内に収める

- カラム数の調整をする
- pxでサイズ固定をしている箇所を可変サイズに変更する
- パーツの位置、大きさを調整する

2.デザインの調整をする

- 文字サイズの調整をする
- エリアごとの調整をする

3.画像を調整をする

- 画像を高解像度ディスプレイに対応させる

ブルーの箇所がスマートフォンの横幅(viewport)ですね

この見え方にならない場合はToggle device toolbarを何回か押してみましょう。

それでもならない場合はviewportの記述を見なおしてみましょう

パーツを画面内に収めよう

カラム数の調整をしよう

横に並んでいる2カラムレイアウト部分を1カラムにすることでスマートフォンの幅に対応させます。本章のデザインではdateセクションの1箇所のみになります。

STEP 1 2カラムを1カラムにしよう

2カラムで横並びになっている箇所を1カラムにするため、display:flex;の指定をdisplay:block;で上書きしてFlexboxの横並びを解除しましょう。

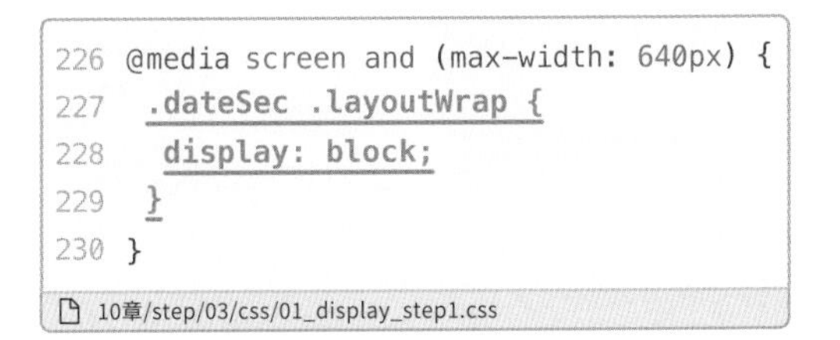

```
226 @media screen and (max-width: 640px) {
227   .dateSec .layoutWrap {
228     display: block;
229   }
230 }
```

10章/step/03/css/01_display_step1.css

横並びの「写真」と「日付部分」が縦に並びました。

ここに注意！ POINT 必ずメディアクエリ内に書こう

P.196で設定した@media screen and (max-width: 640px) {〜}の中に書きましょう。

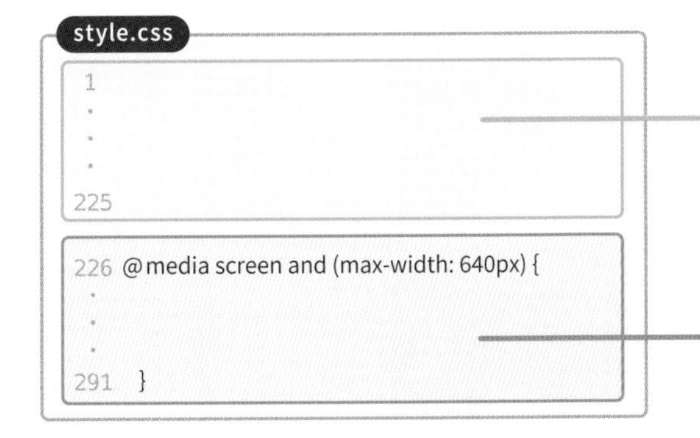

メディアクエリ指定なし
どの画面サイズにも適用される

メディアクエリ指定あり
画面幅640px以下のみ適用される

CSSは後に書いたものが優先されることをおぼえていますか？（⇒P172）その性質を利用して、メディアクエリ内に書いたCSSはスマートフォン版（640px以下）の表示にだけ適用されるという仕組みです。

固定幅を可変幅にしよう

STEP 1 固定幅レイアウトを可変幅にしよう

pxで固定幅指定をしている箇所はスマートフォンの横幅（viewport）から、はみ出してしまっているため、可変幅に変更します。

具体的にはPC用でwidthをpx指定していた箇所をまとめて%指定に変更します。画面いっぱいの横幅にしたいので100%と指定しましょう。

```
230  .innerWrap,
231  header nav ul,
232  form {
233    width: 100%;
234  }
235 }
```

10章/step/03/css/02_width_step1.css

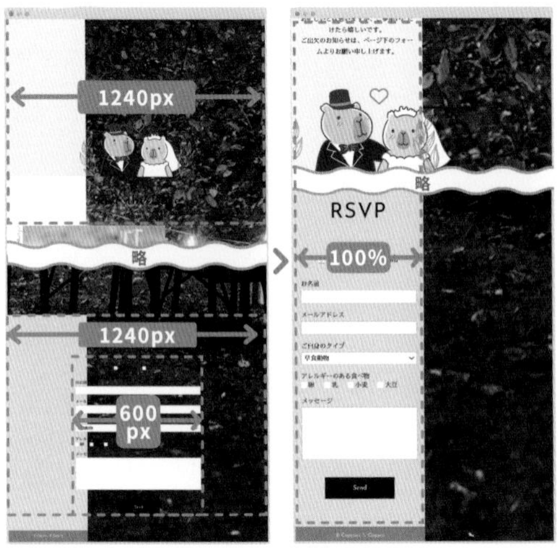

msgセクションとformセクションの変化がわかりやすいです。

STEP 2 画像を可変幅にしよう

img要素もPC用のままの大きさで表示されていて画面サイズからはみ出しているので、可変幅にするためwidthを%で指定します。
親要素と同じ横幅になるように100%と指定しましょう。

```
235  header h1 img,
236  .msgSec p.illust img,
237  .dateSec .layoutWrap > p img {
238    width: 100%;
239  }
240 }
```

10章/step/03/css/02_width_step2.css

3箇所の画像がそれぞれスマートフォンの横幅（背景色のある部分）に収まりました。

パーツの位置・大きさを調整しよう

STEP 1 葉っぱの飾りを調整しよう

葉っぱの飾りの位置と大きさが完成形のデザインと異なるので調整をしましょう。
上書きする部分だけ指定すればよいのでleft・right・bottomを指定しなおします。
葉っぱの大きさを小さくするためにtransformプロパティのscaleを使っています（⇒P190）。

```
240  .msgSec p.illust::before {
241    left: -16px;
242    bottom: -80px;
243    transform: scale(0.7);
244  }
245  .msgSec p.illust::after {
246    right: -16px;
247    bottom: -80px;
248    transform: scale(0.7);
249  }
250 }
```

10章/step/03/css/03_position_step1.css

飾りの位置が調整されました。これで横にはみ出る要素がなくなりました。

ここまでのCSSを反映させた表示

これでスマートフォン用の横幅にぜんぶ収まりましたね。

そうですね。スマートフォン用に最適化するには最初に横幅を画面内に収めるようにCSSを書き換えるとわかりやすいですよ。

次のページからは完成形のデザインに合わせて表示の細かい調整をしていきます。

パーツの表示を調整しよう

まずはページ全体に影響するCSSから調整していきましょう。

共通箇所の表示を調整しよう

STEP 1 フォントサイズと余白の調整をしよう

PCとはフォントサイズが違うため、bodyに指定しているフォントサイズをスマートフォン用に16pxに指定しなおしましょう。
共通部分を一緒に対応してしまう方がわかりやすいので、見出し（h2要素）のフォントサイズと余白も調整しましょう。

```
250  body {
251    font-size: 16px;
252  }
253  main h2 {
254    font-size: 44px;
255    margin-bottom: 60px;
256  }
257 }
```

10章/step/04/css/01_font_step1.css

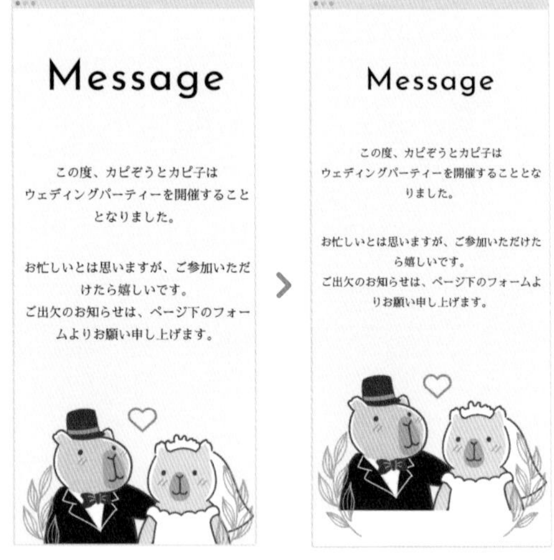

共通見出しと本文の文字サイズがスマートフォン用に変わりました。

ヘッダーの表示を調整しよう

STEP 1 スマートフォン用のメインビジュアルを設定しよう

メインビジュアルの花束の画像とキャッチコピーが重なってしまっているので、メインビジュアルの画像をスマートフォン用の画像に変更しましょう。HTML（img要素）ではなくCSS（background）で指定しているので上書きすることで変更できます。

高さもスマートフォン用に指定しなおしますが、画面の大きさに合わせて可変するvhという相対指定に変更してみましょう。キャッチコピーの位置もpaddingで調整します。

```
257  header {
258    background: url(../images/hero_sp.jpg) no-repeat right top/cover;
259  }
260  header .innerWrap {
261    height: 90vh;
262  }
263  header h1 {
264    padding-top: 80px;
265  }
266 }
```

10章/step/04/css/02_header_step1.css

ここはおさえる LEARNING

viewportを基準とする単位「vh」と「vw」

vhは「viewport height」の略でviewportの高さを意味します。わかりやすく表現すると「100vh=画面の高さと同じ」ということになります。

vwは「viewport width」の略でviewportの横幅になります。これも同じく「100vw=画面の横幅と同じ」ということです。

vhは高さ、vwは横幅の指定にしか使えないように思えますが、単位の基準が画面幅や画面の高さというだけでfont-sizeやmarginなどの単位にも使用できます。

また、vwやvhは**画面サイズによって大きさ**が決まり、%は**親要素の大きさによって大きさが決まる**ので、80vhと80%では意味が異なるという点に注意しましょう。

サンプルの例では90vhなので画面の9割の高さを指定しています。

vhやvwを使うと、画面の大きさが違うスマートフォンでも同じように見えるんですね。

msgセクションの表示を調整しよう

STEP 1 文章を左寄せにしよう

テキストが中央寄せのままだと読みにくいので、text-alignで左寄せにしましょう。

```
266  .msgSec p {
267    text-align: left;
268  }
269 }
```

10章/step/04/css/03_message_step1.css

中央寄せの文章が左寄せになりました。

dateセクションの表示を調整しよう

STEP 1 日付パーツの大きさなどを調整しよう

日付パーツの表示が崩れているので調整します。全体の文字サイズを調整すると見やすくなるので、font-size:36px;を指定しましょう。

余白を調整しつつ、日付のひとつひとつのフォントサイズも変更しましょう。

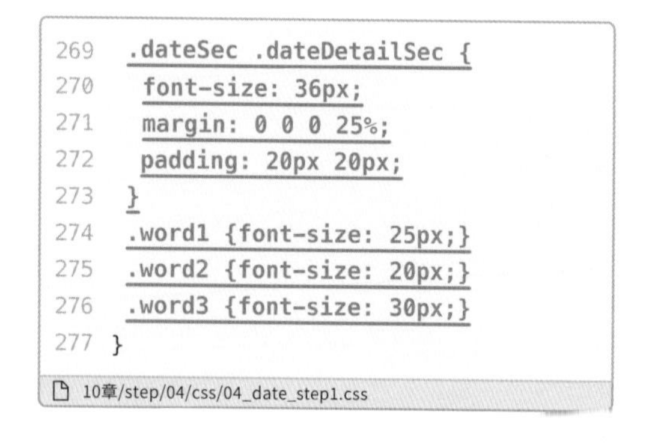

```
269  .dateSec .dateDetailSec {
270    font-size: 36px;
271    margin: 0 0 0 25%;
272    padding: 20px 20px;
273  }
274  .word1 {font-size: 25px;}
275  .word2 {font-size: 20px;}
276  .word3 {font-size: 30px;}
277 }
```

10章/step/04/css/04_date_step1.css

文字サイズと余白が調整されました。

STEP 2 日付パーツの位置を調整しよう

完成形のデザインでは日付パーツが画像と重なっているので上の余白をpadding-top:0;でなくしてから、transformプロパティのtranslateY(Y軸に移動)で上に重ねましょう。

```
277   .dateSec .layoutWrap > div {
278     padding-top: 0;
279     transform: translateY(-50px);
280   }
281 }
```

10章/step/04/css/04_date_step2.css

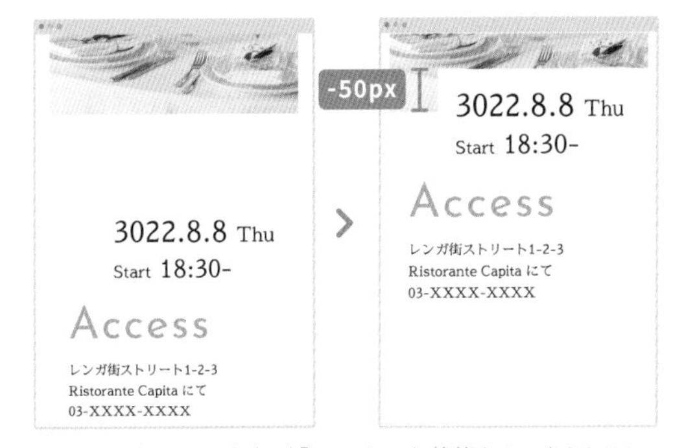

日付と写真の間の余白が「0」になった状態から、さらに50px上にずらすことで重なりました。

STEP 3 アクセスパーツの調整をしよう

文字の大きさや余白が完成形のデザインと違うので文字サイズと余白の調整をしましょう。

```
281   .accessSec h3 {
282     font-size: 44px;
283   }
284   .accessSec {
285     margin: 32px 0 0 32px;
286   }
287 }
```

10章/step/04/css/04_date_step3.css

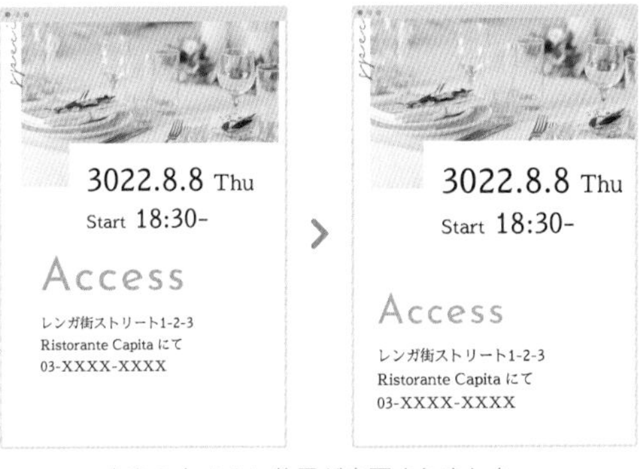

Accessの文字の大きさと位置が変更されました。

STEP 4 dateセクション全体の調整をしよう

dateセクションの白い背景の下の余白が大きすぎるのと、パララックス効果の画像の見える範囲が大きすぎるので調整をしましょう。

```
287   .dateSec {
288     padding-bottom: 40px;
289     margin-bottom: 250px;
290   }
291 }
```

10章/step/04/css/04_date_step4.css

余白が小さくなりました。

画像を高解像度ディスプレイに対応させよう

高解像度ディスプレイとは？

高解像度ディスプレイは一般的なディスプレイと比べると同じ面積の中に、より多くのドットがあるキメの細かいディスプレイのことです。
高解像度ディスプレイの1つとしてApple製品のRetinaディスプレイが有名です。
こういったディスプレイでは画像の大きさを表示サイズの2〜3倍に書き出すと綺麗に表示できます。

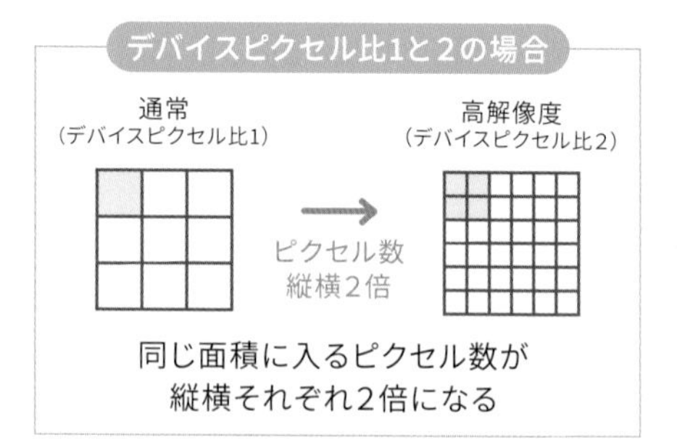

画像を高解像度ディスプレイに対応させる方法

高解像度ディスプレイへの対応方法

- 拡大しても粗くならないベクター形式の「SVG画像」を使用する
- 高解像度ディスプレイ用の大きい画像を用意して表示を切り替える

ここでは後者の方法で画像を高解像度ディスプレイに対応させる方法を見ていきましょう。

STEP 1 <img>タグにsrcset属性を追加して高解像度ディスプレイ用の画像を指定しよう

高解像度ディスプレイで見るとキャッチコピーの画質が粗いので、高解像度ディスプレイで閲覧した時に画像が切り替わるようにしましょう。
index.htmlを開き、<img>タグにsrcset属性を付加して高解像度ディスプレイ用の画像を指定します。こうすることでディスプレイの解像度に合わせて画像を出しわけることができます。

```
15 <h1>
16   <img
17   src="images/hero_text.png"
18   srcset="images/hero_text.png 1x,images/hero_text@2x.png 2x"
19   alt="Welcome to Our Wedding Party">
20 </h1>
```

10章/step/05/01_srcset_step1.html

高解像度ディスプレイ用の画像が表示されるので画像がボケません。

ここはおさえる LEARNING 画像をディスプレイの解像度によって切り替える方法

表示する画像をディスプレイの解像度によって切り替えるにはsrcset属性を使います。

```
srcset="image.png 1x,image-2x.png 2x"
```

解像度1倍の時の画像指定　解像度２倍の時の画像指定

<img>タグにsrcset属性を指定することで、ディスプレイの解像度別に表示する画像を出しわけることができます。不要な画像の読み込みもされないため、ページの表示速度などにも大きな影響を与えずに高解像度ディスプレイへの対応が可能になります。

src属性に指定した画像は、srcset属性に対応していない環境の場合に使用されますので必ず書いておきましょう。

imagesフォルダに入っている「message_img@2x.png」と「date_img@2x.jpg」についても同じ方法でやってみましょう！ すべて反映させた見本は**完成フォルダ**に格納されています。

ページの表示速度が遅くならないように画像ファイルの重さも考慮し、ロゴやキービジュアルなど大切なパーツに絞って最適化することも検討しましょう。

Part 5

複数ページのサイトを作ってみよう

レストランをオープンすることになりました！
Restaurant Harvest
お～おめでとう!!
それでサイトが必要なのかな？
それが、今回は
レストランのオープン準備が
忙しくて…

お2人にサイトを作っていただきたいのです！
予算はそこそこ
あります…
ニヤリ
OK!!
では早速！ ヒアリングを
していきますよ！
ヒアリング!?

ヒアリング
企画
デザイン
コーディング
Webサイト制作は
コーディングの前に
色々とやることが
ありますからね
そうなんですね～！
ではヒアリングからお願いします
心の声
丸投げできると
思ってたのに….

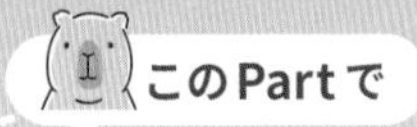

このPartで作れるようになるサイト

複数ページのサイト

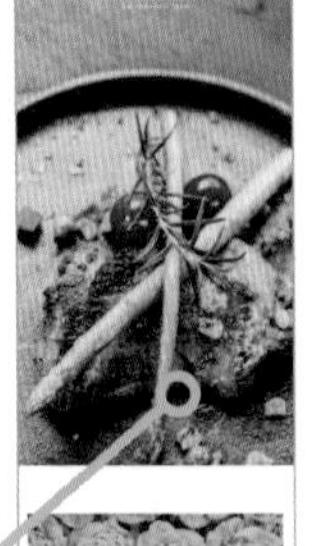

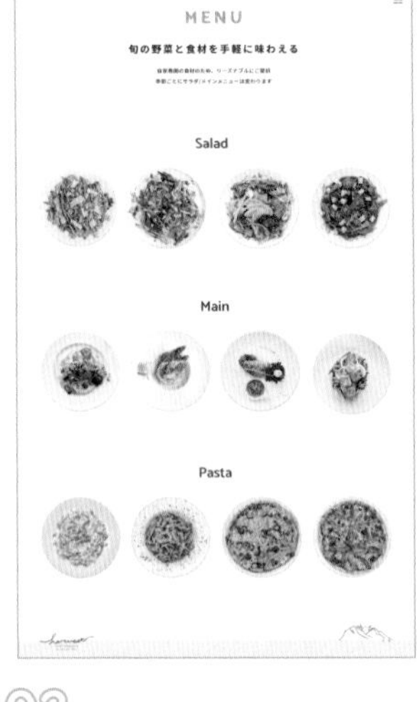

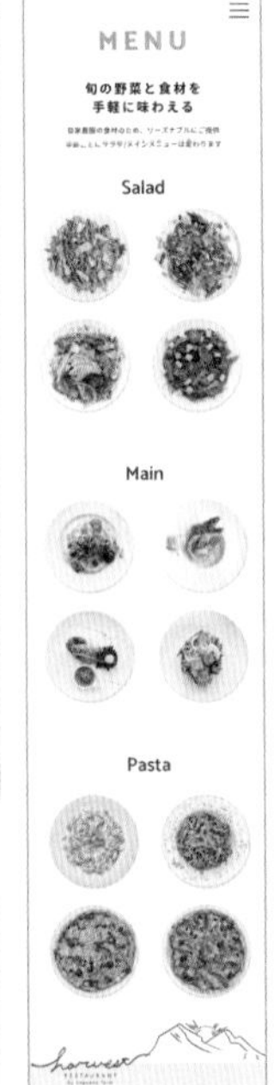

Design Point 01

写真は鮮やかにレタッチし
美味しそうに

Design Point 02

PCでは写真を縦長にし
ダイナミックな印象に

Design Point 03

全体的に写真を多用し
お店の雰囲気や料理を
視覚で伝える

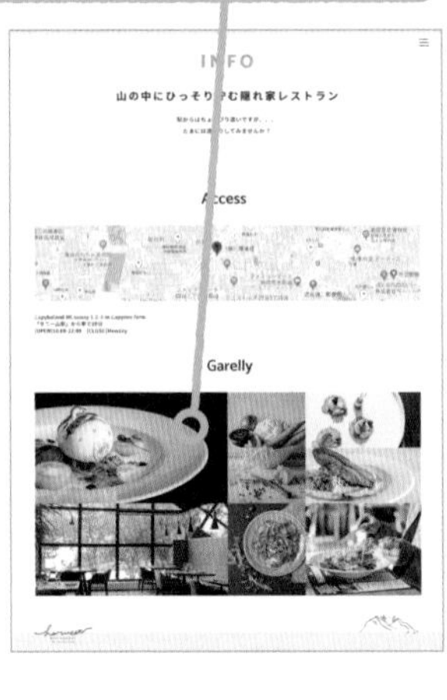

たくさんページがあって
大変そうですね・・・

このPartでは複数ページのWebサイトを
制作する時のポイントをしっかり学んでいきます
ので安心してくださいね。

学べるPOINT

Webデザイン基礎

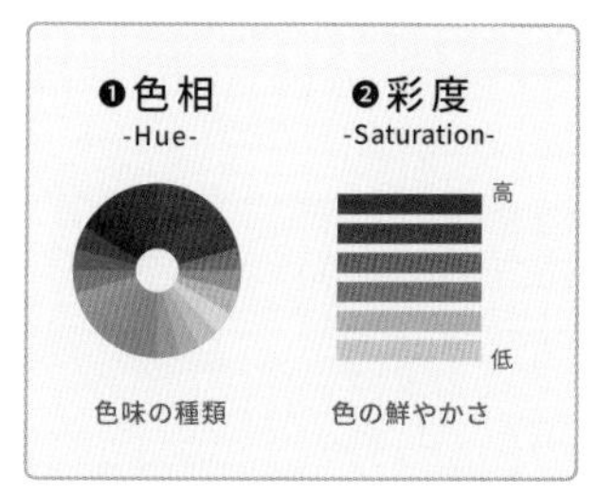

コーディングをする上で知っておきたい制作の流れとWebデザインの基礎について学びます。

グリッドレイアウト

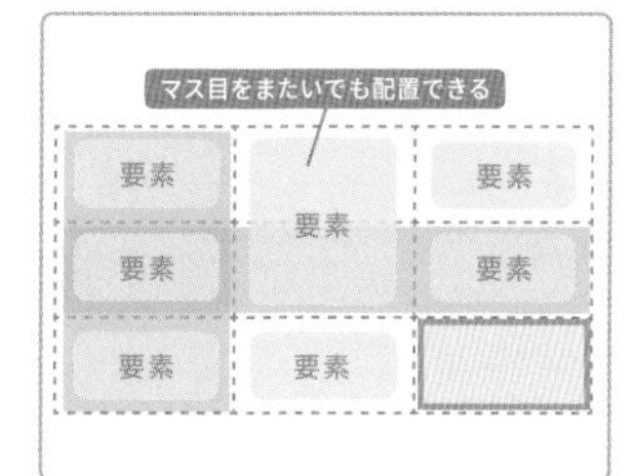

複雑なレイアウトを実現できるグリッドレイアウトもわかりやすく解説＆実践します。

参考サイトの使い方

自走力をつけるために、Web上の情報の活用方法をサンプルサイトを通して学びます。

デザインPOINT

複数ページのサイト

https://news.yahoo.co.jp/

ページ数が多いサイトではナビゲーションをわかりやすく設計することが大切です。
ユーザーが迷子にならないように適切なナビゲーションを検討しましょう（⇒P99）。

ヘッダーやフッターなどのデザインを統一し、同じサイトであることを認識してもらうのも大事です。

デザインコンセプトは…
シンプル×写真映え

お店に足を運んでもらうのが目的のため、お店の雰囲気や料理の美味しさが伝わるように写真をたくさん使用しました。

配色は写真が映えることを第一に考え、白を基調に。シンプルな印象になりすぎないように、アクセントとしてグラデーションカラーを使いフレッシュ感を加えています。

PART 5

11 章

制作の流れとWebデザインのきほん

コーディングをスムーズに進めるため全体の流れも知っておきましょう
Webデザインのきほんも学びます

カピぞうさんのサイトを完成させる流れを見ていきましょう！

コーディング以外にも色々あるんですね。

SECTION 1 Webサイト制作の流れ

Part5で作るレストランサイトのドキュメントを例に制作の流れを確認していきましょう。

Step1 企画 / 要件定義

ターゲットユーザーの設定

Webサイトの解析データや商品・サービスの購買データから導き出すことが多いです。
新規ユーザーを獲得したい場合は「こんな人に見てほしい」という希望から決めることや、
ペルソナという架空のユーザー像を作成することもあります。

目標の設定

何のためにサイトを制作するのかを明確にします。
目標は数値で計測できる「定量目標」と、質の評価「定性目標」の2パターン設定すると、よいでしょう。

その他：ユーザー調査/カスタマージャーニーマップの作成など

推測やデータを材料にするだけではなく、実際のユーザーの声を集めることもあります。
カスタマージャーニーマップはサイトを閲覧している時だけでなく、その前後の行動や
どのような心理状態でサイトを閲覧しているのかを可視化したものです。

ターゲット（ペルソナ）設定の例

カスタマージャーニーマップの例

Step2 サイト設計

コンテンツ策定

ターゲットや目標が定まったら「ターゲットが求めているコンテンツは何か」を具体的に考えます。
コンテンツから先に考えていく手法を「コンテンツ・ファースト」と呼びます。

デザインコンセプト策定

どのようなコンセプトに基づいてサイトのデザインを作るかを決めます。
サイトカラーや、どのような雰囲気のサイトを目指すかを可視化します。

サイトマップの作成

具体的にコンテンツが決まったらサイトの規模感が見えてきます。
この段階になったらサイトマップを作成し、サイトのページ数を決定します。

その他：IA/SEO設計など

サイトマップを作る過程で、IA（情報設計）やSEO（検索エンジン最適化）について検討することもあります。

ユーザーに与えたい印象

- 優先度が高いイメージ
  落ち着いた・自然・ゆったり・リフレッシュ
- 優先度が低いイメージ
  高級・派手・先進的・機械的・ファンシー
  高級感を与えるデザインだと尻込みする可能性アリ
  価格帯的にも高級感よりもややライトテイストが良い

デザインコンセプトの例（1）
伝えたい印象や避けたい印象を言語化します

デザインポジショニング

デザインコンセプトの例（2）
ユーザーに与えたい印象を競合サイトなどのデザインを用いてマッピングし、制作するサイトの印象を具体化します

よみとばしOK RANK UP 「モバイルファースト」という考え方

「モバイルファースト」とは、モバイルデバイスの特性に最適化されたサイト設計をおこなう考え方です。たとえば、画面サイズが小さい・通信データ量制限の可能性がある・移動中に細切れで閲覧されるといった特性です。

単に「モバイル版から制作する」という作業の順番の話ではないので注意しましょう。

PC版のユーザーのことを考えないという意味でもありません。

Step3 制作

ワイヤーフレームの制作

コンテンツやどのようなサイトを作成するかを具体化したらワイヤーフレームを作成します。
ワイヤーフレームはページ内容の詳細な設計図で、1ページごとにどのような要素が入るのかを決めたものです。

デザインカンプ（完成イメージ）の制作

ワイヤーフレームができたらデザインの制作に入ります。
静的なデザインカンプを制作したり、最近ではページ遷移やアニメーションなどを確認できるプロトタイプという形式での制作が増えてきています。

コーディング

いよいよコーディングです。デザインデータから画像などを書き出し、コーディングをしていきます。

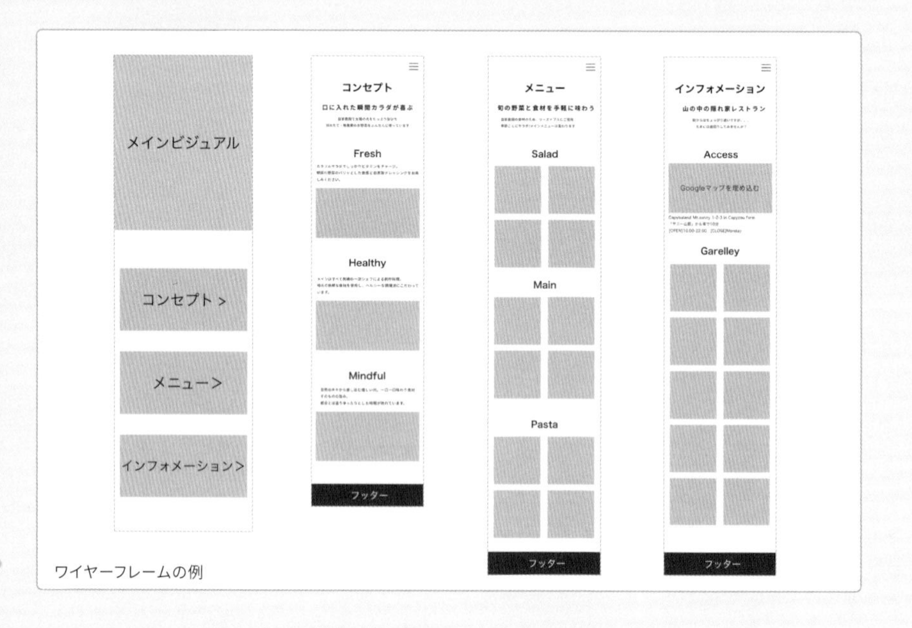

ワイヤーフレームの例

プロジェクトにより内容や順序は異なりますが、大まかにこのような流れになります。
会員制サイトやECサイトのようなシステムが必要なサイトではプログラムの要件定義なども細かくおこないます。

いろんな工程があってWebサイトは出来上がるんですね。

SECTION 2

Webデザイン概要

Webデザインとはなんだろう？

デザインは「見た目を美しくすること」と捉えられがちですが「design」という単語の語源には「設計する」という意味が含まれています。

制作の流れで見たように、デザインカンプの制作までには多くの工程があり、Webデザインはそのすべての前工程を引き継いだ上で成り立っています。

つまり、Webデザインとは「見た目を美しくすること」だけではなく「ターゲットユーザーや目的に対して設計されたものである」ということです。
ターゲットや目的が異なれば、「よいデザイン」の定義も変わります。

さらにWebデザインでは、Webならではの特性も加味する必要があります（⇒P219 Webの特性を考慮したデザイン）。

同じお茶の商品でも
ターゲットや目的でデザインが変わる

健康的であることをアピール

パッケージの可愛さをアピール

UI/UXデザイン

UI（ユーザーインターフェース）デザイン、UX（ユーザーエクスペリエンス）デザインという概念があります。人によって解釈に幅がありますが一般的な意味をおさえておきましょう。

UIデザイン

ユーザーがサイトを見ている際の
表示や操作に関するデザイン

独立するものではなく
相互に関係しあっている

UXデザイン

ユーザーがサイトを見ている時以外の
体験も含めた一連のデザイン

Webデザインは UI・UXデザインの観点が非常に重要で、わかりやすさや使いやすさ、ユーザーの使用感などまで考慮する必要があります。

Webデザインのきほん

「よいデザインはひとつではない」と言っても基本的な原則はあります。その中でも重要だと思うエッセンスを取り上げてみました。

レイアウト

レイアウトとは要素を配置することです。Part5のデザインを例にレイアウトの4原則を見ていきましょう。

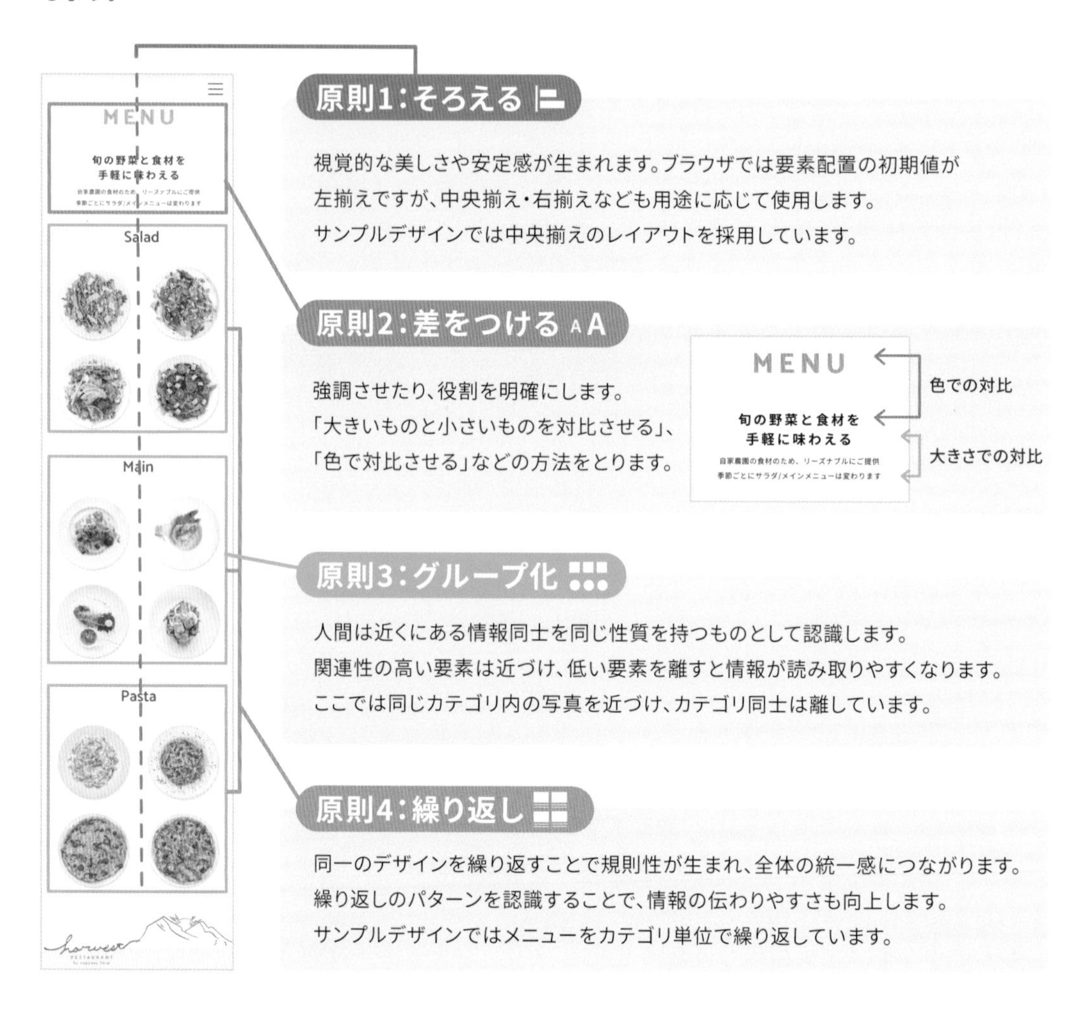

MENU
旬の野菜と食材を
手軽に味わえる
Salad
Main
Pasta
原則1：そろえる
視覚的な美しさや安定感が生まれます。ブラウザでは要素配置の初期値が左揃えですが、中央揃え・右揃えなども用途に応じて使用します。
サンプルデザインでは中央揃えのレイアウトを採用しています。
原則2：差をつける AA
強調させたり、役割を明確にします。
「大きいものと小さいものを対比させる」、
「色で対比させる」などの方法をとります。
MENU
旬の野菜と食材を
手軽に味わえる
色での対比
大きさでの対比
原則3：グループ化
人間は近くにある情報同士を同じ性質を持つものとして認識します。
関連性の高い要素は近づけ、低い要素を離すと情報が読み取りやすくなります。
ここでは同じカテゴリ内の写真を近づけ、カテゴリ同士は離しています。
原則4：繰り返し
同一のデザインを繰り返すことで規則性が生まれ、全体の統一感につながります。
繰り返しのパターンを認識することで、情報の伝わりやすさも向上します。
サンプルデザインではメニューをカテゴリ単位で繰り返しています。

書体とフォント

書体、フォントの種類、太さによってデザインの印象が変わります。書体の基本的な分類と特徴についておさえておきましょう。

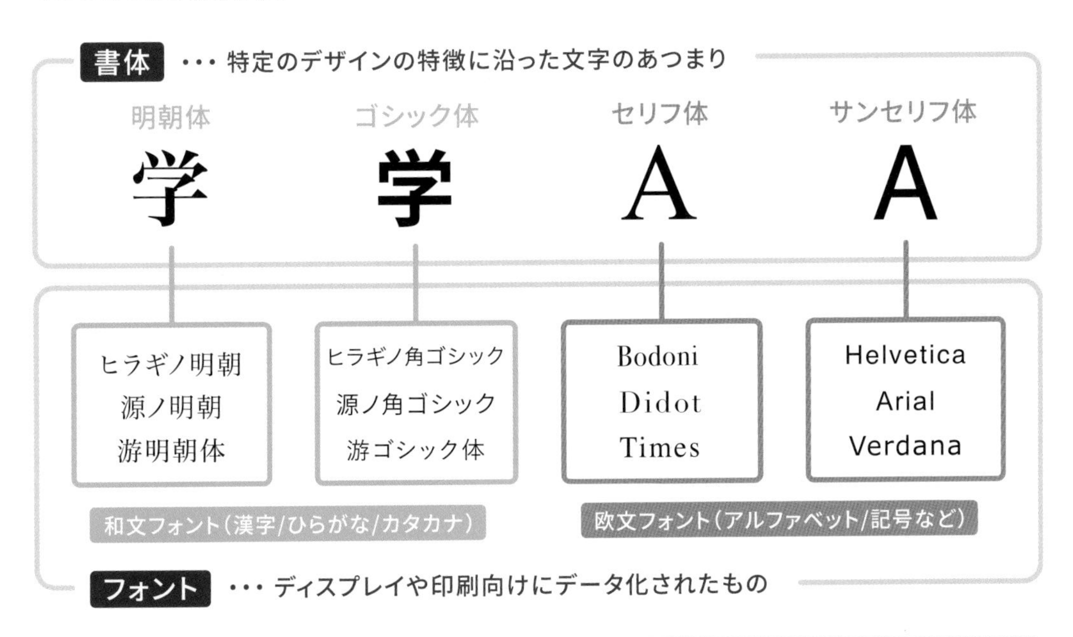

「明朝体＆セリフ体」「ゴシック体＆サンセリフ体」のペアは同じような特徴がありますので見ていきましょう。

明朝体＆セリフ体の特徴

- 横線が細く、縦線が太い
- 端に飾りがある

与える印象と用途

- 知的 / フォーマル / 伝統的
- 可読性が高い（読みやすい）ので新聞、小説などの長文に向いている

ゴシック体＆サンセリフ体の特徴

- 線の太さがほぼ同じ
- 線が太いので見やすい

与える印象と用途

- 安定感 / 近代的 / 親近感
- 視認性が高い（見やすい）のでロゴタイプ、見出しに向いている

書体には他にも丸ゴシック体や行書体などがあります。また、フォントの太さや色、大きさなどの組み合わせによっても雰囲気や与える印象は変わってきます。

色（カラー）

私たちの生活にあふれている「色」。デザインでは印象を決める非常に重要な要素です。色の基本的な性質や与える印象を見ていきましょう。

色が持つ3つの性質「色相/彩度/明度」

色は「色相（hue）」「彩度（saturation）」「明度（brightness）」という3つの性質を持っています。この3つの性質を理解することで色の調整がしやすくなります。

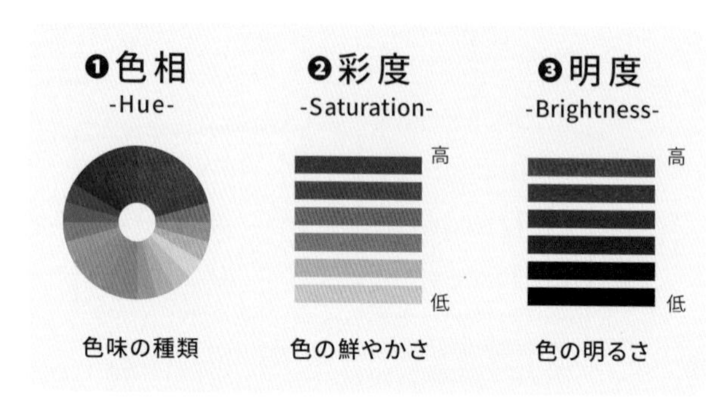

▼Photoshopのカラーピッカーとの対応

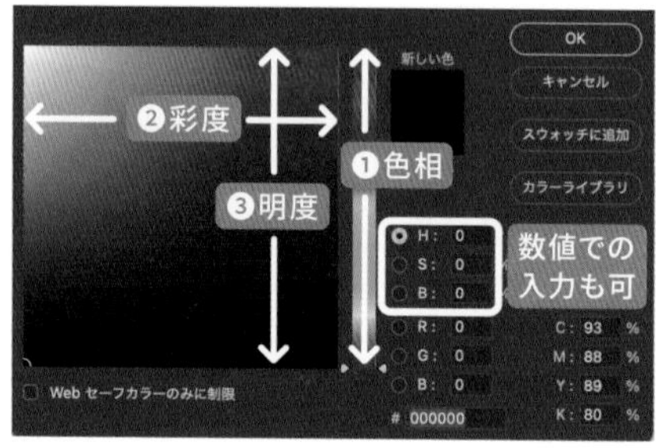

色が与える印象

色は特定の印象を想起させます。基本的な印象を知っておくことで配色にも応用ができます。

Webの特性を考慮したデザイン

レイアウト・フォント・色は、雑誌などの紙デザインと共通しているポイントですが、Webデザインはその特徴を考慮したデザインをおこなう必要があります。

操作できること

雑誌やポスターは視覚的な情報を得ることが主な目的ですが、Webの場合は「他のページへ移動する」「買い物をする」「お問い合わせをする」といった操作を含む媒体です。

そのため、「操作のしやすさ」や「操作処理の速さ」「わかりやすさ」などが求められます。

閲覧環境が異なること

ユーザーの閲覧環境が異なることも大きな違いです。

10章でレスポンシブウェブデザインを学んだように、人によって画面幅や解像度などが違うため、それぞれの環境に合うデザインに最適化する必要があります。

動きを表現できること

近年のWebでは「動き」を加えることも一般的になりました。ユーザーの操作に対するフィードバックをおこなう小さな動きをはじめ、Webのコンテンツ自体がダイナミックに動くサイトもあります。

こういった動きを取り入れて、よりよいUIやUXを提供できるのはWebの強みとも言えるでしょう。

デバイスの多様化などWeb技術の進化によってデザインが変化するのもポイントですね。

PART 5

12章

レストランサイトのCSSを書こう（モバイル）

本章ではスマートフォン用のCSSから制作してみましょう
複数ページのサイトの作りかたも学びます

CSSグリッドという便利な
レイアウト手法にも挑戦しますよ。

なんだか素敵な
サイトになりそう！

複数ページのサイトを作成する時のポイント

全体のデザインを確認しよう

複数ページのサイトをコーディングする際は「共通パーツがあるか」を確認しましょう。サンプルデザインでは、CONCEPTページ・MENUページ・INFOページの上部、そしてフッターが共通パーツになっています。

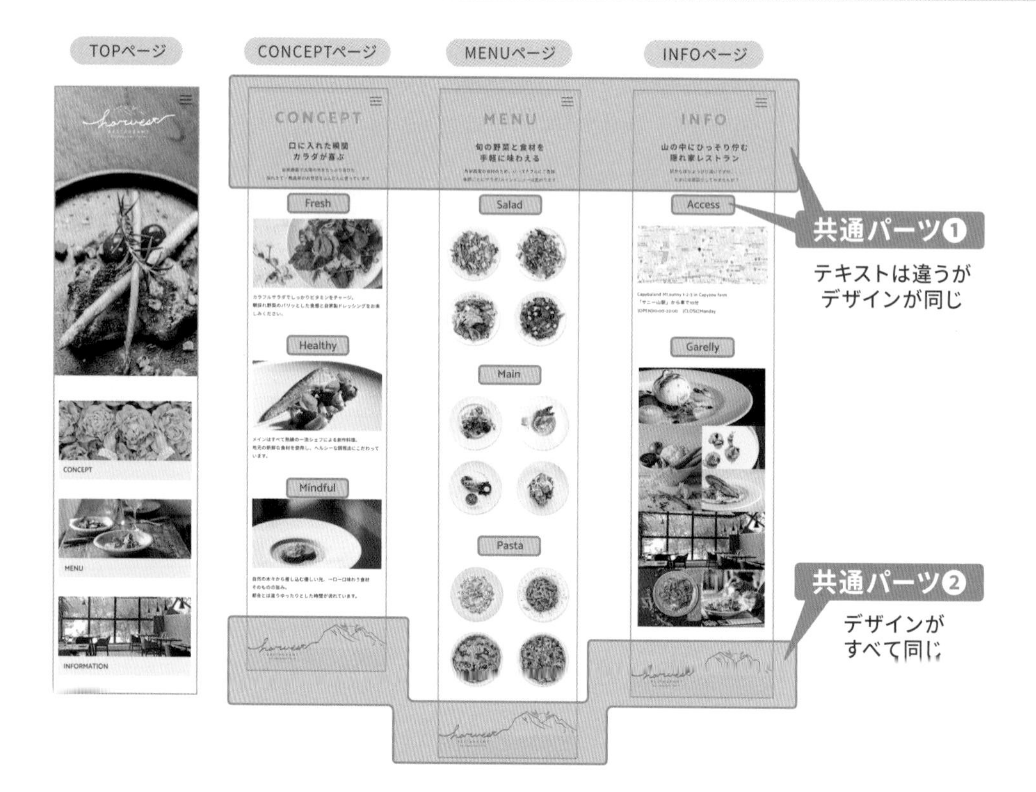

この章のサンプルサイトは右図のような階層構造になっています。トップページが最上層で、それ以外のページを総称して**下層ページ**と呼びます。

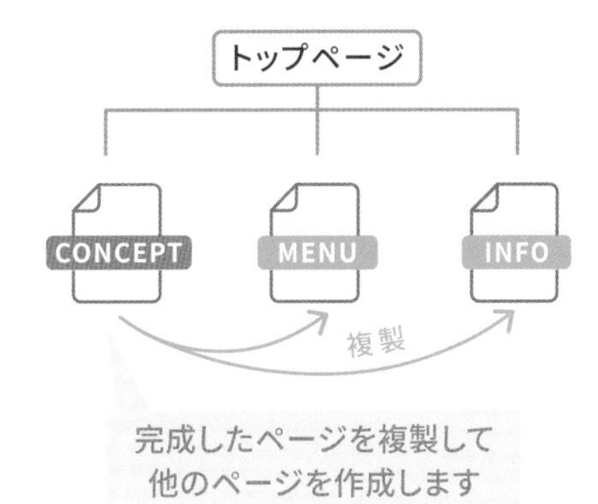

共通パーツがあるページは、1ページが完成したら、そのHTMLファイルを複製・ファイル名の変更をし、共通パーツ以外のコンテンツ部分を書き換えるようにすると効率的です。

このようにコーディングをする前に全ページのデザインを確認して、効率のよい方法を選びましょう。

本章ではワーク用にあらかじめHTMLを用意しているので実際にはファイルの複製はおこないませんが、複数ページのサイトを制作する時には意識してみましょう。

階層構造に合わせたファイル構成を考えよう

ページ数が多く階層が深いサイトを作成する際にはCSSを複数にわけたり、画像フォルダを階層ごとに配置したりする場合もあります。
ファイル構成に絶対的な正解はありませんので、プロジェクトにあった方法をとりましょう。

たとえば下記のようなサイトマップのサイトの場合、右のようにカテゴリごとに画像フォルダやCSSを用意して管理することもあります。ただし、CSSファイルが増えるほど管理は大変になります。

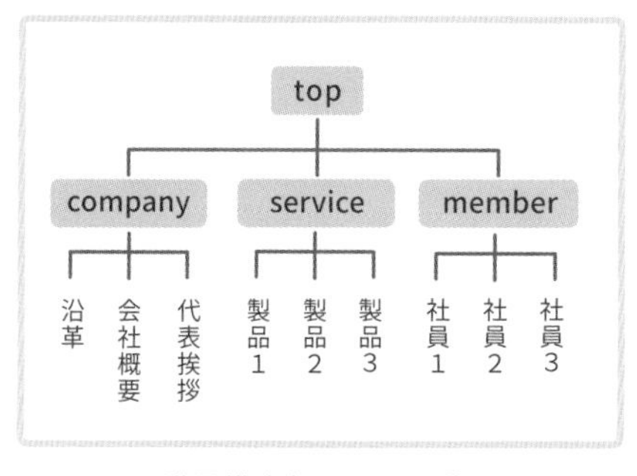

階層構造（サイトマップ）

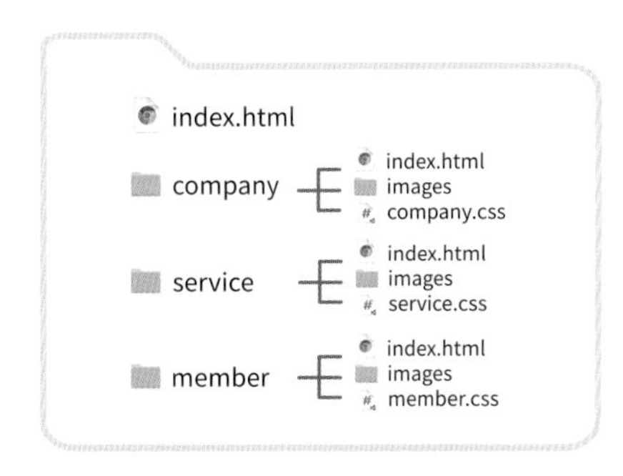

格納フォルダが直感的でわかりやすくなる

TOPページをコーディングしよう

HTMLファイルを確認しよう

12章/作業/index.htmlをVSコードで開きましょう。このファイルはマークアップが終わっている状態です。完成形のデザイン（**12章/デザイン/sp_top.png**）と比較して、マークアップの内容を確認しましょう。

```
1  <!DOCTYPE html>
2  <html lang="ja">
3   <head>
4     <meta charset="UTF-8">
5     <meta name="viewport" content="width=device-width,initial-scale=1">
6     <link rel="stylesheet" href="css/reset.css">
7     <link rel="preconnect" href="https://fonts.gstatic.com">
8     <link rel="stylesheet" href= "https://fonts.googleapis.com/css2?family=Catamar
9     <link rel="stylesheet" href="css/style.css">
10    <title>Harvest Restaurant</title>
11  </head>
12  <body class="topPage">
13    <header>
14      <h1>
15        <img src="images/top_logo.svg" alt="Harvest Restaurant">
16      </h1>
17    </header>
18    <main>
19      <ul class="linkList">
20        <li>
21          <a href="concept.html">
22            <img src="images/top_ph01.jpg" alt="">
23            <span>CONCEPT</span>
24          </a>
25        </li>
26        <li>
27          <a href="menu.html">
28            <img src="images/top_ph02.jpg" alt="">
29            <span>MENU</span>
30          </a>
31        </li>
32        <li>
33          <a href="info.html">
34            <img src="images/top_ph03.jpg" alt="">
35            <span>INFORMATION</span>
36          </a>
37        </li>
38      </ul>
39    </main>
40  </body>
41 </html>
```

bodyにclass名：topPage

class名：linkList

CONCEPT

MENU

INFORMATION

本章のHTMLでは紙面の都合上、**alt属性の値を省略**しています。

作業ファイルを確認しよう

12章/作業/css/style.cssをVSコードで開きましょう。12章/作業/index.htmlをブラウザで開き、CSSが反映されているかを確認しながら進めましょう。
完成形のデザイン（12章/デザイン/sp_top.png）も見ながら進めましょう。

CSSを書く前の状態を確認しよう

本章ではスマートフォン用のデザインから実装する手法を試してみましょう。

STEP 1 モバイルプレビューに切り替えよう

スマートフォン用のコーディングからおこなうため、index.htmlを開いたブラウザのデベロッパーツールを起動し、モバイルプレビューに切り替えましょう（⇒P197）。

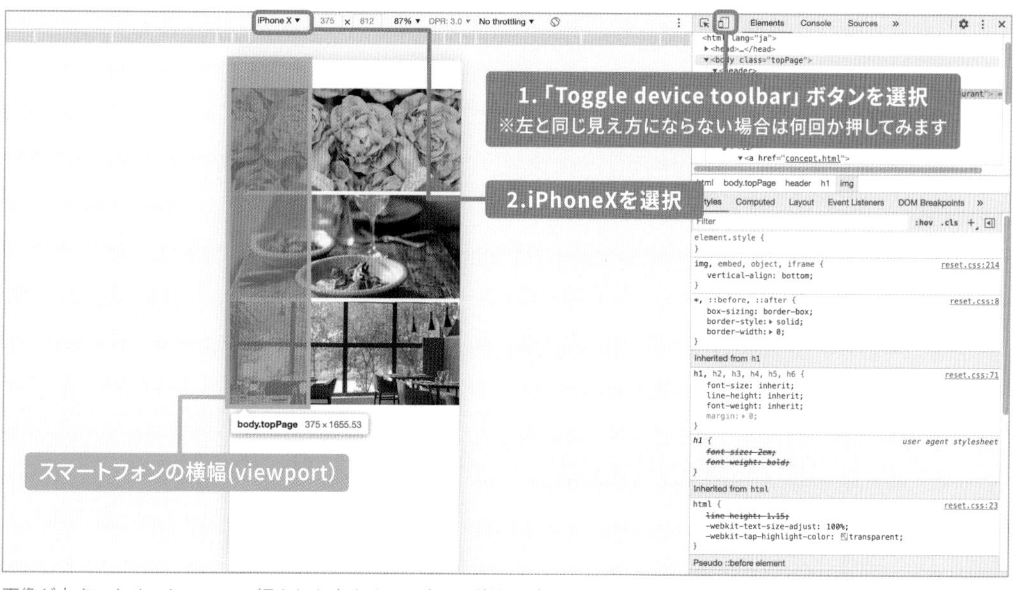

画像が大きいため、viewportの幅よりも大きくはみ出して崩れた表示になっています。

デベロッパーツールのElementsタブから<body>タグを選択すると、上図のようにviewportの範囲が確認できます。

共通のフォント設定をしよう

本章のサンプルデザインでは、Google Fonts（Webフォント）の「Catamaran」と「Noto Sans JP」を使用しています。Webフォントの読み込みタグは<head>タグ内にすでに書いてあるためCSSでフォント名の指定をするだけで使用できます。サイト全体のフォントを設定するため、bodyにfont-familyの指定をしましょう。フォントサイズ、行間、色も指定します。

```
1  @charset "utf-8";
2
3  body {
4    font-family: 'Catamaran','Noto Sans JP', sans-serif;
5    font-size: 16px;
6    line-height: 1.5;
7    color: #2c2c2c;
8  }
```

C（シー）は大文字

12章/step/02/css/01_font_step1.css

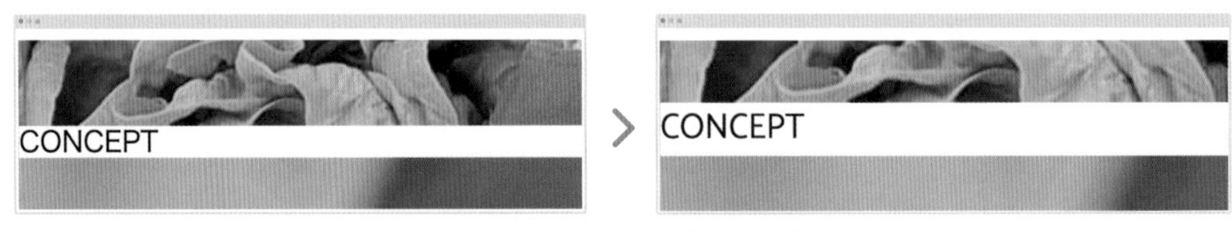

トップページは文章が少ないのでわかりにくいですが、フォントの種類や行間が変化しています。

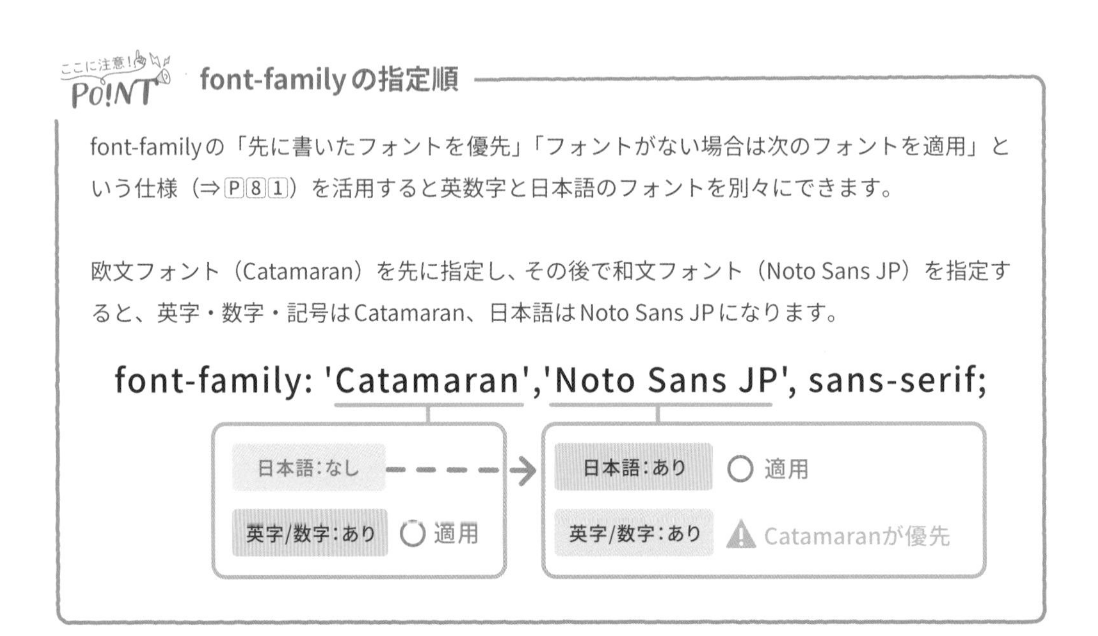

font-familyの指定順

font-familyの「先に書いたフォントを優先」「フォントがない場合は次のフォントを適用」という仕様（⇒P81）を活用すると英数字と日本語のフォントを別々にできます。

欧文フォント（Catamaran）を先に指定し、その後で和文フォント（Noto Sans JP）を指定すると、英字・数字・記号はCatamaran、日本語はNoto Sans JPになります。

画像のはみ出しを修正しよう

画像幅の最大値を指定しよう

横幅の最大値を指定するプロパティ

マックス・ウィズス
max-width: 〜 ;

値には単位を伴った数値が入ります。
同様のプロパティにmax-height（高さの最大幅）があります。

キャプチャの青い部分がbody要素をあらわしています。今は画像が大きすぎてbody要素からはみ出している状態です。

親要素から画像がはみ出すのを防ぐテクニックとして、すべての画像に対してmax-width:100%;を指定します。

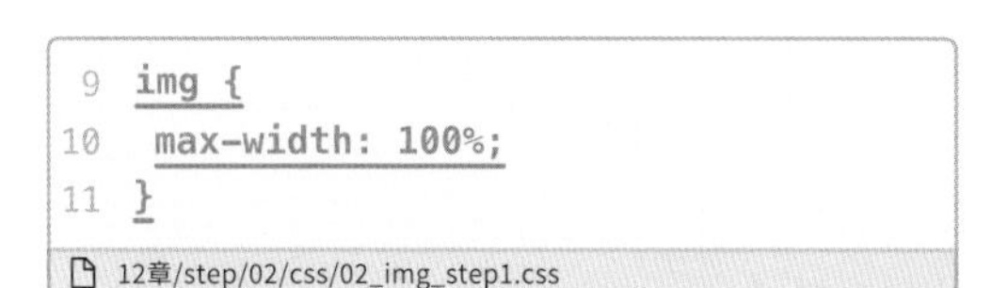

```
 9 img {
10  max-width: 100%;
11 }
```

12章/step/02/css/02_img_step1.css

画像がbody要素の横幅（375px）に収まりました。

max-width:100%;とwidth:100%;の違い

width:100%;だとダメなのでしょうか？

親要素の横幅に画像を収めたいのであればimg要素にwidth:100%;を指定しても同じ効果が得られます。しかしwidth:100%;の場合、**親要素の横幅よりも小さい画像もすべてwidth:100%;になり画像が引き伸ばされます**。

max-widthは最大幅を指定するプロパティなので親要素の横幅よりも大きい画像は100%に縮小され、小さい画像はそのままのサイズに保たれます。

画像が引き伸ばされてしまうと画像が粗く表示されてしまうので、imgのような広範囲に影響が及ぶセレクタでは、max-width:100%;を使うことが私は多いです。

メインビジュアルを整えよう

STEP 1 メインビジュアルを表示させよう

メインビジュアルをヘッダーに背景画像として指定し、高さを90vhにしましょう。余白も調整します。

```
12 .topPage header {
13   height: 90vh;
14   background: url(../images/top_bg.jpg) no-repeat center top/cover;
15   padding-top: 50px;
16   margin-bottom: 64px;
17 }
```

12章/step/02/css/03_header_step1.css

背景画像が表示されました。

<body>タグに付与してあるtopPageというclassをセレクタにしています。
このように指定することでトップページのheaderのみにCSSを適用させることができます。

背景画像が表示されると背景の白と同化して見えなかったロゴ画像が見えるようになります。

STEP 2 ロゴの大きさや位置調整をしよう

ロゴ画像の大きさをwidthで指定し、中央寄せするためtext-align:center;を指定します。

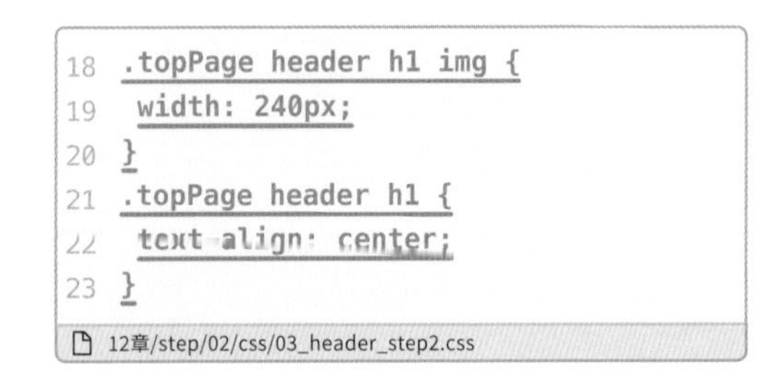

```
18 .topPage header h1 img {
19   width: 240px;
20 }
21 .topPage header h1 {
22   text-align: center;
23 }
```

12章/step/02/css/03_header_step2.css

ロゴが小さくなり、中央に配置されました。

ここはおさえる LEARNING ベクター画像のSVG

本章のロゴ画像はSVG形式（⇒P56）です。これはベクター画像になります。

ベクター画像は計算式を用いて描画をしているため拡大縮小をしても綺麗なままですが、ラスター画像は点の集合体で描画されており、実寸よりも大きく表示するとボケてしまうという特徴があります。

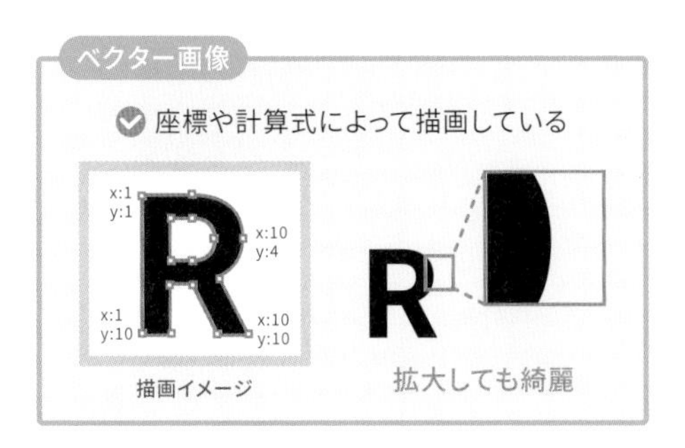

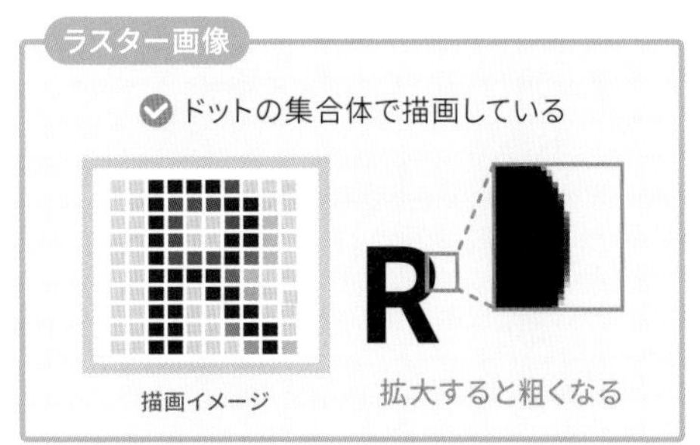

SVG形式は高解像度ディスプレイでもボケないため、ロゴや小さなアイコンなどで使用されることが多いです。

各ページへのリンクリストを整えよう

STEP 1 余白を調整しよう

完成形のデザインのようにリンクリストの左右に余白をつけたいので.linkListにpaddingを指定します。各リンク(.linkList li)の余白をmargin-bottomで指定しましょう。

```
24 .linkList {
25   padding: 0 20px;
26 }
27 .linkList li {
28   margin-bottom: 40px;
29 }
```

12章/step/02/css/04_linklist_step1.css

余白がつきました。

Part 5
11
12
13
14
15

STEP 2 リンクの範囲を広げよう

タップで反応するリンクの範囲が狭いため、a要素をdisplay:block;にして広げます。これで画像全体がリンクエリアになります。
背景色も指定しましょう。

```
30 .linkList li a {
31   display: block;
32   background-color: #f5f5f5;
33 }
```

12章/step/02/css/04_linklist_step2.css

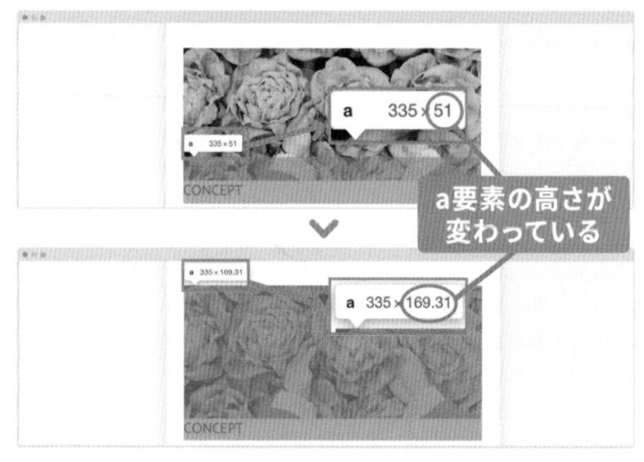

デベロッパーツールでリンクエリアが写真全体に広がったのを確認できます。（青い部分がリンクエリア）

STEP 3 文字の上下に余白をつけよう

文字をマークアップしているspan要素はインラインなので上下に余白がつけられません。文字の上下に余白をつけるためdisplayプロパティの値をblockにし、paddingを指定しましょう。
フォントサイズも指定します。

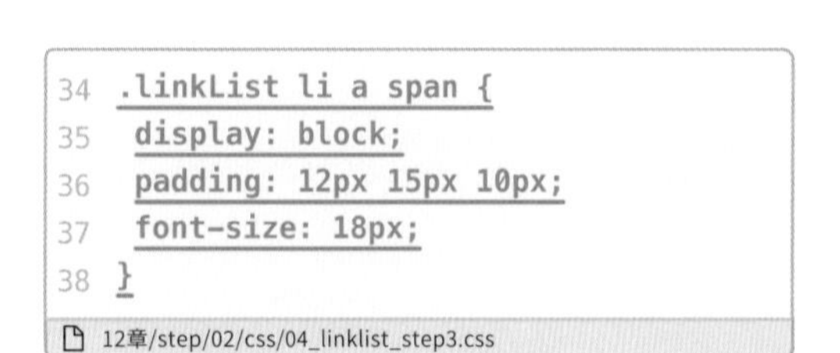

```
34 .linkList li a span {
35   display: block;
36   padding: 12px 15px 10px;
37   font-size: 18px;
38 }
```

12章/step/02/css/04_linklist_step3.css

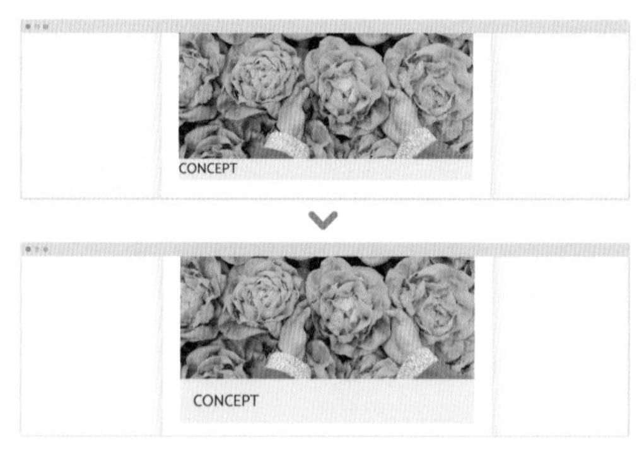

CONCEPTの文字のまわりに余白がつきました。

ここに注意！ POINT a要素にpaddingをつけると？

「a要素にpaddingをつけてもよいのでは？」と思った人もいるかもしれません。実際にやってみると右の画像のようにピンク色の部分にpaddingがついてしまいます。
このようにCSSを適用させる適切な要素がない場合は、装飾用の<span>タグを使うようにしましょう（⇒P122）。

a要素に画像が内包されているため、このようなpaddingのつき方になります。

STEP 4 リンクをタップした時の指定をしよう

要素にグラフィック効果を適用するプロパティ

フィルター
filter: ～ ;

明るさ・彩度・色相などの効果を適用することができます。
値にはフィルターの種類が入ります。

マウスオーバーやタップをした時に画像が明るくなるようにfilterを指定します。
効果（フィルターの種類）には、明るさを指定できるbrightnessを使いましょう。

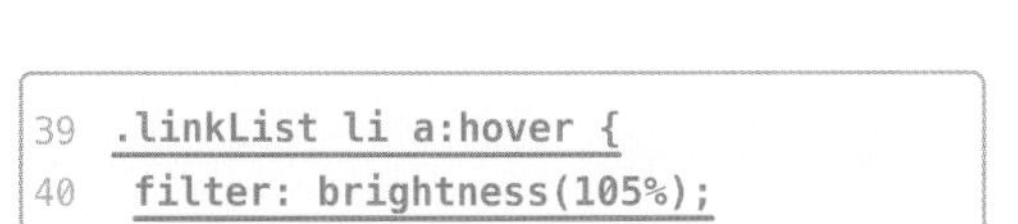

```
39 .linkList li a:hover {
40   filter: brightness(105%);
41 }
```

12章/step/02/css/04_linklist_step4.css

タップ時に画像や背景が明るくなります。

これでトップページは完了です！

ここはおさえる LEARNING filterプロパティでつけられる効果

filterプロパティは要素に対してグラフィック効果をつけることができます。
フィルターにはさまざまな種類がありますが、よく使用するものをご紹介します。

filterの書き方

filter : 効果名(値);

- 値は効果によって書き方が変わります
- 効果は半角スペースで区切って複数指定できます

元画像

明度（明るさ）

brightness(130%)

影

drop-shadow(10px 10px #ccc)

ぼかし

blur(10px)

白黒階調

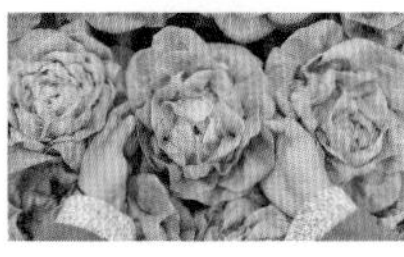

grayscale(100%)

セピア階調

sepia(100%)

彩度（鮮やかさ）

saturate(180%)

コントラスト

contrast(180%)

CONCEPTページをコーディングしよう

HTMLファイルを確認しよう

12章/作業/concept.htmlをVSコードで開きましょう。このファイルはマークアップが終わっている状態です。完成形のデザイン（**12章/デザイン/sp_concept.png**）と比較し、マークアップの内容を確認しましょう。

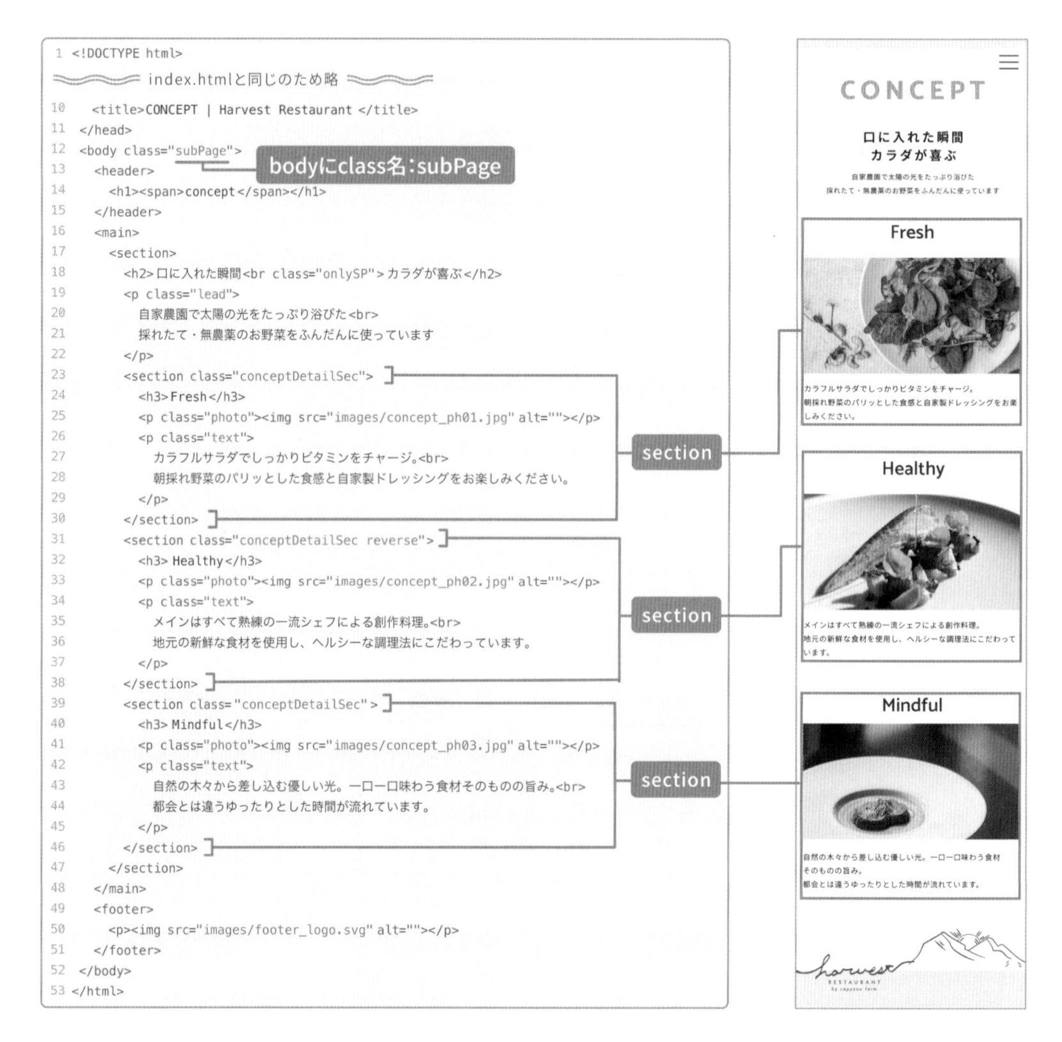

```
1  <!DOCTYPE html>
   index.htmlと同じのため略
10   <title>CONCEPT | Harvest Restaurant </title>
11 </head>
12 <body class="subPage">
13   <header>
14     <h1><span>concept</span></h1>
15   </header>
16   <main>
17     <section>
18       <h2>口に入れた瞬間<br class="onlySP">カラダが喜ぶ</h2>
19       <p class="lead">
20         自家農園で太陽の光をたっぷり浴びた<br>
21         採れたて・無農薬のお野菜をふんだんに使っています
22       </p>
23       <section class="conceptDetailSec">
24         <h3>Fresh</h3>
25         <p class="photo"><img src="images/concept_ph01.jpg" alt=""></p>
26         <p class="text">
27           カラフルサラダでしっかりビタミンをチャージ。<br>
28           朝採れ野菜のパリッとした食感と自家製ドレッシングをお楽しみください。
29         </p>
30       </section>
31       <section class="conceptDetailSec reverse">
32         <h3> Healthy</h3>
33         <p class="photo"><img src="images/concept_ph02.jpg" alt=""></p>
34         <p class="text">
35           メインはすべて熟練の一流シェフによる創作料理。<br>
36           地元の新鮮な食材を使用し、ヘルシーな調理法にこだわっています。
37         </p>
38       </section>
39       <section class="conceptDetailSec">
40         <h3> Mindful</h3>
41         <p class="photo"><img src="images/concept_ph03.jpg" alt=""></p>
42         <p class="text">
43           自然の木々から差し込む優しい光。一口一口味わう食材そのものの旨み。<br>
44           都会とは違うゆったりとした時間が流れています。
45         </p>
46       </section>
47     </section>
48   </main>
49   <footer>
50     <p><img src="images/footer_logo.svg" alt=""></p>
51   </footer>
52 </body>
53 </html>
```

CSSを書く前に確認しよう

下層3ページはP.220で確認したようにピンク色の部分が共通のデザインとなっています。CONCEPTページのCSSを書く際には、この共通部分から書いていきましょう。

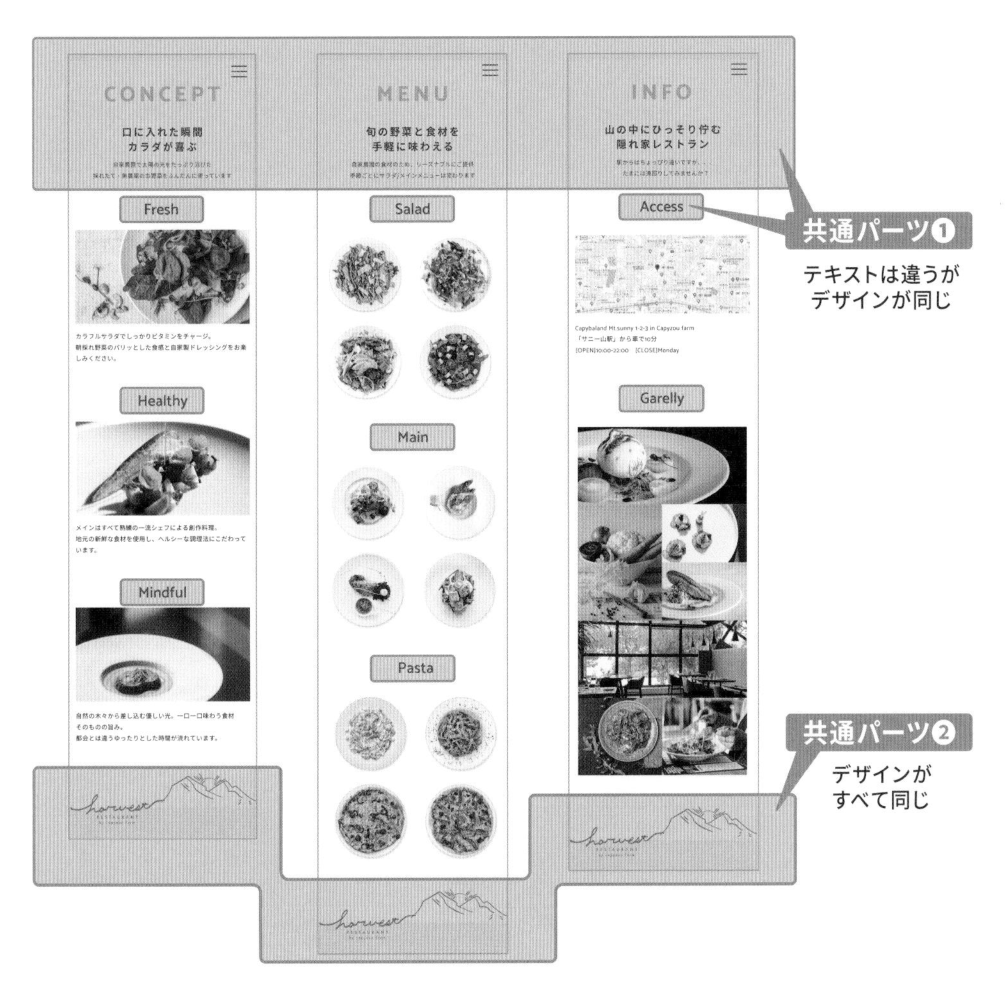

トップページにはbodyにtopPageというclassがついていましたが、**下層3ページにはbodyにsubPageという共通のclassをつけています。** この共通のclassをセレクタとすることで、下層3ページ（.subPage）に同じCSSを適用できます。

こうすると何度も同じCSSを書かなくて済むので効率的なんですね。

ページ上部の共通パーツを作ろう

下記の共通パーツを作っていきましょう。引き続き**同じstyle.css**に記述していきます。デザインファイルは**12章/デザイン/sp_concept.png**に変わり、**concept.html**をブラウザで開き、モバイルプレビューで確認しながら進めましょう。

CONCEPT　MENU

STEP 1 タイトル文字を整えよう

大文字・小文字の表記を指定するプロパティ

テキスト・トランスフォーム
text-transform: 〜 ;

大文字・小文字表記を任意に変更することができます。
値にはuppercase（大文字）などのキーワードが入ります。

主に使用する値

uppercase	lowercase	capitalize
Menu → MENU すべての文字を大文字表記にする	**Menu → menu** すべての文字を小文字表記にする	**menu → Menu** 最初の文字を大文字にする

ページの一番上に線を引くためにheaderにborder-topを指定し、余白も調整しましょう。h1要素を今まで習ったプロパティで装飾し、text-transformを使って小文字表記を大文字に変更しましょう。

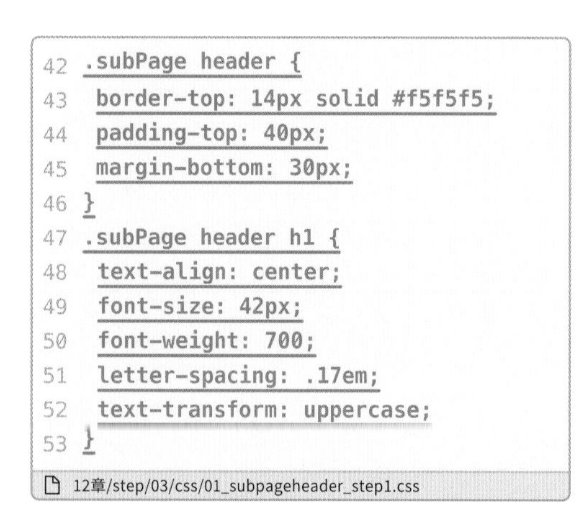

```
42 .subPage header {
43   border-top: 14px solid #f5f5f5;
44   padding-top: 40px;
45   margin-bottom: 30px;
46 }
47 .subPage header h1 {
48   text-align: center;
49   font-size: 42px;
50   font-weight: 700;
51   letter-spacing: .17em;
52   text-transform: uppercase;
53 }
```

12章/step/03/css/01_subpageheader_step1.css

ヘッダーまわりが装飾できました。

小文字表記をCSSで大文字にする理由

ここはおさえる LEARNING

英字をHTMLにそのまま大文字で書くと音声ブラウザが略語とみなすことがあります。たとえば「MENU」といった大文字が並んでいると、「メニュー」ではなく「エム・イー・エヌ・ユー」と読み上げてしまいます。

このようなことを避けるためHTMLでは小文字で「menu」と書き、text-transform:uppercase;（すべて大文字にする）を指定して見た目を大文字表記にする方法がとられます。

STEP 2 タイトル文字をグラデーションにしよう

背景画像の表示領域を指定するプロパティ

バックグラウンド・クリップ
background-clip: 〜 ;　値にはtextなどのキーワードが入ります。

文字をグラデーションにするにはいくつかステップが必要です。まず、background-imageで背景にグラデーションを指定します。

続いて、background-clip:text;を指定すると背景をテキストの形に抜くことができますが、このままでは文字色が黒く背景が見えないため、最後に文字色にtransparent（透明）を指定します。

```
54 .subPage header h1 span {
55   background-image: linear-gradient(135deg, #e6ba5d 0%,#9ac78a 100%);
56   -webkit-background-clip: text;
57   -moz-background-clip: text;
58   background-clip: text;
59   color: transparent;
60 }
```

12章/step/03/css/01_subpageheader_step2.css

background-clipに対応していないブラウザ向けにベンダープレフィックスも記述します（56、57行目）。
ベンダープレフィックスについては次の次のページで解説します。

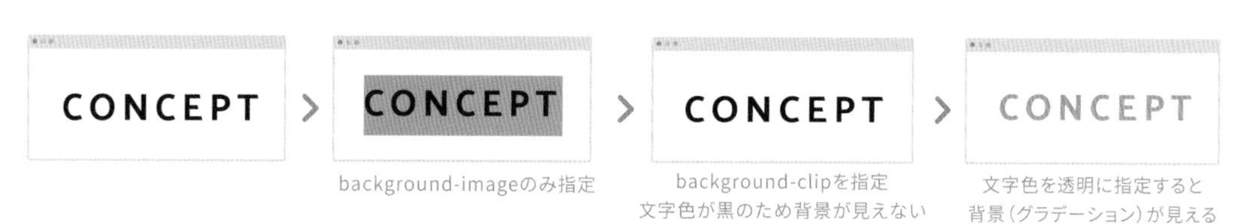

ここはおさえる LEARNING

グラデーションのつけ方

背景色にグラデーションをつけるにはbackground-imageの値にlinear-gradientを指定します。

linear-gradientの書き方

```
background-image: linear-gradient(135deg, #e6ba5d 0%, #9ac78a 100%);
```

傾き：135deg
グラデーションの開始位置・終了位置：0%、100%

- 0%と100%の場合は位置指定を省略できます。%の値を変えて位置を変更することもできます。
- ,（カンマ）で区切って色数を増やすこともできます。

具体例 `linear-gradient(#e6ba5d 0%, #fffff 50%, #9ac78a 100%);`

background-colorではないので注意しましょう！

▶ グラデーションを作成するのにおすすめのサイト

デザインをする際に1からイメージ通りのグラデーションを作るのは大変です。
そんな時に便利なのがジェネレータやギャラリーサイトです。

ジェネレータは自分で好きなグラデーションをブラウザ上で作ることができ、作成したグラデーションのCSSも同時に出力してくれます。

ギャラリーはグラデーションサンプルがたくさん用意されていて、イメージに合うものを選んでCSSをコピーするだけで使えます。

ジェネレータ

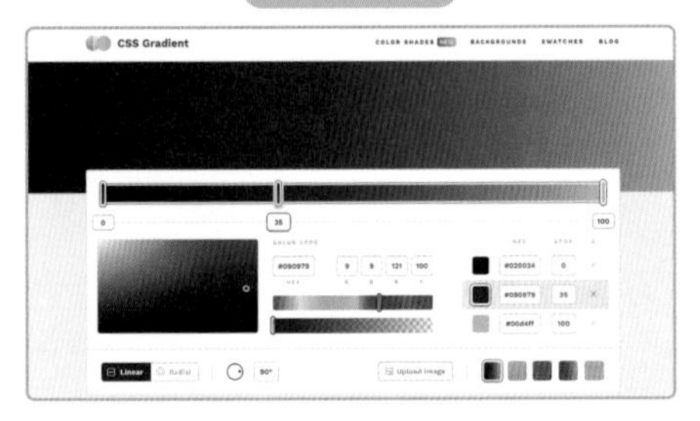

https://cssgradient.io/

ギャラリー

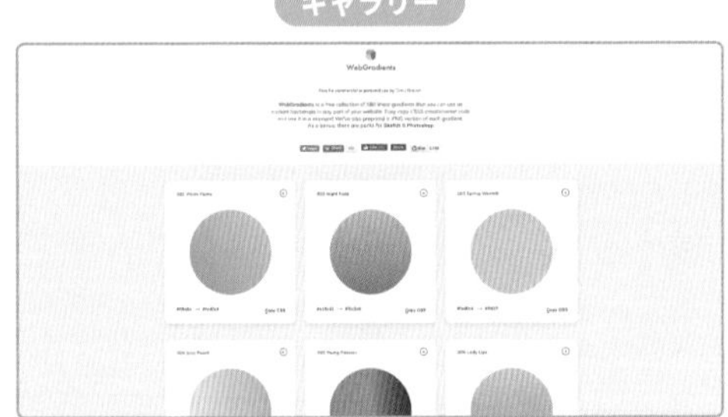

https://webgradients.com/

特典では、このサイト以外にもおすすめサイトを紹介しています。

ここに注意！POINT ベンダープレフィックスとは？

CSSは仕様が確定するまでにさまざまな段階を踏みます。ブラウザはその途中段階で試験的に新しいプロパティを使えるようにすることがありますが、その段階のCSSを使用するにはプロパティ名の前に**ベンダープレフィックス**と呼ばれる接頭辞をつける必要があります。

ベンダープレフィックスはブラウザごとに異なり、以下のようになっています。

ベンダープレフィックスの種類

-webkit-	・Google Chrome ・Safari ・Microsoft Edge ・Opera
-moz-	・Mozilla Firefox

先ほどのSTEP2でも56〜57行目でベンダープレフィックスを使用しています。

background-clipは2021年9月現在、ベンダープレフィックスが必要なプロパティです。このようにCSSプロパティによっては「ブラウザが対応していないもの」「プレフィックスをつければOKのもの」などがあるため、とくに新しいCSSプロパティについてはブラウザの対応状況に注意が必要です。

▶ ブラウザの対応状況を確認できるサイト

Can I Use?

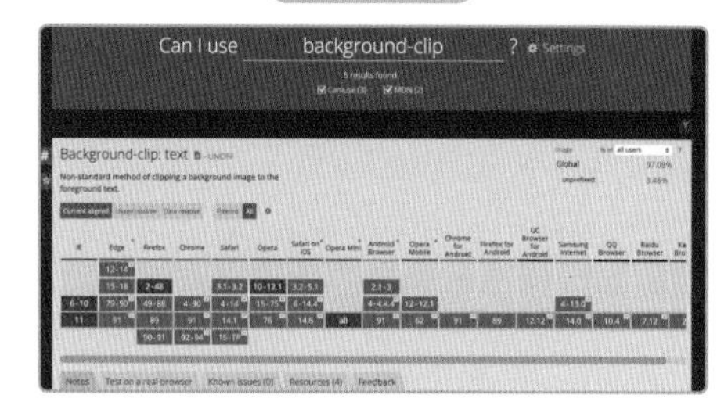

https://caniuse.com/

MDN Web Docs

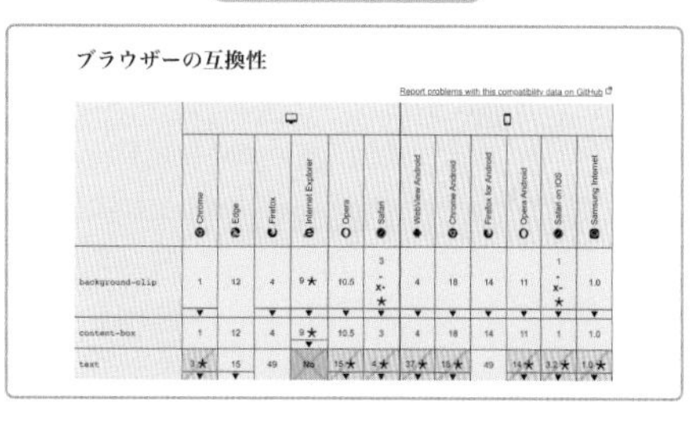

https://developer.mozilla.org/ja/docs/Web

CSSが草案の間はベンダープレフィックスつきのものと通常のものを併記します。書く順番に決まりはありませんが、ベンダープレフィックスをつけていないものは最後に書くようにしましょう。
該当のプロパティがどのブラウザでも正式に実装段階になったら、意図しない挙動を防ぐためにベンダープレフィックスは削除するようにしましょう。

共通見出しを作ろう

口に入れた瞬間
カラダが喜ぶ
自家農園で太陽の光をたっぷり浴びた
採れたて・無農薬のお野菜をふんだんに使っています
Fresh

旬の野菜と食材を
手軽に味わえる
自家農園の食材のため、リーズナブルにご提供
季節ごとにサラダ/メインメニューは変わります
Salad

STEP 1 大見出し(h2要素)を整えよう

h2要素の文字とすぐ下にあるリード文(.lead)をこれまで習ったプロパティを使ってサンプルデザインと同じように装飾しましょう。

```
61 .subPage h2 {
62   font-size: 20px;
63   font-weight: 700;
64   text-align: center;
65   letter-spacing: .17em;
66   margin-bottom: 10px;
67 }
68 .subPage .lead {
69   text-align: center;
70   margin-bottom: 30px;
71   font-size: 11px;
72   letter-spacing: .05em;
73   line-height: 2;
74 }
```

12章/step/03/css/02_subpageheading_step1.css

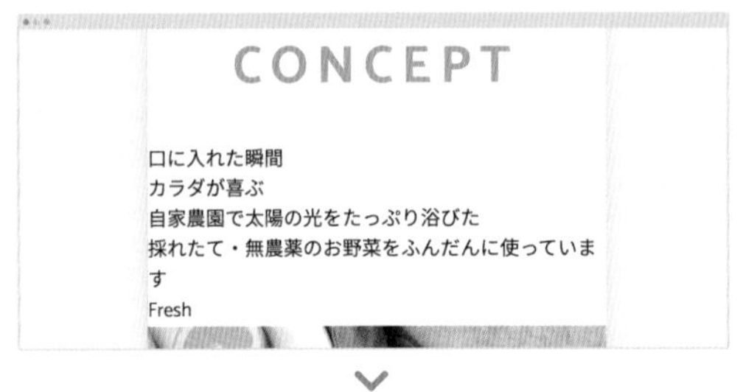

大見出しの大きさや配置、余白が整いました。

STEP 2 小見出し(h3要素)を整えよう

h3要素の文字も装飾しましょう。

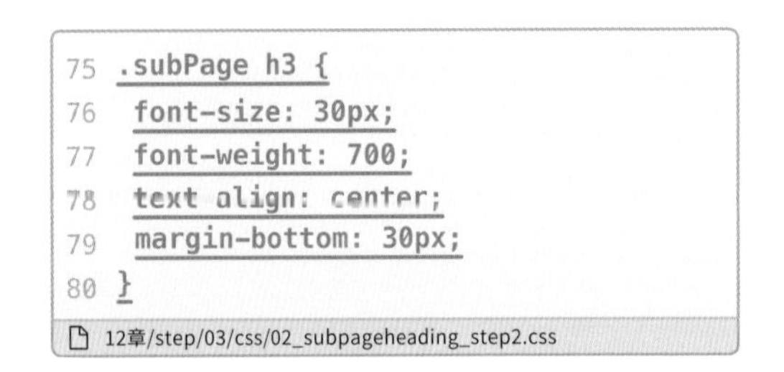

```
75 .subPage h3 {
76   font-size: 30px;
77   font-weight: 700;
78   text-align: center;
79   margin-bottom: 30px;
80 }
```

12章/step/03/css/02_subpageheading_step2.css

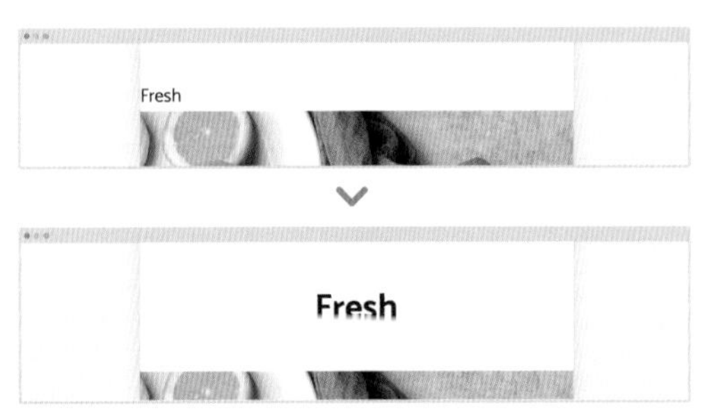

小見出しの大きさや配置、余白が整いました。

メインカラムに共通の余白をつけよう

STEP 1 メインカラムの幅を調整しよう

下層ページのメインコンテンツの幅は画面いっぱいではなく、左右に余白があるためmainにpaddingで余白をつけます。

```
81 .subPage main {
82   padding: 0 20px;
83 }
```

12章/step/03/css/03_subpagemain_step1.css

カラフルサラダでしっかりビタミンをチャージ。
朝採れ野菜のパリッとした食感と自家製ドレッシングをお楽しみください。

左右に余白がつきました。

marginでも同じことができますか？

そうですね。marginでも同じように左右に余白ができます。余白がmain要素の内側の余白と考えるか、外側の余白と考えるかで決めるといいでしょう。

共通フッターを作ろう

STEP 1 山のイラストを表示させよう

フッターに山のイラストを表示させたいのでbackgroundで指定します。marginとpaddingで位置調整もしましょう。

```
84 footer {
85   background: url(../images/footer_mt.svg) no-repeat right top/200px;
86   margin-top: 60px;
87   padding-top: 68px;
88 }
```

12章/step/03/css/04_subpagefooter_step1.css

山のイラストを右上に配置して、ロゴと重ならないようにしています。

ロゴの位置を調整しよう

ロゴが表示される箇所の背景色を指定し、ロゴ画像の大きさをwidthで指定したらtransformを使って位置を調整しましょう。

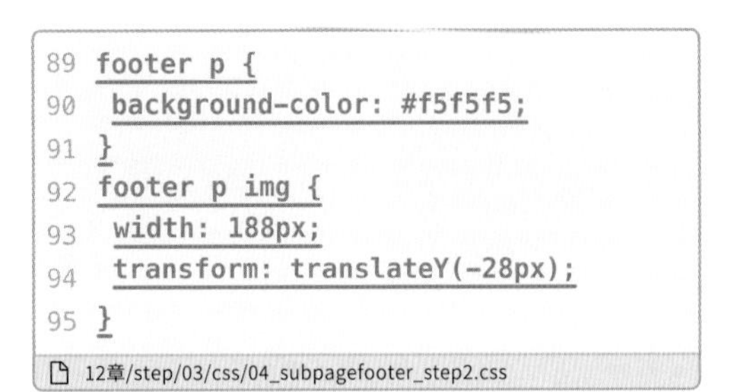

```
89 footer p {
90   background-color: #f5f5f5;
91 }
92 footer p img {
93   width: 188px;
94   transform: translateY(-28px);
95 }
```

12章/step/03/css/04_subpagefooter_step2.css

ロゴが小さくなり、フッターの上に重なりました。

前のページで山のイラストの位置調整はmarginとpaddingでしましたが、ロゴはtransformで位置調整をするのはなぜですか？

山のイラストはCSSで表示させていて、ロゴはimgタグで表示させているので位置の調整方法を変えています。

<img>タグとbackground-imageの使い分け

画像を表示するにはHTMLに直接書く方法と、CSSで装飾的に表示させる方法があります。

HTMLで画像を表示させるには<img>タグや<figure>タグ、CSSで画像を表示させるにはbackground-imageや疑似要素（::before,::after）があります。

文書構造上に必要な画像はHTMLで表示し、そうでない画像はCSSを使います。

サンプルサイトの場合、山のイラストは装飾目的で文書自体には必要がないのでCSSで表示し、ロゴは店名が入っているので<img>タグで表示しています。

はじめのうちは判断が難しいと思いますので、HTMLだけで情報がきちんと伝わるかを判断基準にしてみましょう。たとえば地図の画像や商品画像などは<img>タグを使う必要がありますね。

コンテンツ部分を作ろう

ここからは共通パーツ以外（CONCEPTページ固有）のCSSを書いていきましょう。

STEP 1 写真のサイズを調整しよう

写真の縦幅が大きいため、height:180px;を指定しましょう。縦幅を指定すると縦横比が保たれたまま小さくなるので、今度は横幅が足りなくなってしまいます。デザイン通りに大きさを合わせるために横幅を100%にします。

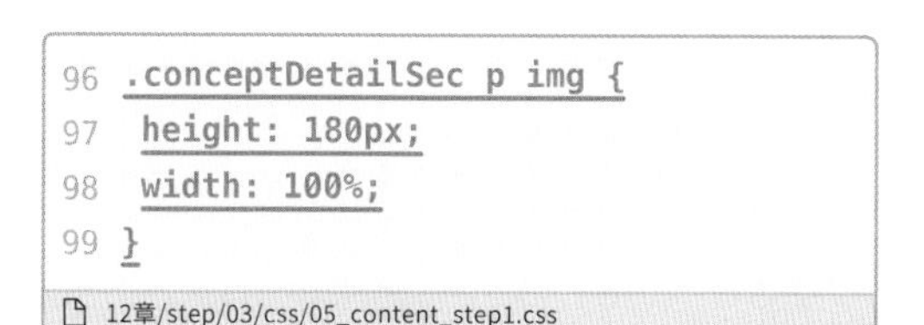

```
96 .conceptDetailSec p img {
97  height: 180px;
98  width: 100%;
99 }
```

12章/step/03/css/05_content_step1.css

大きさはデザインと同じになりましたが、画像が歪んでしまいました。

STEP 2 写真の歪みを修正しよう

ボックスへの収め方を指定するプロパティ

オブジェクト・フィット **object-fit:〜;**	ボックスに対する画像や動画などの表示方法を指定します。 値にはcoverなどのキーワードが入ります。

ボックスへの表示位置を指定するプロパティ

オブジェクト・ポジション **object-position:〜;**	ボックスに対する画像や動画などの配置を指定します。 値には場所をあらわすキーワードや単位を伴う数値が入ります。

高さを指定したことで押しつぶされたように写真が歪んでしまっているので、object-fit:cover;を指定して写真の歪みを修正しましょう。

```
96 .conceptDetailSec p img {
97  height: 180px;
98  width: 100%;
99  object-fit: cover;
100 }
```

12章/step/03/css/05_content_step2.css

写真の歪みがなおりました。

STEP 3 写真の表示位置を調整しよう

完成デザインと写真の見えている位置が違うため、object-positionで表示位置を調整しましょう。

```
96 .conceptDetailSec p img {
97 height: 180px;
98 width: 100%;
99 object-fit: cover;
100 object-position: center 90%;
101 }
```

12章/step/03/css/05_content_step3.css

位置が調整され、写真の下の方が表示されるようになりました。

ここはおさえる LEARNING 画像を好きな位置でトリミングできるobject-fit

横長画面のPCと縦長画面のスマートフォンでは使う画像の縦横比が異なるケースがあります。さまざまなデバイスに応じて複数の画像を切り替える方法もありますが、object-fitプロパティを使えば1枚の画像をうまく使いまわすことができます。

object-fitプロパティは、表示領域の大きさを指定し、その領域に対して画像をどのように表示するかを指定します。object-positionを一緒に使うと画像のどの部分を表示するかも指定できます。

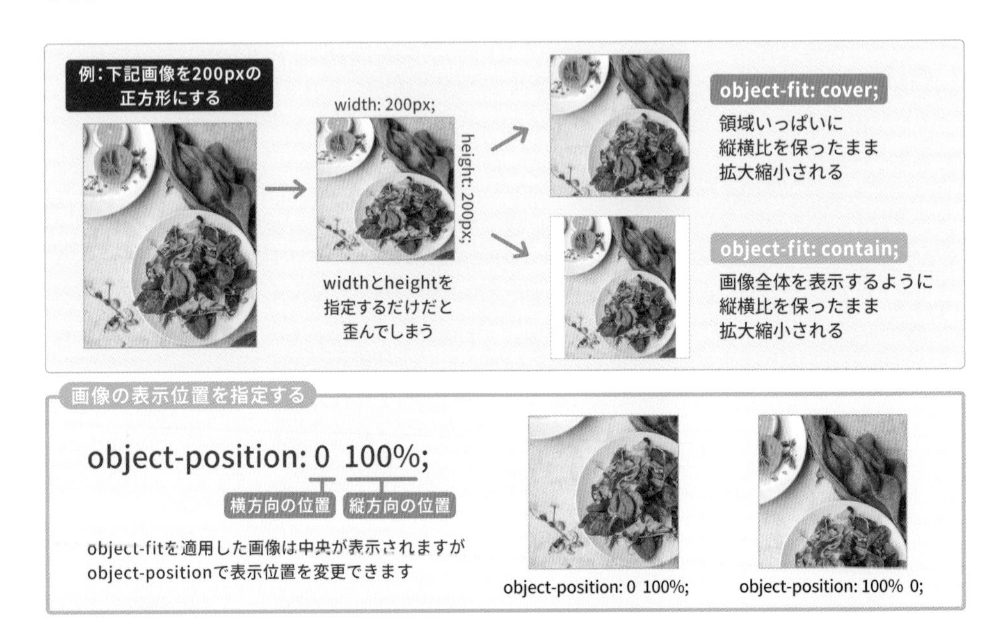

STEP 4 テキストの調整をしよう

フォントサイズをデザインに合わせて小さくしましょう。文字を小さくすると行間があきすぎているためline-heightで調整しましょう。

```
102 .conceptDetailSec .text {
103   font-size: 12px;
104   line-height: 1.78;
105 }
```

12章/step/03/css/05_content_step4.css

読みやすい行間と文字の大きさになりました。

STEP 5 余白の調整をしよう

写真とテキストの間の余白と、テキストと次の見出しの間をあけるためにそれぞれmargin-bottomを指定しましょう。

```
106 .conceptDetailSec .photo {
107   margin-bottom: 14px;
108 }
109 .conceptDetailSec {
110   margin-bottom: 50px;
111 }
```

12章/step/03/css/05_content_step5.css

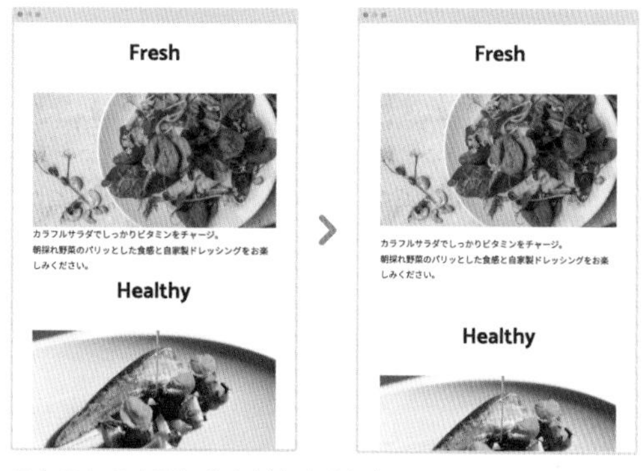

テキストの上下に余白があきました。

これでCONCEPTページが出来上がりました！

MENUページをコーディングしよう

HTMLファイルを確認しよう

12章/作業/menu.htmlをVSコードで開きましょう。このファイルはマークアップが終わっている状態です。完成形のデザイン（**12章/デザイン/sp_menu.png**）と比較し、マークアップの内容を確認しましょう。

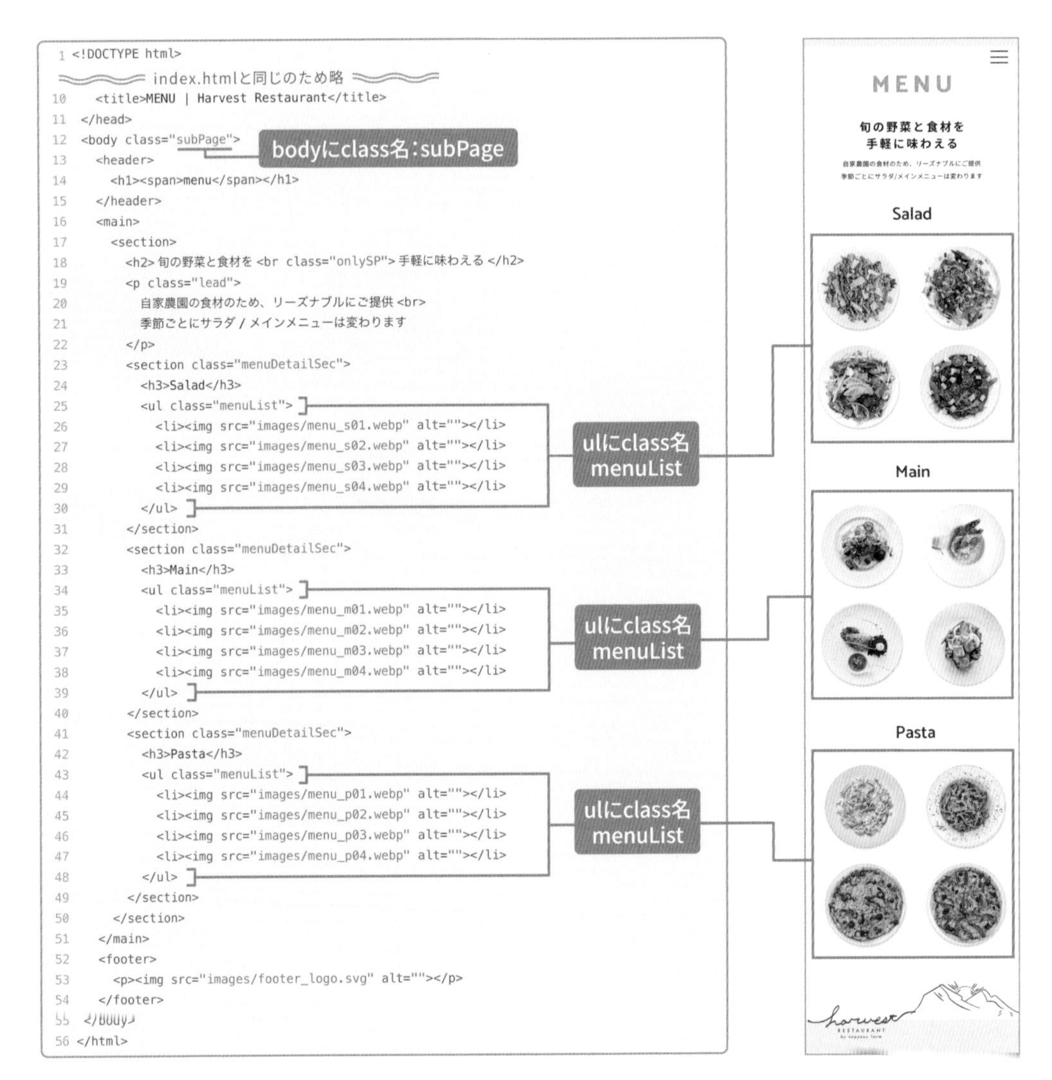

```
1  <!DOCTYPE html>
   index.htmlと同じのため略
10   <title>MENU | Harvest Restaurant</title>
11 </head>
12 <body class="subPage">
13   <header>
14     <h1><span>menu</span></h1>
15   </header>
16   <main>
17     <section>
18       <h2>旬の野菜と食材を<br class="onlySP">手軽に味わえる</h2>
19       <p class="lead">
20         自家農園の食材のため、リーズナブルにご提供<br>
21         季節ごとにサラダ/メインメニューは変わります
22       </p>
23       <section class="menuDetailSec">
24         <h3>Salad</h3>
25         <ul class="menuList">
26           <li><img src="images/menu_s01.webp" alt=""></li>
27           <li><img src="images/menu_s02.webp" alt=""></li>
28           <li><img src="images/menu_s03.webp" alt=""></li>
29           <li><img src="images/menu_s04.webp" alt=""></li>
30         </ul>
31       </section>
32       <section class="menuDetailSec">
33         <h3>Main</h3>
34         <ul class="menuList">
35           <li><img src="images/menu_m01.webp" alt=""></li>
36           <li><img src="images/menu_m02.webp" alt=""></li>
37           <li><img src="images/menu_m03.webp" alt=""></li>
38           <li><img src="images/menu_m04.webp" alt=""></li>
39         </ul>
40       </section>
41       <section class="menuDetailSec">
42         <h3>Pasta</h3>
43         <ul class="menuList">
44           <li><img src="images/menu_p01.webp" alt=""></li>
45           <li><img src="images/menu_p02.webp" alt=""></li>
46           <li><img src="images/menu_p03.webp" alt=""></li>
47           <li><img src="images/menu_p04.webp" alt=""></li>
48         </ul>
49       </section>
50     </section>
51   </main>
52   <footer>
53     <p><img src="images/footer_logo.svg" alt=""></p>
54   </footer>
55 </body>
56 </html>
```

CSSを書く前に確認しよう

menu.htmlをブラウザで開き、モバイルプレビューに切り替えましょう。共通パーツが反映されているのが確認できます。次のページからはMENUページ固有のコンテンツのCSSを書いていきましょう。

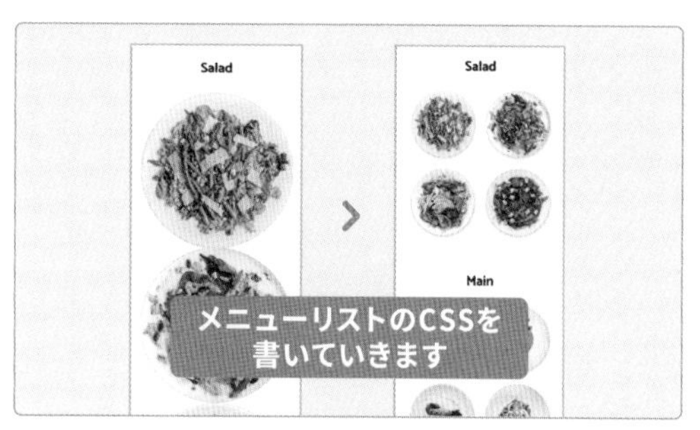

このようにデザインの共通パーツに同じclassをつけると、修正があった際にもCSSを1箇所修正するだけで済むのでとても便利です。

コンテンツ部分を作ろう

引き続き**同じstyle.css**に記述していきます。デザインファイルは**12章/デザイン/sp_menu.png**に変わります。ブラウザで**menu.html**を確認しながら進めましょう。

STEP 1 画像を横並びにしよう

画像が縦一列（1カラム）になっているので、display:flex;で横並びにしましょう。
セレクタは横並びにしたいli要素の親要素であるul要素（.menuList）です。

.menuListをセレクタに指定することで、3つのメニューすべてにCSSが適用されて横並びになります。

```
112 .menuList {
113   display: flex;
114 }
```

12章/step/04/css/01_menulist_step1.css

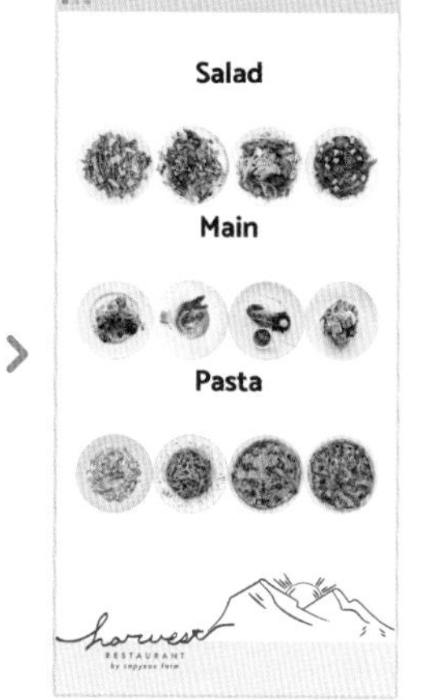

画像が横一列に並びました。

STEP 2 2カラムに変更しよう

1行に画像が4個並んでしまっているので、これを1行に2個ずつに変更しましょう。
まずは折り返しの方法を指定する「flex-wrap」の値をwrapに指定し、フレックスアイテムの折り返しを許可します。

折り返しを許可すると画像が画面いっぱいに広がり、1行に1個の画像しか入らなくなるためフレックスアイテムの横幅をflex-basisで42%に指定し、1行に2個ずつ表示させましょう。

```
112 .menuList {
113  display: flex;
114  flex-wrap: wrap;
115 }
116 .menuList li {
117  flex-basis: 42%;
118 }
```

12章/step/04/css/01_menulist_step2.css

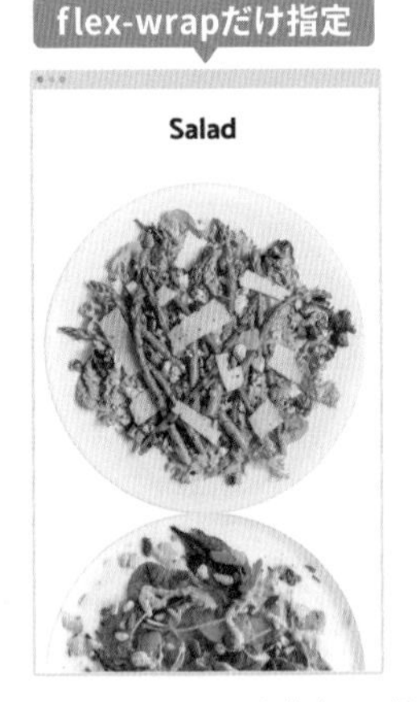

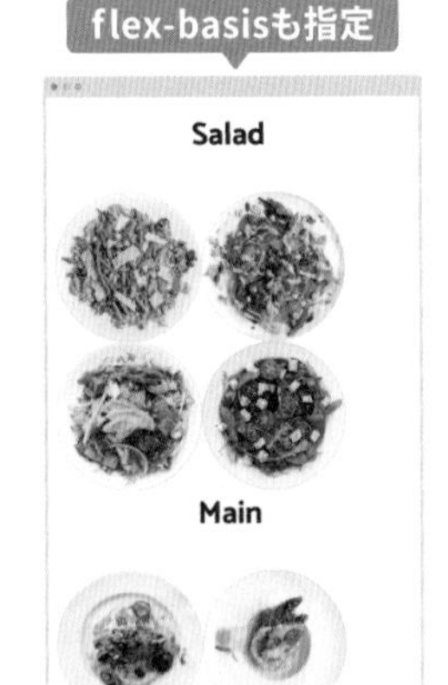

flex-wrap:wrap;を指定し、折り返しできるようになると画像は元の大きさに戻ろうとするので1行に1個しか入らなくなります。
そこで、flex-basisでフレックスアイテムの横幅を指定すると要素の大きさが決まるため1行あたりの画像の個数をコントロールできます。

flex-basisの値を50%にすると要素が2個並び、33%なら3個並びます。ワークで42%にしたのは8%分の余白をつけるためです。

STEP 3 画像同士の余白を調整しよう

画像を均等配置するため、justify-content:space-around;を指定しましょう。下の余白調整もmargin-bottomでおこないましょう。

```
112 .menuList {
113  display: flex;
114  flex-wrap: wrap;
115  justify-content: space-around;
116 }
117 .menuList li {
118  flex-basis: 42%;
119  margin-bottom: 28px;
120 }
```

12章/step/04/css/01_menulist_step3.css

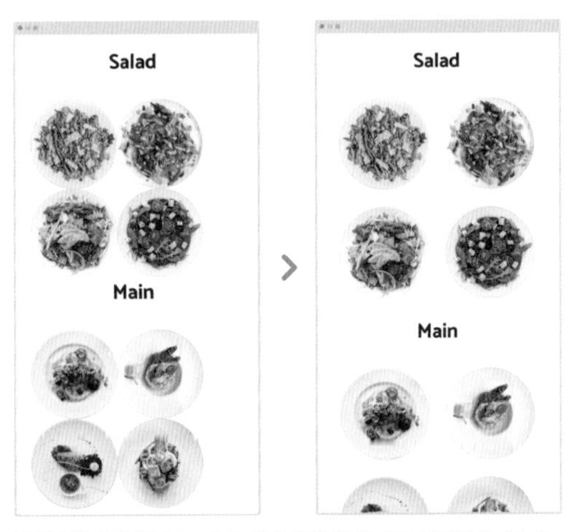

画像が均等配置され、余白が完成デザインと同じになりました。

STEP 4 画像に影をつけよう

画像（お皿）に影をつけるために、filterプロパティのdrop-shadowを指定しましょう。

```
121 .menuList li img {
122   filter: drop-shadow(1px 2px 3px #dddddd);
123 }
```

12章/step/04/css/01_menulist_step4.css

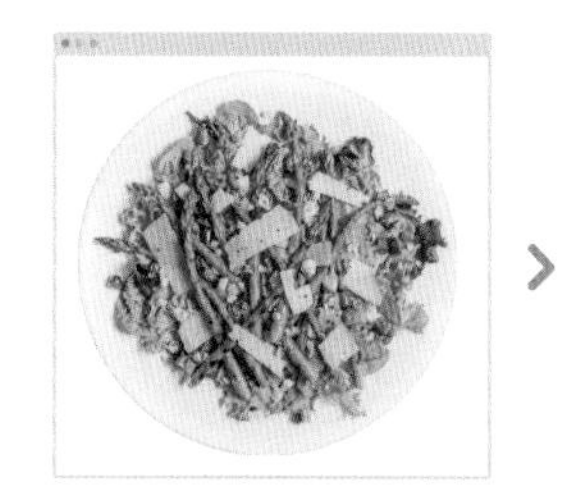

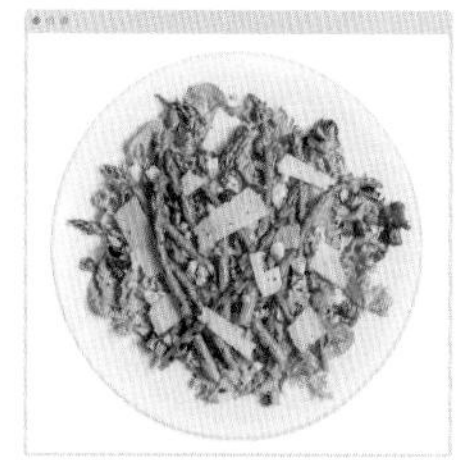

写真のお皿のまわりに影がつきました。

box-shadowとfilterでつける影の違い

要素に影をつける方法としてbox-shadowがありましたが（⇒P125）、ここではfilterプロパティのdrop-shadowを使っています。

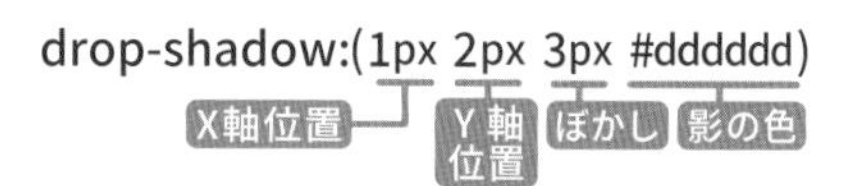

box-shadowは要素の四角いエリアに影がつくので画像の透過された部分は無視されます。

filterの場合は画像の透過した部分にも対応できるため、お皿の形に沿って影をつけることができます。

box-shadowとfilterの影の違い

box-shadow

filter:drop-shadow();

STEP 5 セクション同士の余白をつけよう

セクション（.menuDetailSec）同士の余白をつけるため、margin-bottomで調整します。

```
124 .menuDetailSec {
125   margin-bottom: 50px;
126 }
```

12章/step/04/css/01_menulist_step5.css

これでMENUページも完成です！

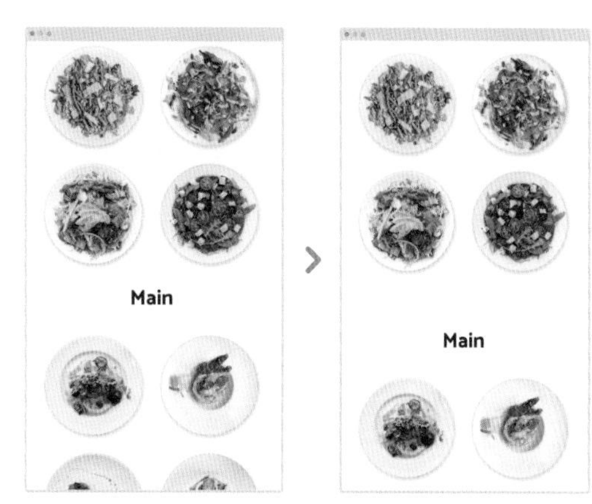

メニューのカテゴリ同士の間があきました。

INFOページをコーディングしよう

HTMLファイルを確認しよう

12章/作業/info.htmlをVSコードで開きましょう。このファイルはマークアップが終わっている状態です。完成デザインの**12章/デザイン/sp_info.png**と比較し、マークアップの内容を確認しましょう。

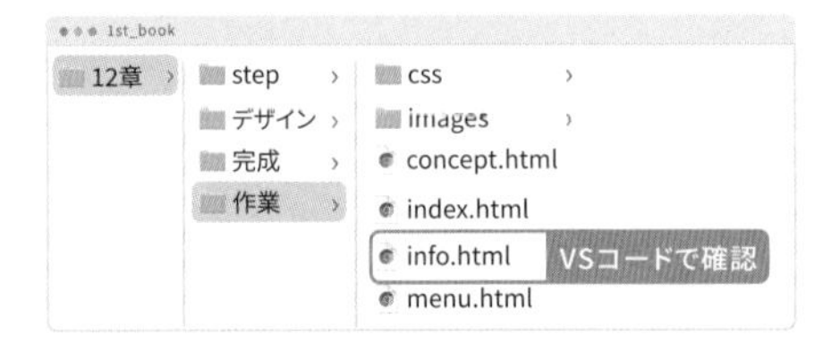

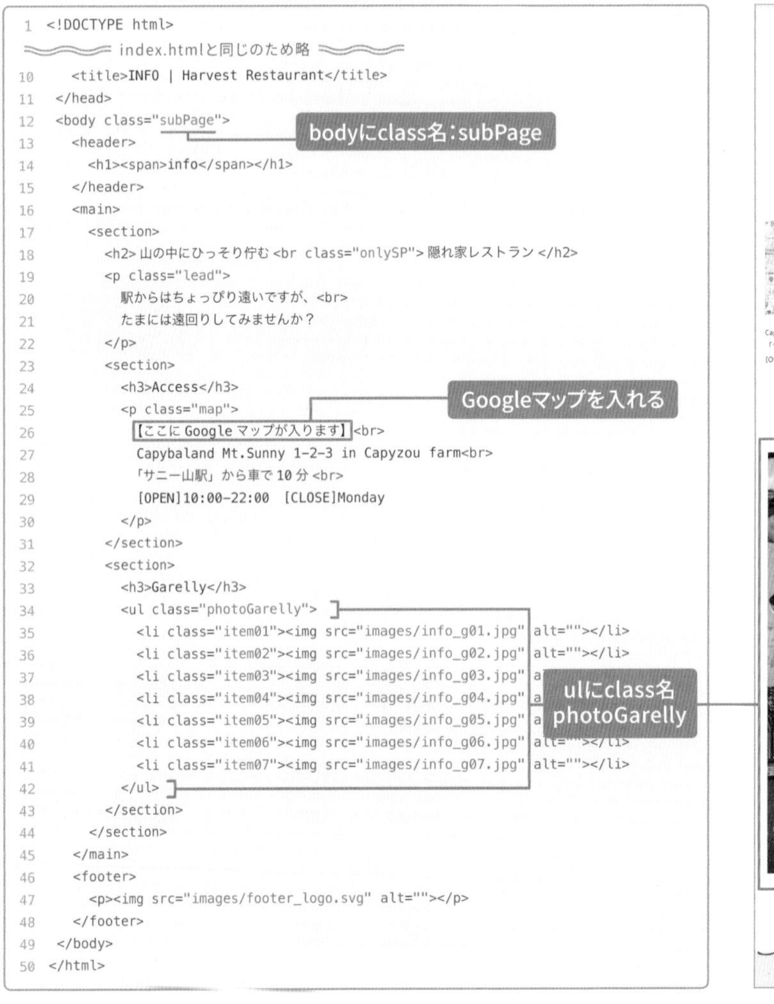

```
1  <!DOCTYPE html>
   index.htmlと同じのため略
10     <title>INFO | Harvest Restaurant</title>
11   </head>
12   <body class="subPage">
13     <header>
14       <h1><span>info</span></h1>
15     </header>
16     <main>
17       <section>
18         <h2>山の中にひっそり佇む<br class="onlySP">隠れ家レストラン</h2>
19         <p class="lead">
20           駅からはちょっぴり遠いですが、<br>
21           たまには遠回りしてみませんか？
22         </p>
23         <section>
24           <h3>Access</h3>
25           <p class="map">
26             【ここにGoogleマップが入ります】<br>
27             Capybaland Mt.Sunny 1-2-3 in Capyzou farm<br>
28             「サニー山駅」から車で10分<br>
29             [OPEN]10:00-22:00  [CLOSE]Monday
30           </p>
31         </section>
32         <section>
33           <h3>Garelly</h3>
34           <ul class="photoGarelly">
35             <li class="item01"><img src="images/info_g01.jpg" alt=""></li>
36             <li class="item02"><img src="images/info_g02.jpg" alt=""></li>
37             <li class="item03"><img src="images/info_g03.jpg" alt=""></li>
38             <li class="item04"><img src="images/info_g04.jpg" alt=""></li>
39             <li class="item05"><img src="images/info_g05.jpg" alt=""></li>
40             <li class="item06"><img src="images/info_g06.jpg" alt=""></li>
41             <li class="item07"><img src="images/info_g07.jpg" alt=""></li>
42           </ul>
43         </section>
44       </section>
45     </main>
46     <footer>
47       <p><img src="images/footer_logo.svg" alt=""></p>
48     </footer>
49   </body>
50 </html>
```

CSSを書く前に確認しよう

info.htmlをブラウザで開き、モバイルプレビューに切り替えましょう。MENUページと同様に、共通パーツにはCSSが適応されている状態です。
コンテンツ部分は「Access」の見出し下の「Googleマップ」が埋め込まれていない状態ですので、HTMLにマップを埋め込んでからCSSを書いていきましょう。「Garelly」ではCSSグリッドレイアウトを使って写真を配置してみましょう。

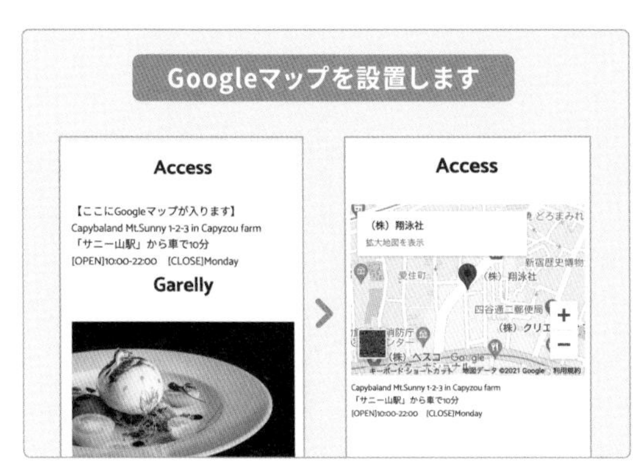

「Access」にGoogleマップを埋め込もう

Google MapsはGoogle社が提供している地図サービスです。サイトに埋め込むとユーザビリティが向上します。

STEP 1 埋め込みコードを取得しよう

Google Maps（https://www.google.co.jp/maps/）にアクセスし、検索バーに「翔泳社」と入力します。「共有ボタン」を押して「地図を埋め込む」を選択します。

※架空のレストランのため、本書の出版元である「翔泳社」の所在地を検索しています。

Part 5
11
12
13
14
15

STEP 2 埋め込みコードをコピーしよう

マップの大きさはCSSで調整するので、このまま「HTMLをコピー」をクリックします。

リンクを送信する	地図を埋め込む	
中 ▾	<iframe src="https://www.google.com/maps/embed?pb=!1m18!1m12!1m:	HTML をコピー

STEP 3 HTMLに貼り付けよう

別のWebページなどを読み込むタグ

インラインフレーム
<iframe> 〜 </iframe>

YouTubeやGoogleマップのような外部サービスを読み込む時によく使用され、src属性で読み込むURLを指定します。

info.htmlをVSコードで開き【ここにGoogleマップが入ります】を削除（
タグも削除）して、コピーしたHTMLを貼り付けます。

```
25  <p class="map">   ↓消す
26    【ここにGoogleマップが入ります】<br>
27    Capybaland Mt.Sunny 1-2-3 in Capyzou
```

```
25  <p class="map">  ↓貼り付ける
26    <iframe src="https://www.google.co…
27    Capybaland Mt.Sunny 1-2-3 in Capyzou
```

12章/step/05/01_googlemaps_step3.html

コードが途中で切れてしまっていますが、コピーしたコードすべてを貼り付けてください。

画面からはみ出す形でGoogleマップが表示されました。

Google Mapsは利用方法に注意しよう

Google Mapsはこの方法で地図を埋め込む場合は無料で利用できます。APIというものを使い座標データを利用するなど高機能な地図を利用したい場合は有料プランもあります。

サービス内容が変わることもありますので必ず利用規約を確認しましょう。

Googleマップを調整しよう

マップの大きさをCSSで調整します。編集するファイルを**style.css**に切り替えましょう。デザインファイルは**12章/デザイン/sp_info.png**に変わります。ブラウザで**info.html**を確認しながら進めましょう。

STEP 1 マップの大きさを変更しよう

マップの表示サイズを完成形のデザインと合わせるため、iframeにwidthとheightを指定しましょう。下の余白も調整します。

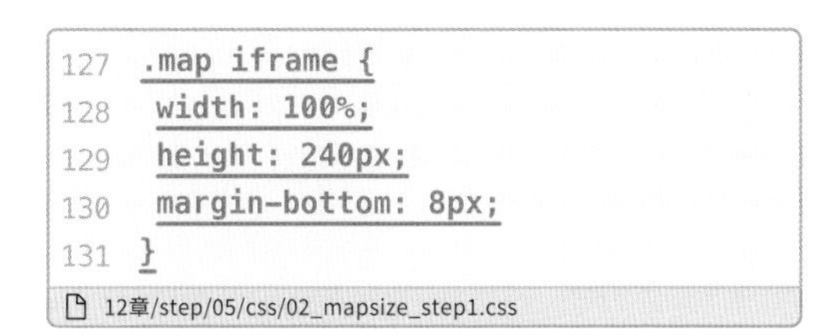

```
127 .map iframe {
128   width: 100%;
129   height: 240px;
130   margin-bottom: 8px;
131 }
```

12章/step/05/css/02_mapsize_step1.css

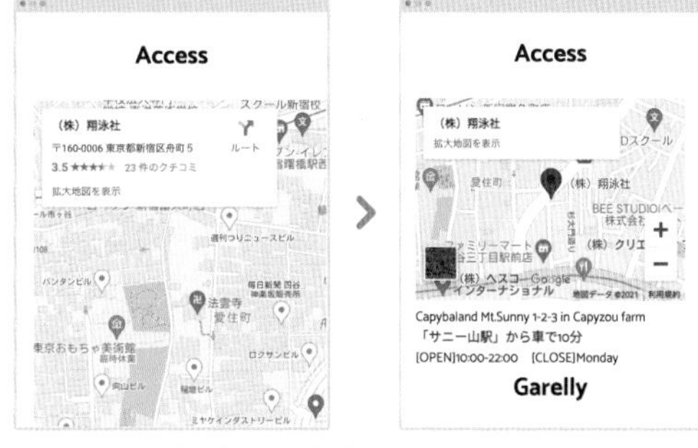

Googleマップの大きさが調整されました。

STEP 2 テキスト文字を調整しよう

マップ下の文字も完成形のデザインに合わせて小さくします。下の余白も調整しましょう。

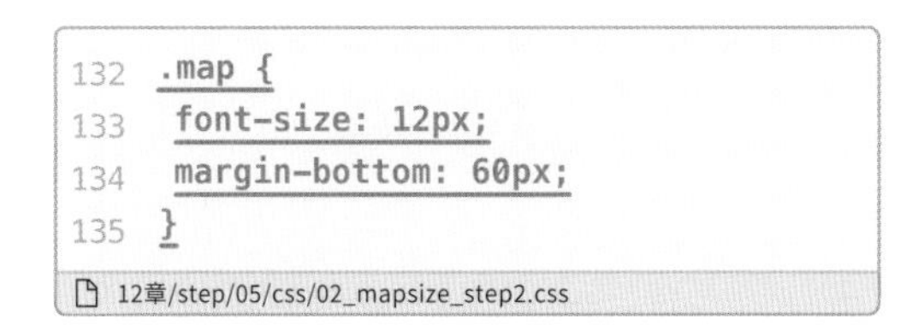

```
132 .map {
133   font-size: 12px;
134   margin-bottom: 60px;
135 }
```

12章/step/05/css/02_mapsize_step2.css

テキストが小さくなりました。

わーい。僕のサイトにもGoogleマップが表示されたよ！

Part 5
11
12
13
14
15

CSSグリッドレイアウトでフォトギャラリーを作ろう

フォトギャラリーはCSSグリッドレイアウトで組んでいきます。
まずはCSSグリッドレイアウトの概要を見ていきましょう。

CSSグリッドレイアウトとは？

CSSグリッドレイアウトは表のようなマス目に自由に要素を配置できるレイアウトのことで、マス目の大きさなども自由に決めることができます。

マス目をまたいでも配置できる

要素 要素 要素
要素 要素
要素 要素

--- グリッドライン
マス目を作るための線

グリッドトラック
2本のラインの間の空間

グリッドセル
1マスのこと

CSSグリッドで
こんなレイアウトが簡単に

Flexboxとの比較

Flexboxが得意なのは要素を横行か縦列かの1方向に並べることです。一方、CSSグリッドレイアウトは横行と縦列という2方向のレイアウトを組むことができます。
また、HTMLの順番に関係なく配置できるので**HTMLの構造を崩さない**という利点もあります。

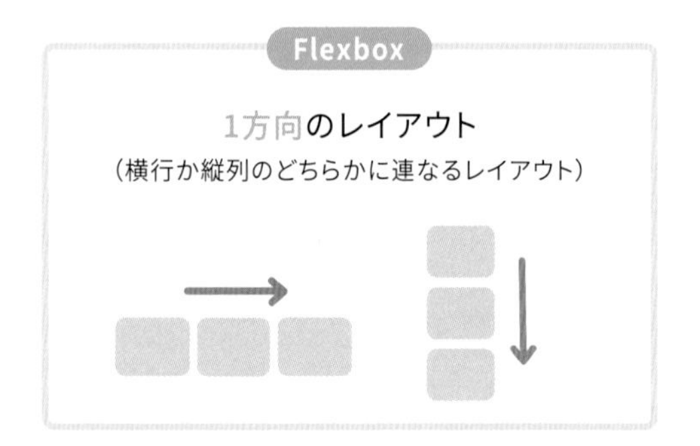

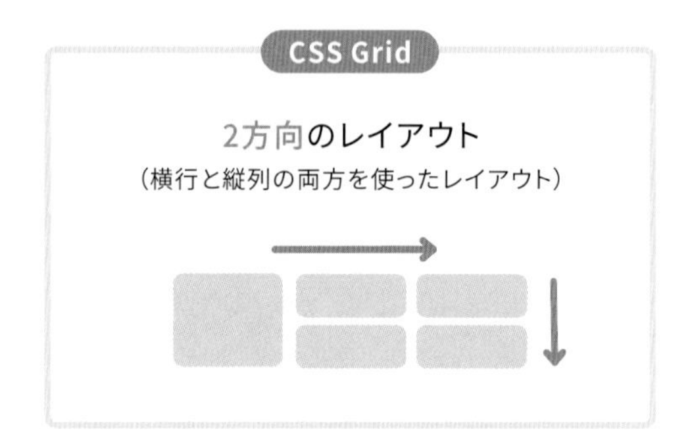

CSS Grid
2方向のレイアウト
（横行と縦列の両方を使ったレイアウト）

2方向のレイアウトをFlexboxで組むこともできますが、<div>タグが増える傾向にあります。

CSSグリッドレイアウトの適用方法

3ステップで簡単にレイアウトを組むことができます。

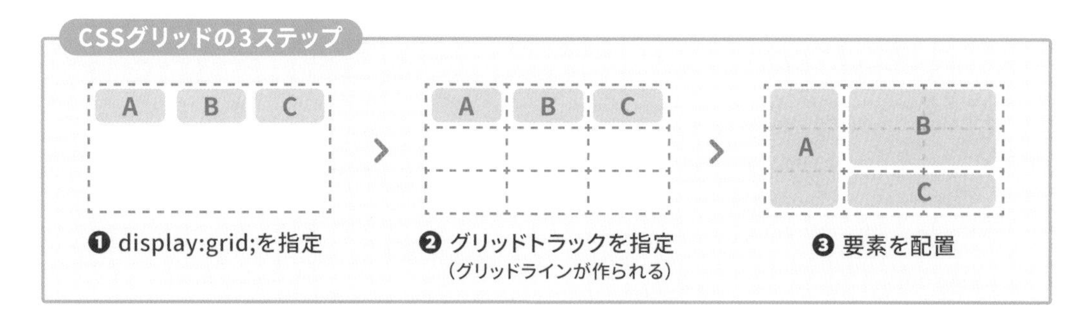

display:grid;が適用された要素を右図のように呼びます。

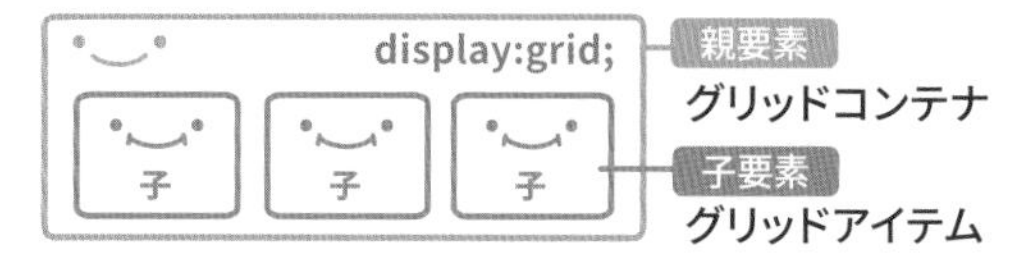

マス目を作って要素を配置するなんて、なんだかパズルみたいですね！
3ステップなら僕にも簡単にできそうです！

CSSグリッドレイアウトを使ってみよう

フォトギャラリーを作りながら、CSSグリッドレイアウトの具体的な指定方法を学んでいきましょう！わからなくなったら動画を見てみましょう。

STEP 1 親要素にdisplay:grid;を指定しよう

<li>要素をグリッドアイテムにしたいので、親要素の<ul class="photoGarelly">に対してdisplay:grid;を指定しましょう。

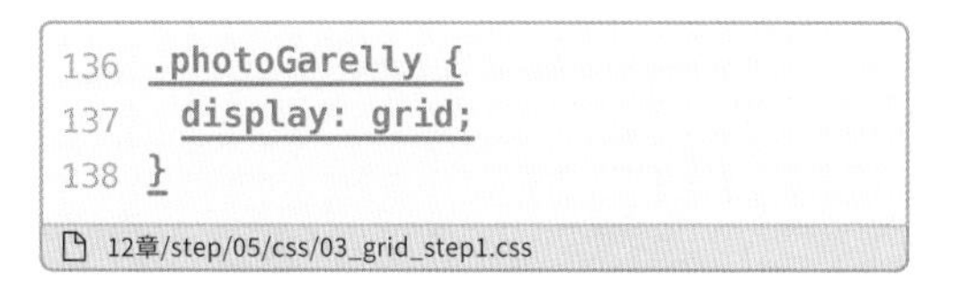

```
136 .photoGarelly {
137   display: grid;
138 }
```

12章/step/05/css/03_grid_step1.css

この時点では、見た目に変化はありません。

STEP 2 グリッドトラックを設定しよう

グリッドトラックを指定するプロパティ

グリッド・テンプレート・ロウズ **grid-template-rows: 〜 ;**	行のグリッドトラックを指定し、縦を何分割するか決めます。 値には単位を伴った数値が入ります（セルの高さになります）。
グリッド・テンプレート・カラムス **grid-template-columns: 〜 ;**	列のグリッドトラックを指定し、横を何分割するか決めます。 値には単位を伴った数値が入ります（セルの横幅になります）。

行のグリッドトラックはgrid-template-rows、列のグリッドトラックはgrid-template-columnsで指定します。 書いた値の数だけ行数・列数が増えていきます。

```
136 .photoGarelly {
137   display: grid;
138   grid-template-rows: 40vw 30vw 30vw 40vw 40vw;
139   grid-template-columns: 50% 50%;
140 }
```

12章/step/05/css/03_grid_step2.css

完成形デザインの写真配置からグリッドトラックを設定

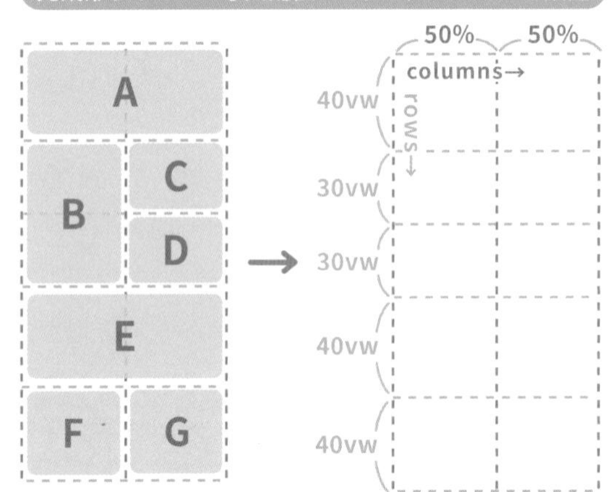

デベロッパーツールでul要素にカーソルをあてるとグリッドラインが設定されているのがわかります

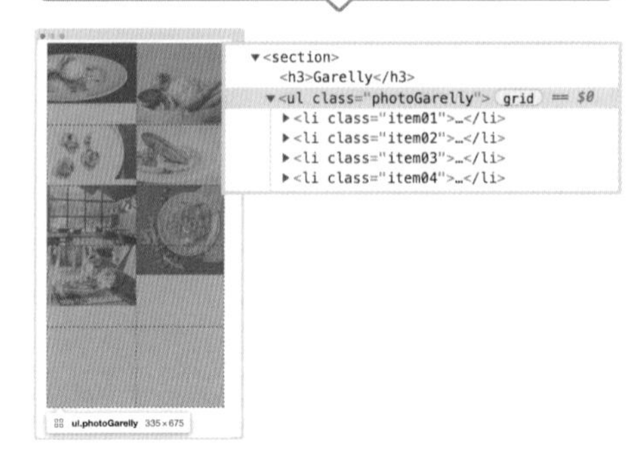

grid-template-rowsの値の単位がvw（viewportの横幅を基準とした単位）なのは、デバイスの横幅に合わせてセルの高さを比率で決めるためです。こうすることで写真の縦横比を保ったままレスポンシブにできます。

「空間を作る」という感覚よりも「線を引く」という感覚の方が理解しやすい人もいるかもしれません。

STEP 3 グリッドアイテムを配置しよう

グリッドアイテムを配置するプロパティ

グリッド・ロウ（カラム）・スタート
grid-row(column)-start: 〜 ;

グリッド・ロウ（カラム）・エンド
grid-row(column)-end: 〜 ;

グリッドアイテムの配置場所を指定できます。startが開始位置でendが終了位置です。値にはグリッドラインの番号などが入ります。

1枚目の写真をSTEP2のAエリアに配置します。1枚目の写真には、item01というclass属性がついているので.item01をセレクタにします。

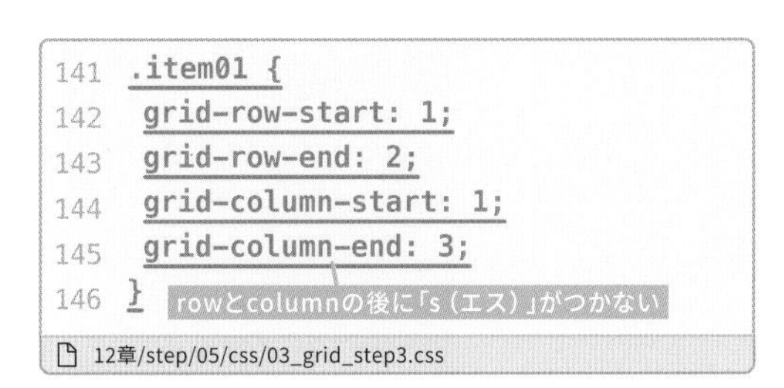

```
141 .item01 {
142  grid-row-start: 1;
143  grid-row-end: 2;
144  grid-column-start: 1;
145  grid-column-end: 3;
146 }
```

rowとcolumnの後に「s（エス）」がつかない

12章/step/05/css/03_grid_step3.css

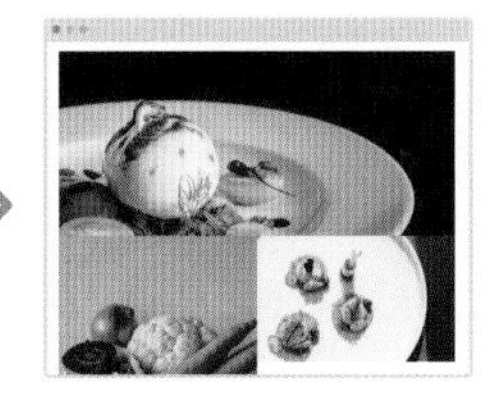

Aエリアに1枚目の写真を配置しました。

え〜と、開始位置が1で、終了位置が2で……あれ、どっちが縦だっけ？

ここはおさえる LEARNING グリッドアイテムの配置方法

グリッドトラックを設定するとグリッドラインが引かれ、各ラインに右図のように順番に番号が振られます。この番号をgrid-row(column)-startとgrid-row(column)-endで指定し、配置します。

1枚目の写真をAエリアに配置する場合、行（row）はグリッドラインの1から2の間に配置したいので、startが1、endが2になります。

列（column）はグリッドラインの1から3のセル2個分に配置したいので、startが1、endが3になります。

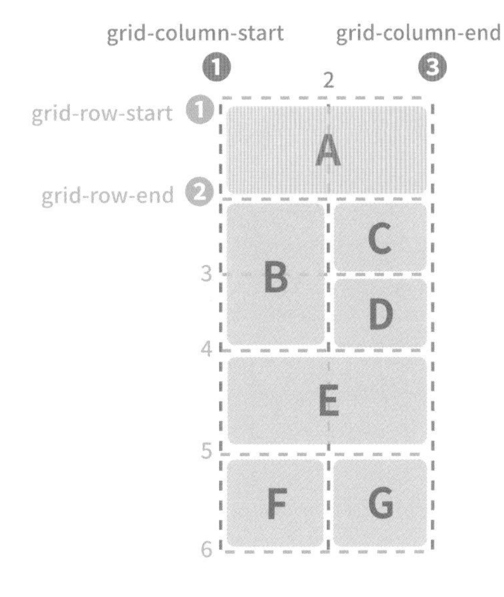

グリッドアイテムをショートハンドで配置しよう

グリッドアイテムの配置はショートハンドでも書けます。2枚目以降の写真はショートハンドで配置してみましょう。前のSTEPと同じ手順で何番目から何番目までと指定していきます。

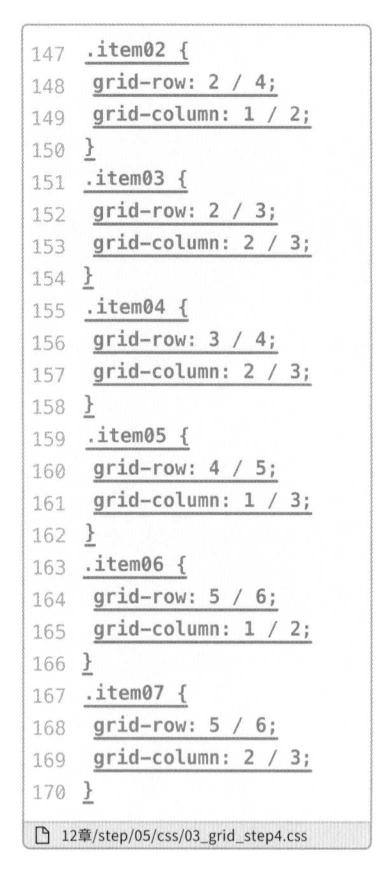

```
147 .item02 {
148   grid-row: 2 / 4;
149   grid-column: 1 / 2;
150 }
151 .item03 {
152   grid-row: 2 / 3;
153   grid-column: 2 / 3;
154 }
155 .item04 {
156   grid-row: 3 / 4;
157   grid-column: 2 / 3;
158 }
159 .item05 {
160   grid-row: 4 / 5;
161   grid-column: 1 / 3;
162 }
163 .item06 {
164   grid-row: 5 / 6;
165   grid-column: 1 / 2;
166 }
167 .item07 {
168   grid-row: 5 / 6;
169   grid-column: 2 / 3;
170 }
```

12章/step/05/css/03_grid_step4.css

ショートハンドの書き方

grid-row(column): 1 / 3;

startの値　endの値

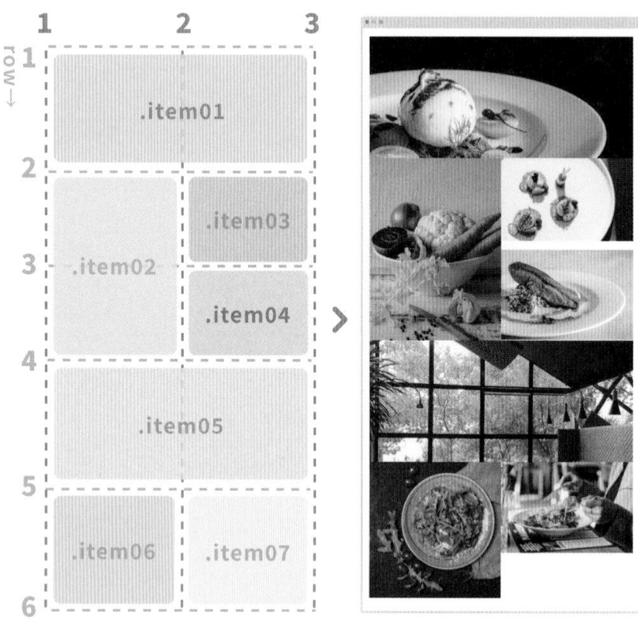

このレイアウトをFlexboxで組もうとすると、HTMLの構造的にルール違反な箇所に<div>タグを追加する必要が出てきます。ルールを守るためにはHTMLを書き換えることになってしまいますが、CSSグリッドレイアウトならHTML構造を変えずに実現できます。

なるほど～！ HTMLを追加しなくていいので便利なんですね！

STEP 5 写真の大きさを指定しよう

グリッドセルと写真の縦横比が合わず写真の縦幅が足りていない箇所があるため、写真の横幅と高さを100%に指定しましょう。
高さのみ指定をすると写真の縦横比が高さ基準となってしまうため、横幅と高さの両方を指定する必要があります。

```
171 .photoGarelly li img {
172  width: 100%;
173  height: 100%;
174 }
```

12章/step/05/css/03_grid_step5.css

▶ 高さのみを指定した場合

写真が歪んではいますが隙間はなくなりました。

STEP 6 写真の歪みを修正しよう

縦横比が崩れて歪んでいる写真の表示を修正するためにobject-fit:cover;を指定しましょう。

```
171 .photoGarelly li img {
172  width: 100%;
173  height: 100%;
174  object-fit: cover;
175 }
```

12章/step/05/css/03_grid_step6.css

歪みが修正され、写真が綺麗に表示されます。

これでスマートフォン用のコーディングがすべて終わりました！おつかれさまです。

レストランサイトのCSSを書こう（PC）

本章ではPC用のコーディングをしていきます
PC→スマートフォンの順番で制作した場合との違いを意識しながら進めましょう

PCとモバイル、どちらを先に作っても手順に大きな違いはありません。

僕にはどっちから作るのが向いているかなぁ……。

TOPページをコーディングしよう（PC）

作業ファイルを確認しよう

13章/作業/css/style.cssをVSコードで開きましょう。前の章までの作業が反映されている状態です。
13章/作業/index.htmlをブラウザで開き、CSSが反映されているかを確認しながら進めましょう。
また、**13章/デザイン/pc_top.png**も並べて、作業を進めていきましょう。

コーディングはPC用から？スマートフォン用から？

Part4では先にPC用からコーディングし、後からスマートフォン用に最適化しましたが、本Partでは先にスマートフォン用から制作しました。どちらの順番が良いのでしょうか。

優劣をつけるのは難しいですが、スマートフォンユーザーが増えたことからもスマートフォン用のCSSを先に書く機会が増えており、コード量も少なくて済む傾向にあります。

その理由はPCとスマートフォンの画面の大きさの違いにあります。PCは画面が大きいためFlexboxを用いた横並びのレイアウトを活用することが多いです。スマートフォン用のCSSを後に書くと、このFlexboxを解除することが多いためコード量が増えることになります。

上記は一例ですが「スマートフォン用のCSSから書かなければいけない」というルールはありませんので、サイトの特性やプロジェクトに合わせて選択しましょう。

スマートフォンとPCのデザインを比較しよう

PC用のメディアクエリを書こう

本章ではブレイクポイントを920pxで1つだけ指定してみましょう。

STEP 1 メディアクエリを書こう

スマートフォン用のCSSを後に書く場合のメディアクエリはmax-width（画面幅●●px以下に適用させる）を使いましたが、PC用のCSSを後に書く場合のメディアクエリはmin-width（画面幅●●px以上に適用させる）を使って書きます。

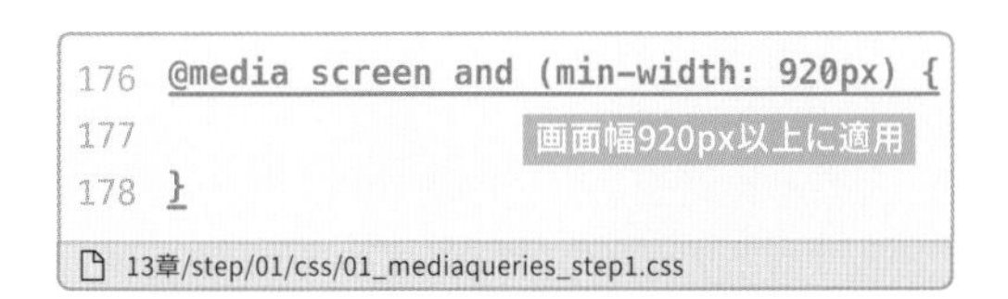

```
176 @media screen and (min-width: 920px) {
177                                 画面幅920px以上に適用
178 }
```

13章/step/01/css/01_mediaqueries_step1.css

ブラウザで開くとPC用のCSSをまだ記述していないので、このような状態です。

2カラムレイアウトを組もう

STEP 1 Flexboxで2カラムにしよう

header要素とmain要素を横並びにしたいので、2つの親要素の<body>タグのクラス.topPageにdisplay:flex;を指定しましょう。それぞれの横幅もflex-basisで指定します。

```
177   .topPage {
178     display: flex;
179   }
180   .topPage header {
181     flex-basis: 38%;
182   }
183   .topPage main {
184     flex-basis: 62%;
185   }
186 }
```

13章/step/01/css/02_flex_step1.css

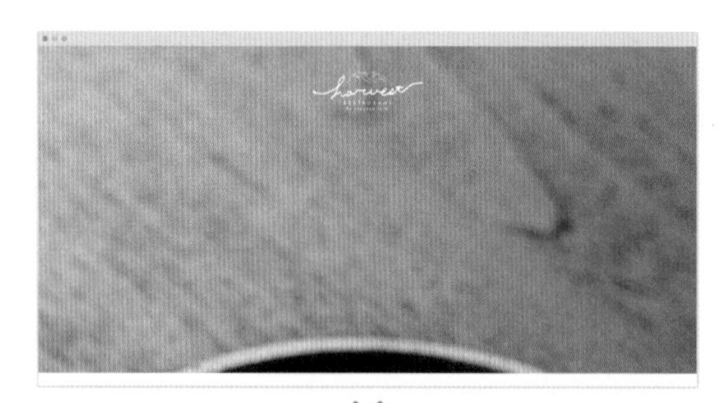

header要素とmain要素が横並びになりました。

ブラウザの横幅を変更しても、左右のカラムの横幅の比率を変えずに伸縮させたいのでflex-basisの値を%で指定しています。

各ページへのリンクリストを整えよう

STEP 1 リンクリストを横並びにしよう

li要素を横並びにしたいので、親要素の<ul>タグのクラス.linkListにdisplay:flex;を指定しましょう。

```
186   .linkList {
187     display: flex;
188   }
189 }
```

13章/step/01/css/03_linklist_step1.css

main要素内のリンクリストが横並びになりました。

STEP 2 リンクリストを2カラムにしよう

リンクリストを3列から2列にするため、フレックスアイテムの折り返しを指定するflex-wrapの値をwrapに変更します。

flex-basisで各li要素の横幅を47%に指定すると、100%を超えて入りきらない「INFORMATIONのリンク」が次の行に配置され2列になります。

```
186  .linkList {
187    display: flex;
188    flex-wrap: wrap;
189  }
190  .linkList li {
191    flex-basis: 47%;
192  }
193 }
```

13章/step/01/css/03_linklist_step2.css

各アイテムの横幅が47%になり、2列になりました。

STEP 3 ロゴ画像を表示させよう

完成形のデザインの「リンクリスト左上のロゴ画像」はHTMLに書かれていない要素のため、ul要素の疑似要素として表示させましょう。

contentプロパティに直接画像を指定すると画像の大きさを変更できないので、画像の大きさを変更したい場合はbackground-imageとして指定します（⇒P174）。

横幅は前のSTEPで指定したli要素と同じ47%を指定しましょう。

```
193  .linkList::before {
194   content: "";
195   width: 47%;
196   background: url(../images/top_pclogo.svg) no-repeat center center/72%;
197  }
198 }
```

13章/step/01/css/03_linklist_step3.css

PC用サイトにのみロゴを表示させることができました。

STEP 4 リンクリストを整えよう

リンクリスト全体を右カラムの中央に配置させるため、max-widthとmarginを指定しましょう。リンク同士の余白を調整するためにjustify-content: space-around;を指定してリンクを均等配置します。下の余白があきすぎているのでmargin-bottomを20pxにします。

```
186  .linkList {
187    display: flex;
188    flex-wrap: wrap;
189    max-width: 800px;
190    margin: 0 auto;
191    justify-content: space-around;
192  }
193  .linkList li {
194    flex-basis: 47%;
195    margin-bottom: 20px;
196  }
197  .linkList::before {
```

13章/step/01/css/03_linklist_step4.css

ul要素が横幅800pxで中央寄せになり、その中で各アイテムが均等配置されました。

横幅指定はwidth？max-width？

max-widthは横幅の最大値を指定するプロパティです。max-widthを使うと、ブラウザの横幅をどれだけ広げても指定の値よりは大きくならず、縮めていった場合はブラウザの横幅にフィットして縮みます。

そのため**「ブラウザの横幅を広げた時には指定の横幅より大きくしたくない」**かつ**「ブラウザを縮めた時にブラウザの横幅にフィットさせたい」**場合は、max-widthを使います。

一方で、widthの値をpxで指定した場合は、横幅が固定されるのでブラウザを広げても狭めても横幅が変わりません。

189行目のmax-widthをwidthに変更して、ブラウザの横幅を縮めたり広げたりしてみると違いがわかると思います。

STEP 5 リンクリストを天地中央寄せにしよう

天地中央寄せにする方法はいくつかありますが、Flexbox関連プロパティを使う方法が便利です。天地中央にしたいのはul要素なので、親要素のmain要素にdisplay:flex;を指定しましょう。
ただしセレクタをmainにしてしまうと下層ページにも影響を与えてしまうため、セレクタは「.topPage main」とします。

フレックスアイテムを縦方向にどう配置するかを指定するalign-itemsの値をcenterにすると天地中央寄せにできます。

```
202   .topPage main {
203     display: flex;
204     align-items: center;
205   }
206 }
```

13章/step/01/css/03_linklist_step5.css

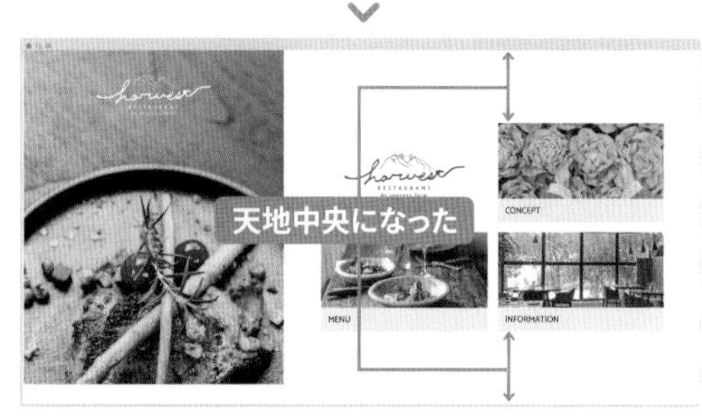

ul要素がmain要素に対して天地中央になりました。

ヘッダーエリアを整えよう

STEP 1 メインビジュアルの縦幅をフルスクリーン表示にしよう

ヘッダーエリアのheightがスマートフォン向けに書いた90vhのままなので、画面の高さいっぱいになるように100vhを指定しましょう。

画像の下の余白もスマートフォン向けに書いたmargin-bottomが効いているので0pxにします。

```
206   .topPage header {
207     height: 100vh;
208     margin-bottom: 0;
209   }
210 }
```

13章/step/01/css/04_header_step1.css

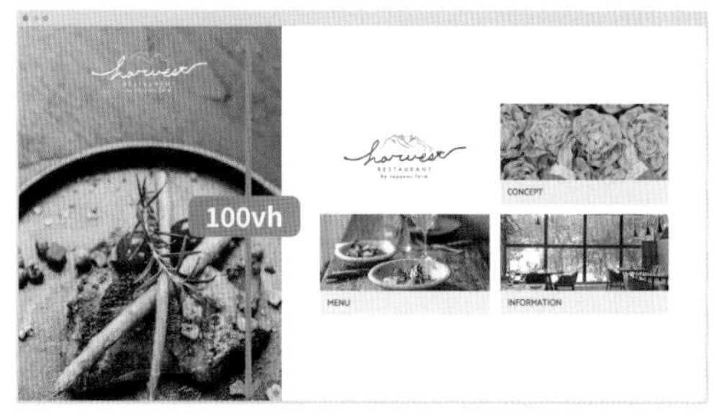

下の余白が消えて、画像が画面の高さいっぱいに広がりました。

これでPC用のTOPページは完成です！

Part 5
11
12
13
14
15

CONCEPTページをコーディングしよう(PC)

スマートフォンとPCのデザインを比較しよう

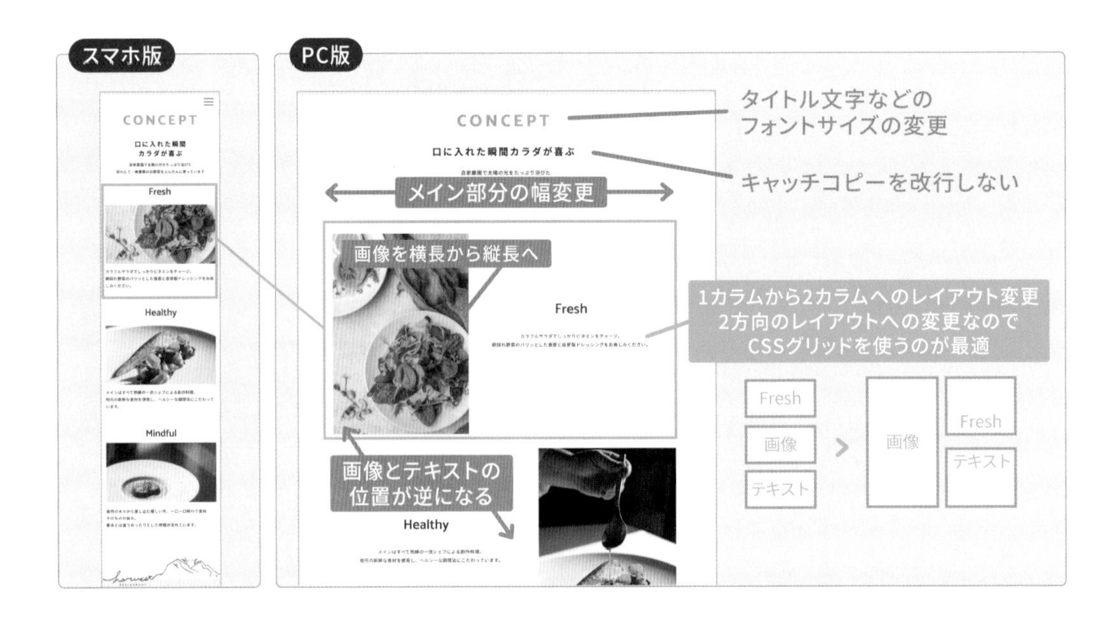

メインコンテンツの幅をPC用に変更しよう

引き続き**同じstyle.css**に記述していきます。デザインファイルは**pc_concept.png**に変わります。**concept.html**をブラウザで開き、確認しながら進めましょう。

STEP 1 横幅を変更しよう

横幅が画面いっぱいに広がってしまっているため完成形のデザインに合わせ最大幅をmax-width: 1280px;で指定しましょう。中央寄せにするためmargin:0 auto;も指定します。

```
210    .subPage main {
211      max-width: 1280px;
212      margin: 0 auto;
213    }
214 }
```

13章/step/02/css/01_main_step1.css

横幅が1280pxに収まり中央に寄りました。

ページ上部の共通パーツをPC用に変更しよう

STEP 1 文字サイズを変更しよう

ひと目ではわかりにくいですが、PCの完成形デザインではタイトル文字が大きくなっていますので、font-sizeで大きさを変更しましょう。

```
214   .subPage header h1 {
215     font-size: 60px;
216   }
217 }
```

13章/step/02/css/02_subpageheader_step1.css

文字がPC用に大きくなりました。

共通見出しをPC用に変更しよう

STEP 1 PC用のみ改行をなくそう

「口に入れた瞬間」の後の改行をPC用の表示ではなくしたいのですが、HTML（
タグ）を書き換えて削除してしまうとスマートフォン用の表示でも改行がなくなってしまいます。そこで、メディアクエリを利用してPCの時だけCSSで
タグを非表示にする方法をとります。

タグにクラス名「onlySP」をつけていますので、PC用のメディアクエリ内でこのclassに対してdisplayプロパティの値をnoneにするとPCの時だけ非表示にできます。

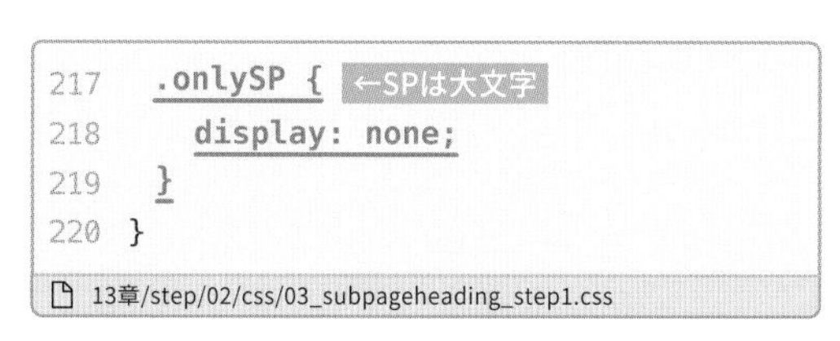

```
217   .onlySP {  ←SPは大文字
218     display: none;
219   }
220 }
```

13章/step/02/css/03_subpageheading_step1.css

「口に入れた瞬間」の後の改行がなくなりました。

タグにCSSを適用するため下記のようにHTMLの
タグにclassをつけてあります。

```
<section>
  <h2>口に入れた瞬間<br class="onlySP">カラダが喜ぶ</h2>
  <p class="lead">
    自家農園で太陽の光をたっぷり浴びた<br>
```


にclassがついています

要素の表示・非表示をコントロールしたい場合

メディアクエリとdisplayプロパティをうまく組み合わせると、デバイスごとに要素を表示するかどうかをコントロールすることができます。

```
/* モバイル用 */
.onlyPC {display: none;}

/* PC用(920px以上の画面幅用CSS) */
@media screen and (min-width: 920px) {
 .onlyPC {display: block;}
 .onlySP {display: none;}
}
```

このclassがついていたらモバイルでは非表示（PCでは表示）

このclassがついていたらPCでは非表示

要素にclass="onlyPC"をつけると横幅が920px以上の時だけ表示されるのですね。

はい。そのとおりです。class名は好きなもので構いませんので .show-PC や .no-sp や .hide-pc など、わかりやすいものをつけるといいでしょう。

STEP 2 下層ページで共通している各見出しを調整しよう

完成形のデザインに合わせて、見出しの文字の大きさと余白をPC用に指定しましょう。

```
220   .subPage h2 {
221     font-size: 34px;
222     margin-bottom: 36px;
223   }
224   .subPage .lead {
225     font-size: 18px;
226     margin-bottom: 160px;
227   }
228   .subPage h3 {
229     font-size: 50px;
230     margin-bottom: 40px;
231   }
232 }
```

13章/step/02/css/03_subpageheading_step2.css

下層共通パーツの見出しとリード文のデザインがPC用に変わりました。

コンテンツのレイアウトをPC用に変更しよう

2方向のレイアウトなのでCSSグリッドを使用してみましょう（⇒P250）。

STEP 1 グリッドを作ろう

.conceptDetailSecにdisplay:grid;を指定してグリッドコンテナを作成しましょう。2行（それぞれ360px）と、2列（40%と60%）のグリッドトラックを指定します。

```
232    .conceptDetailSec {
233      display: grid;
234      grid-template-rows: 360px 360px;
235      grid-template-columns: 40% 60%;
236    }
237  }
```

13章/step/02/css/04_concept_step1.css

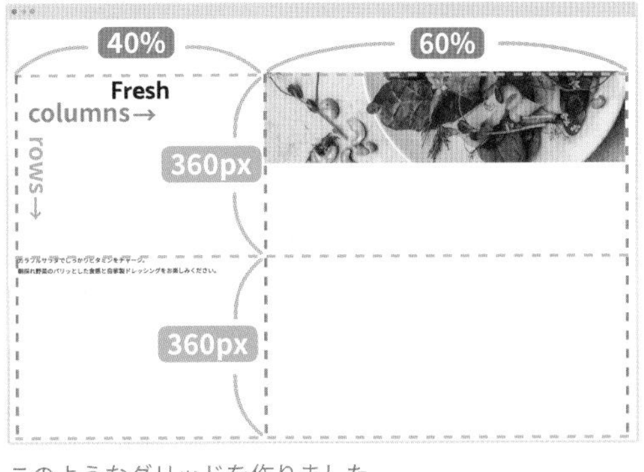

このようなグリッドを作りました。

STEP 2 要素を配置しよう

見出し（h3）はBエリアに配置したいのでrowは1から2、columnは2から3と指定しましょう。写真（.photo）はAとCのエリアを覆うようにしたいのでrowは1から3、columnは1から2です。テキスト（.text）はDエリアに配置したいのでrowは2から3、columnも2から3と指定します。

```
237    .conceptDetailSec h3 {
238      grid-row: 1 / 2;
239      grid-column: 2 / 3;
240    }
241    .conceptDetailSec .photo {
242      grid-row: 1 / 3;
243      grid-column: 1 / 2;
244    }
245    .conceptDetailSec .text {
246      grid-row: 2 / 3;
247      grid-column: 2 / 3;
248    }
249  }
```

13章/step/02/css/04_concept_step2.css

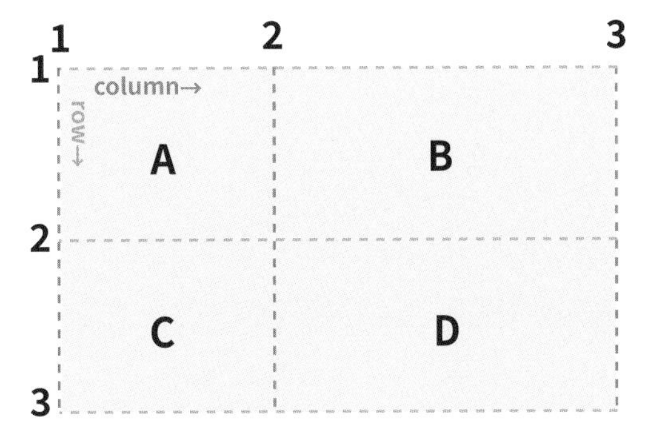

意図したエリア（セル）に要素が配置されました。画像には高さの指定（180px）がされているため、まだAとCエリアを覆った状態にはなっていません。

STEP 3 写真の大きさを調整しよう

スマートフォン用のCSSで写真のheightを180pxに指定している影響でAとCエリアを覆えていない状態です。heightを720pxに指定しましょう。

```
249  .conceptDetailSec .photo img {
250    height: 720px;
251  }
252 }
```

13章/step/02/css/04_concept_step3.css

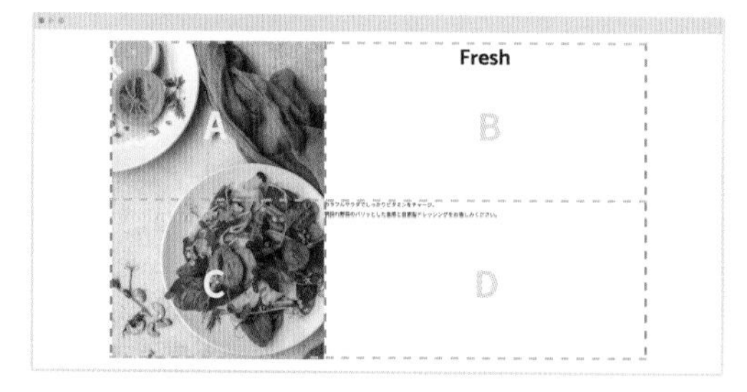
Fresh
A
B
C
D

写真がAとCエリアを覆うようになりました。

STEP 4 見出しの配置を調整しよう

アイテム自身の縦位置を指定するプロパティ

アライン・セルフ
align-self: ～ ;

値にはstart・endなどの位置をあらわすキーワードが入ります。子要素自身に直接指定できます。

見出し（h3）を完成形のデザインと同じ位置にするためにalign-self:end;を指定しましょう。P.115で学んだFlexbox関連プロパティのひとつですがグリッドアイテムにも使用できます。

```
252  .conceptDetailSec h3 {
253    align-self: end;
254  }
255 }
```

13章/step/02/css/04_concept_step4.css

margin-bottomが効いているので
ピッタリ最下部にはなっていない
Fresh
C
D

Bエリアの最下部に配置されました。

STEP 5 テキストを調整しよう

テキスト（.text）をtext-alignで中央寄せにし、文字の大きさを16pxに変更しましょう。

```
255  .conceptDetailSec .text {
256    text-align: center;
257    font-size: 16px;
258  }
259 }
```

13章/step/02/css/04_concept_step5.css

Fresh
カラフルサラダでしっかりビタミンをチャージ。
朝採れ野菜のパリッとした食感と自家製ドレッシングをお楽しみください。

文字が中央寄せになり、大きくなりました。これでレイアウトは完成です。

STEP 6 コンテンツを左右逆に配置してみよう

完成形のデザインでは「Healthy」のセクションは、前後のセクションと「写真/テキストの位置」が左右逆になっています。

「Healthy」のセクションにのみCSSを適用するため、reverseというclass属性を付与してあります。このclassに対して、STEP1で設定したグリッドトラックの列の値を上書きします。

```
259   .reverse {
260     grid-template-columns: 60% 40%;
261   }
262 }
```

13章/step/02/css/04_concept_step6.css

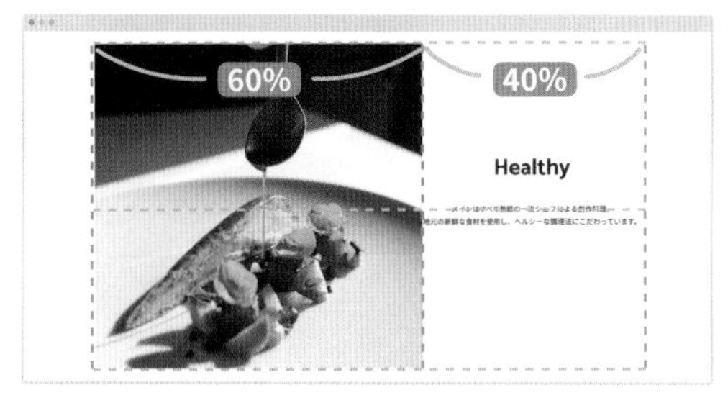

40% 60%だったコンテンツが逆の60% 40%になり、それに応じてコンテンツの大きさが変わりました。

STEP 7 グリッドアイテムを配置しなおそう

これまでと同様の手順で見出し（h3）はAエリアに、写真（.photo）はBとDを覆うように、テキスト（.text）はCエリアに配置しなおします。子孫セレクタを使って.reverseがついたセクション内のみに適用させます。

```
262   .reverse h3 {
263     grid-row: 1 / 2;
264     grid-column: 1 / 2;
265   }
266   .reverse .photo {
267     grid-row: 1 / 3;
268     grid-column: 2 / 3;
269   }
270   .reverse .text {
271     grid-row: 2 / 3;
272     grid-column: 1 / 2;
273   }
274 }
```

13章/step/02/css/04_concept_step7.css

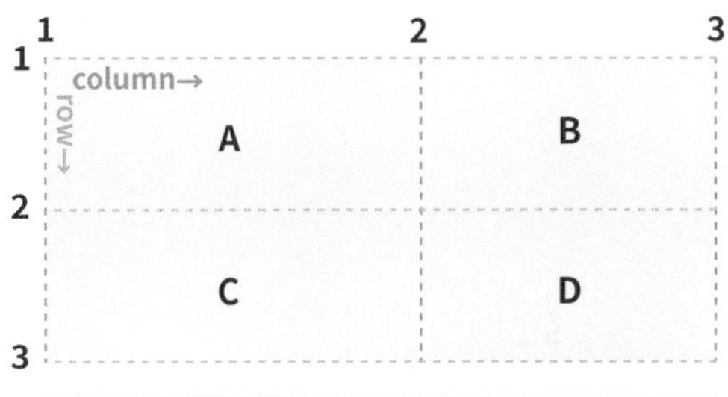

右側に写真、左側にテキストが配置されました。

これでCONCEPTページのPC用コーディングが完了しました！

MENUページをコーディングしよう(PC)

スマートフォンとPCのデザインを比較しよう

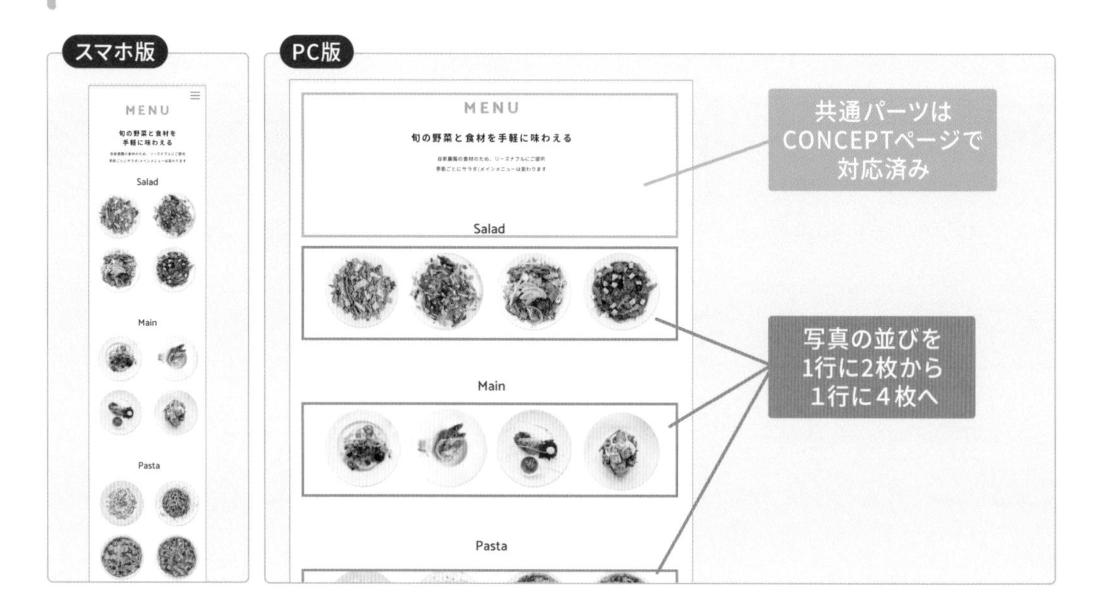

写真の並び方を変更しよう

引き続き**同じstyle.css**に記述していきます。デザインファイルは**pc_menu.png**に変わります。**menu.html**をブラウザで開き、確認しながら進めましょう。

STEP 1 写真を4枚並べよう

1行に表示する写真の数を2枚から4枚に変更したいため、スマートフォン用に指定したflex-basisの値を42%から22%にしましょう。
余白をつけるために指定していたmargin-bottomも0pxにします。

```
274   .menuList li {
275     flex-basis: 22%;
276     margin-bottom: 0;
277   }
278 }
```

13章/step/03/css/01_menulist_step1.css

1行に4枚の写真が並ぶようになりました。

STEP 2 余白を調整しよう

メニューのカテゴリ同士の余白をもう少し広げたいので、section要素（.menuDetailSec）にmargin-bottomを指定しましょう。

```
278  .menuDetailSec {
279    margin-bottom: 160px;
280  }
281 }
```

13章/step/03/css/01_menulist_step2.css

共通パーツのCSSはもう終わっているので、MENUページはSTEPがたったの2つで出来上がりました！

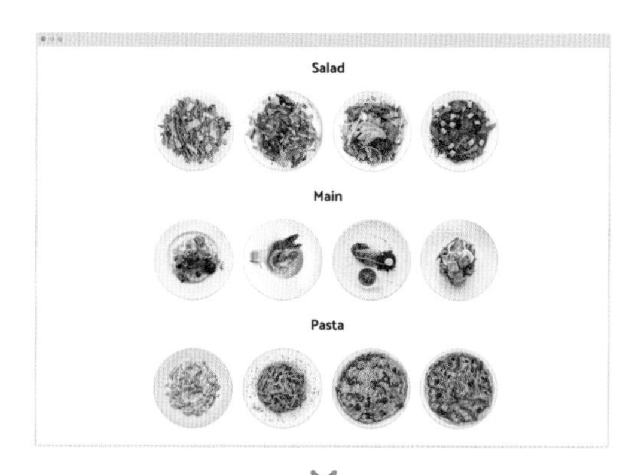

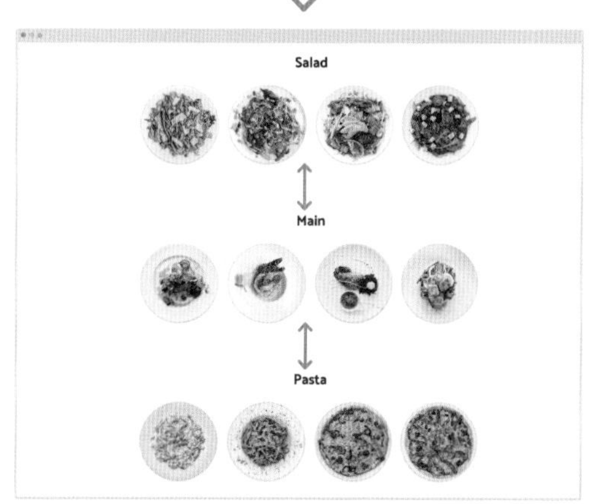

余白が広がって見やすくなりました。

INFOページをコーディングしよう(PC)

CSSを書く前に確認しよう

フォトギャラリーの並び方を変更しよう

引き続き**同じstyle.css**に記述していきます。デザインファイルは**pc_info.png**に変わります。**info.html**をブラウザで開き、確認しながら進めましょう。

STEP 1 グリッドトラックを変更しよう

写真の並び方が変更されているので、右図の完成形に合わせてグリッドを作りなおします。

```
281   .photoGarelly {
282     grid-template-rows: 175px 175px 290px;
283     grid-template-columns: 50% 20% 30%;
284   }
285 }
```

13章/step/04/css/01_photogarelly_step1.css

50% 20% 30%
columns→
rows→
175px
175px
290px

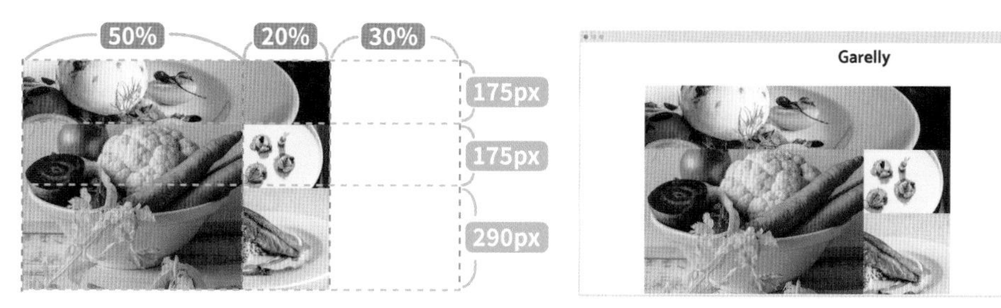

左図のようにグリッドトラックが設定されましたが、写真の配置は右図のようにスマートフォンのままです。

STEP 2 グリッドアイテムを配置しなおそう

完成形のデザインに合わせて、写真の配置をこれまでと同様の手順で指定しなおします。

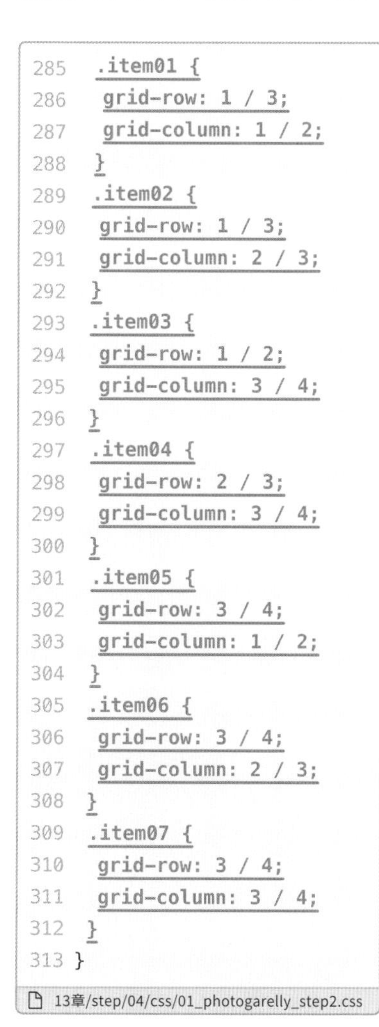

```
285  .item01 {
286   grid-row: 1 / 3;
287   grid-column: 1 / 2;
288  }
289  .item02 {
290   grid-row: 1 / 3;
291   grid-column: 2 / 3;
292  }
293  .item03 {
294   grid-row: 1 / 2;
295   grid-column: 3 / 4;
296  }
297  .item04 {
298   grid-row: 2 / 3;
299   grid-column: 3 / 4;
300  }
301  .item05 {
302   grid-row: 3 / 4;
303   grid-column: 1 / 2;
304  }
305  .item06 {
306   grid-row: 3 / 4;
307   grid-column: 2 / 3;
308  }
309  .item07 {
310   grid-row: 3 / 4;
311   grid-column: 3 / 4;
312  }
313 }
```

13章/step/04/css/01_photogarelly_step2.css

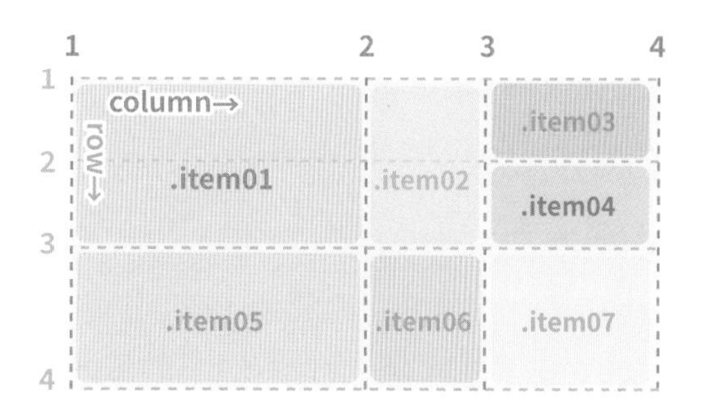

PC用の完成デザイン通りに写真が並びました

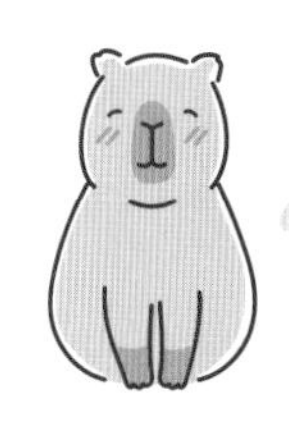

これでPC用も完成です!!
おつかれさまでした。

参考サイトの活用方法を学ぼう

ハンバーガーメニューの制作を通して参考サイトの活用方法を学びます
Web上の情報を活かせるようになれば今後の学習もスムーズになります

最近はたくさんの参考サイトがあります。
その活用方法を見ていきましょう。

なるほど。色々なサイト
を参考にしたいです！

Web上の情報を活用しよう

自走力を身につけよう

コーディングの方法がわからない時、Web検索をするとたくさんの情報が見つかります。Web制作において、このような情報を活用する能力は非常に重要です。

本章では「開閉できるメニューをつける」という具体的な例に沿って、このような情報の利用方法と注意点について疑似的に学習し、自走できる力を身につけましょう。

プロのデザイナーやエンジニアも、このような情報を最大限に活かしています。
他の人が書いたコードを見ることで学びにもつながります。

完成イメージを確認しよう

参考サイトを探すポイントと手順

STEP 1 検索してみよう

完成イメージのようなメニューのことを「ハンバーガーメニュー」と呼びます。CSSのみでメニューを実装したいので「CSSのみ ハンバーガーメニュー」といったキーワードで検索してみましょう。

検索のポイント

うまくサイトが見つからない場合はキーワードを工夫して検索しなおしてみましょう。
たとえば「CSSのみ レスポンシブ メニュー」「スマホ 開閉メニュー CSS」などといったワードです。
Web用語は正確に意味をおぼえていなくても、このようにいつでも検索できるように単語だけでも知っていることが大切です。

私は英語で検索することもあります。今回の例ですと「pure css menu tutorial」のようなワードで検索するとたくさんの参考サイトが出てきます。

STEP 2 使用するサンプルコードを決定しよう

本章では **14章/リファレンス/index.html** をブラウザで開き、これを「検索して見つけたサイト」と仮定して利用してみましょう。
このサイトのようにサンプルコードに対して解説があるサイトは理解しやすく、改変などが簡単で使いやすいものが多いです。

サンプルを選ぶ時は、以下のような点にも留意しましょう。

- 実装イメージに近いデザインか
- HTML/CSSがシンプルかどうか
- DEMO(完成形)が確認できるか
- 多くのブラウザに対応しているか
- 情報が古すぎないか(2、3年が目安)

SECTION 2 サンプルコードをサイトに組み込もう

作業ファイルを確認しよう

14章/作業/index.htmlと、**14章/作業/css/style.css**をVSコードで開きましょう。前の章までの作業が反映されている状態です。
また、前ページの参考サイト**14章/リファレンス/index.html**もブラウザで開いたままにしておきましょう。

本来はすべてのページにメニューをつけますが、ここではトップページ（index.html）にメニューを実装しながら具体的な手順を見ていきましょう。

STEP 1 HTMLをコピー＆ペーストしよう

参考サイトから**「HTMLの記述」**の部分をコピーし、**index.html**の</h1>タグと</header>タグの間に貼り付けましょう。

```
16  </h1>
17  <nav class="gMenu">
18    <input class="menu-btn" type="chec
19    <label class="menu-icon" for="menu
        略
25      <li><a href="#">menu3</a></li>
26    </ul>
27  </nav>
28  </header>
```

14章/step/02/01_hamburger_step1.html

コードが途中で切れてしまっていますが、コピーしたコードすべてを貼り付けてください。

HTMLを貼り付けただけだと、このような状態です。

ここに注意！ POINT 実装がうまくいかなったら？

自分の書いたHTML/CSSとサンプルコードの組み合わせによっては単純にコピー＆ペーストをするだけでは、うまくいかないこともあります。
サンプルコードを読み解き、自分のサイトに合わせてコードを書き換えて知識を深めることもできますが、どうしてもうまくいかない時は、違う参考サイトを探すのも一つの手です。

STEP 2 HTMLをカスタマイズしよう

メニュー名とリンク先のhref属性の値を自分のサイトに合わせて書き換えます。

```
22 <ul class="menu">
23  <li><a href="index.html"> home </a></li>
24  <li><a href="concept.html">concept</a><
25  <li><a href="menu.html"> menu </a></li>
26  <li><a href="info.html">info</a></li>
27 </ul>
```

14章/step/02/01_hamburger_step2.html

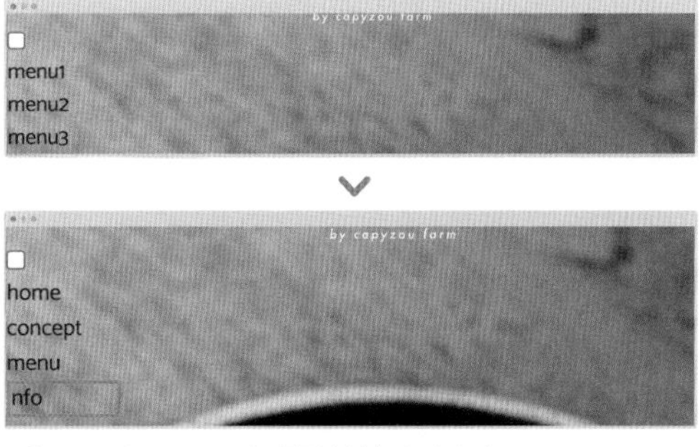

infoページへのリンク項目も追加しました。

STEP 3 CSSをコピー＆ペーストしよう

参考サイトから**「CSSの記述」**の部分をコピーし、**style.css**の314行目のコメントアウト(⇒P71)の後に貼り付けましょう。

```
314   /* 以下に参考サイトのメニュー用CSSを貼り付ける */
315   /* メニューを画面上部に固定表示しています */
316   .gMenu {
317     right: 0;
～～～ 略 ～～～
389   .gMenu .menu-btn:checked ~ .menu-ic
```

14章/step/02/css/01_hamburger_step3.css

右上に3本線のメニューが表示されれば成功です。

STEP 4 CSSをカスタマイズしよう

3本線の色味がデザインと調和していないため、色の変更と位置の調整をしましょう。

```
390  /* サイトに合わせてオリジナルカスタマイズ */
391  .gMenu .menu-icon {
392    top: 26px;
393  }
394  .gMenu .menu-icon .navicon,
395  .gMenu .menu-icon .navicon::before,
396  .gMenu .menu-icon .navicon::after {
397    background: #333333;
398  }
```

14章/step/02/css/01_hamburger_step4.css

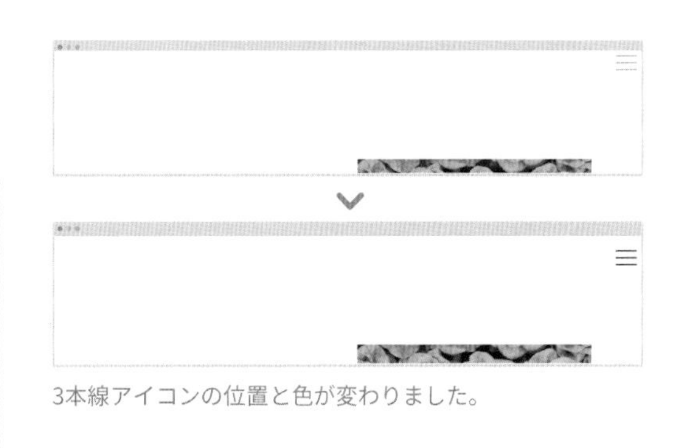

3本線アイコンの位置と色が変わりました。

僕にもこんなに難しそうなメニューがつけられました！

Webサイトを公開する準備をしよう

ファビコンやSNSに表示する情報などを設定していきましょう
とても重要な部分ですので忘れずに設定しましょう

いよいよ最後の章です！
もう少しですから頑張ってくださいね。

わーい！
もうすぐ完成だ〜！

SECTION 1 ファビコンを設定しよう

ファビコンとは？

ブラウザのタブに表示されたり、ブックマークのアイコンとして使用される画像のことです。ブラウザによってサイズが異なり、最小で16pxで表示されるため非常に小さいアイコンです。

ファビコン用の画像を作成する時のポイント

ファビコンはとても小さいためロゴをそのまま使うとつぶれてしまい、なにかわからなくなってしまうことがあります。そのため下図のようにロゴをファビコン用に簡略化します。

表示サイズが小さいため
シンプルに頭文字のみ

- なるべくシンプルであること
- 正方形サイズで作ること
- 縮小してもボケない
  SVG形式が適している

1つのファイルに複数の画像サイズを含むことができるICO形式ファイル（拡張子は.ico）を使用するのが一般的でしたが、近年ではSVG形式のファイルも使えるようになりました。

作業ファイルを確認しよう

15章/作業/index.htmlをVSコードで開きましょう。前の章までの作業が反映されている状態です。

本書ではindex.htmlにのみ追記しますが、本来は「ファビコンの指定」と次のページで解説する「OGPの指定」はすべてのページに記述します。

STEP 1 SVG形式の画像をファビコンに設定する

ファビコンを設定するにはHTMLの<head>タグ内にlink属性で指定をします。

```
 9  <link rel="stylesheet" href="css/style.css">
10  <link rel="icon" href="images/favicon.svg" type="image/svg+xml">
11  <title>Harvest Restaurant</title>
```

15章/step/01/01_favicon_step1.html

Google Chromeなど多くのブラウザではタブ部分にファビコンが表示されます。

STEP 2 非対応ブラウザ用のファビコンを設定する

SVG形式の画像に対応していないブラウザ向けにPNG形式の画像も設定しておきましょう。

```
10  <link rel="icon" href="images/favicon.svg" type="images/svg+xml">
11  <link rel="icon alternate" href="images/favicon.png" type="image/png">
12  <title>Harvest Restaurant</title>
```

15章/step/01/01_favicon_step2.html

Harvest Restaurant ＞  Harvest Restaurant

ファビコンにSVG画像が使えないSafariなどのブラウザでもファビコンが表示されるようになりました。

Safariはサーバーにウェブサイトがアップロードされていない状態ではファビコンが確認できませんので、みなさんのSafariでは変化が確認できないと思います。

SECTION 2 OGPを設定しよう

OGPとは？

OGPとはOpen Graph Protocol（オープン・グラフ・プロトコル）の略で、FacebookやTwitterなどのSNS、LINEなどのコミュニケーションツールなどでページがシェアされた時に表示する情報（テキストや画像）を指定するものです。

OGPを指定しよう

STEP 1 OGPの情報を指定しよう

```
11 <link rel="icon alternate" href="images/favicon.png" type="image/png" >
12 <meta property="og:type" content="website">  ページの種類
13 <meta property="og:url" content="https://example.com/">  ページのURL
14 <meta property="og:site_name" content="Harvest Restaurant">  ページが所属するサイト名
15 <meta property="og:title" content="Harvest Restaurant">  ページのタイトル
16 <meta property="og:description" content="山の中にひっそり佇む隠れ家レストラン">  ページの概要
17 <meta property="og:image" content="https://example.com/images/ogp.png">  表示画像
18 <meta property="og:image:alt" content="Harvest Restaurant">  画像の代替文字
19 <meta property="og:image:width" content="1200">  画像の横幅
20 <meta property="og:image:height" content="630">  画像の高さ
```

15章/step/02/01_ogp_step1.html

「ページの種類」のcontentの値はTOPページであればwebsite、下層ページであればarticleが適切です。「ページの概要」は100字程度で書きます。

OGPの確認はWebサイトをインターネットに公開すると出来るようになります。公開作業については特典PDFを確認してみてくださいね。

OGP確認ツール

FacebookやTwitterはシェアした時にどのように表示されるかを確認するツールがあります。どちらもURLを入力するだけで簡単に使えます。

▶ Facebook

https://developers.facebook.com/tools/debug/

▶ Twitter

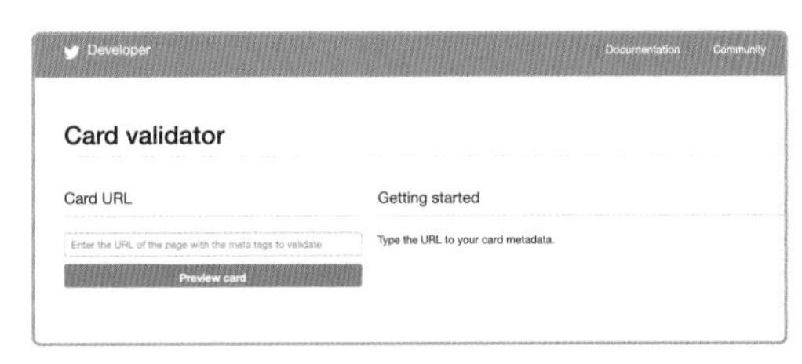

https://cards-dev.twitter.com/validator

Facebook も Twitter も独自の OGP 項目があります。基本的な設定でも表示に問題はありませんが、もっと細かく設定をしたい方は公式ドキュメントをチェックしてみてください。

これで完成ですね！ やったー！

OGPの情報を変更しても変わらない時は

OGPの情報を変更しても新しくならない時は、**キャッシュ**が原因であることが多いです。キャッシュとは、読み込んだファイルを一時的に保存しておき、再度同じファイルを読み込む時に読み込み時間を短縮するために、保存したファイルを再利用する仕組みのことです。 私たちがWebサイトを閲覧する時も、このキャッシュによって表示速度が向上しています。

ユーザーの利便性を向上させるためのキャッシュですが、Webサイトの作成中には、このキャッシュによって新しく書いたコードや差し替えた画像が反映されないことがあります。ミスがないはずなのに、どうしても反映されない時はキャッシュを疑ってみましょう。

Chromeの場合、Command ＋ Shift ＋ R（Windowsは Ctrl ＋ Shift ＋ R）でキャッシュを削除して新しい情報を再読み込みできます。

OGPの場合は、上で紹介しているOGP確認ツールでキャッシュの削除ができます。

本書を読み終えた後の勉強方法

最後になりますが、本書を終えた後にどのように学習を進めていくのがよいのかをアドバイスできたらと思います。もちろん色々な選択肢はありますが参考になれば嬉しいです。

HTML/CSSの理解を深める

本書を終えただけではインプット量の方が圧倒的に多い状態ですのでアウトプット（コーディングの実践）を通して理解を深めます。

▶ 本書の2周目をしてみる

- 特典の「デザインカンプデータ」を活用して数値の抽出や素材の書き出しを試す
- 本書のコードを見ないでコーディングをする
- 1周目でスキップした方は、「セルフワーク」「ランクアップ」にも取り組む

▶ 1からコーディングをしてみる

- 目標となるサイトや教材を見つけて、模写コーディングをする
- 趣味についてのサイトや架空のクライアントのサイトを作成する

HTML/CSSの知識を増やす

本書ではすべてのプロパティやタグを紹介しきれていません。また、技術はどんどんアップデートされていきますので知識の量を増やすのも大切です。

▶ 他の本を読んでみる

他の本を読むことで知識を増やすのはもちろん、同じようなトピックスでも違う視点からの説明を読むことで、より理解が深まるというメリットもあります。

▶ プログラミング学習サイトの利用

最近ではオンラインでの学習環境がかなり整ってきました。有料のものから無料のものまでさまざまですので自分に合いそうなサービスを試してみましょう。

▶ SNSを活用する

個人の方が発信しているSNSも情報が豊富です。TwitterやInstagram、YouTubeなどで興味があるアカウントを気軽にフォローしてみましょう。

INDEX

タグ

記号・数字

A / B / C

D / E / F

G / H / I

J / L / M / N

O / P / R

S / T / U

V / W / Z

あ

か

さ

た

な

は

ま

や

ら

わ

PROFILE

竹内 直人
Takeuchi Naoto

Web制作会社、動画マーケティング会社にてディレクター・マーケター・エンジニアを経て2018年に独立。フロントエンジニアとして現役で活動しつつ、実体験に基づいた知識を活かしコーディング講師としても活動している。

竹内 瑠美
Takeuchi Rumi

UI/UXやマーケティング視点も含めたトータルなビジュアルデザインを得意とする。
さまざまなベンチャー企業での経験を活かし、現在はスタートアップ企業のデザインパートナーとして活動している。

Capybara Design
夫婦で企業のWeb領域をお手伝いするフリーランスのデザインユニット。
屋号の由来はカピバラと暮らしたい想いから。
https://capybara-design.com/

1分で学べるHTMLとCSS
Instagram：@html_css_webdesign
Twitter：@html_css_1min

これだけで基本がしっかり身につく
HTML/CSS & Webデザイン1冊目の本

2021年10月14日 初版第1刷発行
2024年 5月25日 初版第8刷発行

著　　者　Capybara Design　竹内 直人（たけうち・なおと）
　　　　　　　　　　　　　　竹内 瑠美（たけうち・るみ）
発 行 人　佐々木 幹夫
発 行 所　株式会社 翔泳社（https://www.shoeisha.co.jp）
印刷・製本　公和印刷 株式会社

ISBN978-4-7981-7011-4　Printed in Japan

写真素材提供
Pixabay（https://pixabay.com/ja/）
Unsplash（https://unsplash.com/）
Freepik（https://jp.freepik.com/）

Credit
マンガ美術指導：
杉野 郁（マンガスクール中野 美術講師）
装丁・本文デザイン：宮嶋 章文
DTP：シンクス